DV+
F+Ps

徐亮 编著

Dreamweaver+
Flash+Photoshop

网页设计
从入门到精通

中国铁道出版社
CHINA RAILWAY PUBLISHING HOUSE

U0344836

内 容 简 介

　　本书主要针对制作网页过程中的实际需要和必须掌握的技术，详细介绍了使用 Dreamweaver、Photoshop、Flash 进行网站建设和网页设计的操作知识和技巧。主要内容包括：网页设计与网站建设基础，创建与管理站点，Dreamweaver CS6 轻松入门，插入与编辑网页基本元素，在网页中创建超链接，使用表格布局网页，创建框架网页，使用 CSS 修饰美化网页，使用 AP Div 布局网页，使用表单，使用行为创建网页，制作动态网页，Flash CS6 快速入门，图像的绘制与编辑，使用元件、实例和库，使用时间轴创建网页动画，使用脚本创建交互动画，Photoshop 网页图像处理基础，图像的选取与编辑，使用图层与图层蒙版，网页图像的绘制与修饰，路径与文字的应用，打造网页图像特殊效果，以及网站 Banner 与首页设计实战等。

　　本书不仅适合从未接触过网页制作的初学者，还适合网页设计与制作人员、网站建设与开发人员、大中专院校相关专业师生、网页制作培训班学员、个人网站爱好者阅读学习。

图书在版编目（ＣＩＰ）数据

网页设计从入门到精通：Dreamweaver+Flash+
Photoshop ／ 徐亮编著. —北京：中国铁道出版社，2014.6
　ISBN 978-7-113-18044-7

　Ⅰ．①网… Ⅱ．①徐… Ⅲ．①网页制作工具　Ⅳ.
①TP393.092

中国版本图书馆 CIP 数据核字(2014)第 023947 号

书　　名：**网页设计从入门到精通**（Dreamweaver＋Flash＋Photoshop）
作　　者：徐 亮 编著

策　　划：武文斌　　　　　　　　　　读者热线电话：010-63560056
责任编辑：吴媛媛　　　　　　　　　　特邀编辑：刘广钦
责任印制：赵星辰　　　　　　　　　　封面设计：多宝格

出版发行：中国铁道出版社（北京市西城区右安门西街 8 号　　　邮政编码：100054）
印　　刷：三河市宏盛印务有限公司
版　　次：2014 年 6 月第 1 版　　　　2014 年 6 月第 1 次印刷
开　　本：787mm×1092mm　1/16　印张：24.25　　字数：487 千
书　　号：ISBN 978-7-113-18044-7
定　　价：49.80 元（附赠光盘）

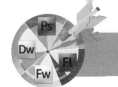

前　　言　Foreword

　　在信息社会中，网站已经成为公司企业等社会机构的重要宣传渠道，各行各业对网站的需求不断扩大，要求也越来越高，优秀的网站开发人员供不应求。不过，想要成为一名出色的网站开发人员并非易事。因为网站建设是一门综合性较高的学科，对很多计算机技术都有较高的要求。网站开发工作涉及市场需求研究、网站策划、网页平面设计、网页页面排版、网站程序开发、数据库设计、网站的推广运作等各方面知识。为此，我们特别邀请了长期从事网站开发建设的专业人员精心编写了本书。

　　随着网页制作技术的不断发展和完善，市场上出现越来越多的网页制作软件，目前使用最多的仍是 Dreamweaver、Flash 和 Photoshop 这三款软件。它们无论从外观还是功能上都表现得很出色，这三款软件的组合可以高效地实现网页的各种功能，因此无论是设计师还是初学者，都能更加容易地学习和使用，并能够轻松满足各自的需求，真切地体验到 CS 套装软件为创意工作流程带来的全新变革。

本书内容导读

　　本书首先从网页设计思路和流程着手对这个行业进行了多方面的讲解，然后精心整合并详细介绍了 Dreamweaver、Flash 和 Photoshop，以及一些网页设计工具在网站建设中的实际应用，将最实用的技术、最快捷的技巧、最丰富的内容完美地呈现给读者，使读者在掌握软件功能的同时迅速提高网页制作技能，并极大地提高其从业素质。

本书主要特色

　　本书由长期从事网站开发与建设的设计师精心编写而成，主要具有以下特色：

　　■ **从零起步，循序渐进**：网站设计的学习，最主要的是网站的基础知识和基本操作。本书主要面向初学者，非常注重基础知识的讲解和基本操作的练习。在讲解基础知识的同时，遵循阅读与学习的阶段性特点，循序渐进地传授，注重读者的理解与掌握。

　　■ **注重操作，讲解系统**：为了便于读者理解，本书结合大量的应用实例进行深入讲解，读者可以在实际操作中深入理解与掌握使用三款软件进行网页设计的各种知识。此外，书中还根据笔者的实际开发经验对一些知识点做了进一步拓展，讲解了一些非常有用的实战技巧。

　　■ **主次分明，注重实际**：本书在编写过程中充分考虑到读者学习与工作的需要，讲求知识的有效性，便于知识的掌握与运用。书中的很多知识都是笔者长期工作经验的总结，通过充分的交流与分享，可以帮助读者快速提高、学以致用。

　　■ **视频教学，立竿见影**：本书附带一张多媒体视听 DVD 光盘，书中所有的实例与操作在光盘中均有视频教学和语音讲解，并且提供了所有实例的素材与效果文件。读者在学习时，可以观看光盘中的视频演示，按照其中的操作讲解进行实战练习，进一步提高学习效率。

Foreword

本书适用读者

本书适用面广，主要适合以下读者群体学习使用：以前从未接触过网页制作的初级读者；有一定网页制作基础，但想提高网页制作技能的中级读者；各行各业需要学习网页设计与制作的人员；大中专院校的在校学生和各种计算机培训机构的学员；想在短时间内全面掌握网页设计与制作技能的自学读者。

光盘使用说明

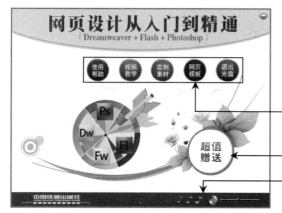

图 1 光盘主界面

①运行光盘。将光盘放入光驱中，光盘会自动运行。光盘运行后，进入光盘主界面。

光盘主功能区，单击相应按钮即可实现不同光盘功能。

单击此按钮，即可查看超值光盘赠送。

背景音乐控制区，可选择背景音乐，调节音量。

②进入二级视频界面。根据自己的学习需要，双击其中的视频文件，即可播放多媒体教学视频。

光盘章节内容选择区

多媒体教学视频列表选择区

单击此按钮，返回上一级界面

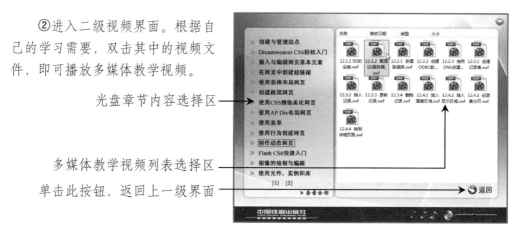

图 2 视频界面

本书售后服务

如果读者在使用本书的过程中遇到什么问题或者有什么好的意见或建议，可以通过发送电子邮件（E-mail: jtbooks@126.com）或者 QQ（843688388）联系我们，我们将及时予以回复，并尽最大努力提供学习上的指导与帮助。

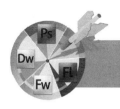

目 录 Contents

01 网页设计与网站建设基础

1.1 网页设计工具简介 ………………… 2
1.2 网页设计基础知识 ………………… 2
　1.2.1 网页、网站和主页 …………… 2
　1.2.2 网页基本功能元素 …………… 4
　1.2.3 网页色彩搭配 ………………… 5
1.3 网页常用页面结构 ………………… 7
　1.3.1 左右对称型结构 ……………… 7
　1.3.2 上下分割型结构 ……………… 8
　1.3.3 "同"字形结构 ……………… 8
　1.3.4 T字形结构 …………………… 9
　1.3.5 "三"字形结构 ……………… 10
　1.3.6 封面型结构 ………………… 10
　1.3.7 Flash型结构 ………………… 11
1.4 网站建设工作流程 ……………… 11
　1.4.1 网站的规划设计 …………… 11
　1.4.2 网站页面的制作 …………… 12
　1.4.3 网站的测试 ………………… 12
　1.4.4 网站的上传与发布 ………… 13

咨询台新手答疑 ………………………… 13

02 创建与管理站点

2.1 站点的创建与设置 ……………… 15
　2.1.1 创建站点 …………………… 15
　2.1.2 设置站点 …………………… 16
2.2 站点的管理 ……………………… 17
　2.2.1 删除站点 …………………… 17
　2.2.2 编辑站点 …………………… 17
　2.2.3 复制站点 …………………… 17
　2.2.4 导出站点 …………………… 18
　2.2.5 导入站点 …………………… 19
2.3 站点的上传与下载 ……………… 19
2.4 实战演练——创建本地站点 …… 21

咨询台新手答疑 ………………………… 27

03 Dreamweaver CS6 轻松入门

3.1 Dreamweaver CS6 简介 ………… 29
3.2 Dreamweaver CS6 工作界面 …… 29
　3.2.1 菜单栏 ……………………… 30
　3.2.2 文档工具栏 ………………… 30
　3.2.3 文档窗口 …………………… 32
　3.2.4 "属性"面板 ……………… 33
　3.2.5 面板组 ……………………… 34
　3.2.6 "插入"面板 ……………… 34
3.3 网页文档的基本操作 …………… 35
　3.3.1 创建空白文档 ……………… 35
　3.3.2 保存和关闭网页文档 ……… 37
　3.3.3 打开网页文档 ……………… 38
　3.3.4 预览网页 …………………… 38
3.4 页面属性的设置 ………………… 39
　3.4.1 设置外观属性 ……………… 39
　3.4.2 设置链接属性 ……………… 41

咨询台新手答疑 ………………………… 42

04 插入与编辑网页基本元素

4.1 在网页中插入文本 ……………… 44
　4.1.1 添加普通文本 ……………… 44
　4.1.2 添加特殊符号 ……………… 44
4.2 在网页中插入图像 ……………… 45
　4.2.1 插入图像 …………………… 45

4.2.2 设置图像的属性·············46
4.2.3 调整图像的大小·············46
4.2.4 设置图像的对齐方式·········47

4.3 图像编辑器的使用··········48
4.3.1 裁剪图像·················49
4.3.2 调整图像的亮度和对比度·····49
4.3.3 锐化图像·················50

4.4 其他图像文件的插入········50
4.4.1 插入图像占位符···········50
4.4.2 插入鼠标经过图像·········51
4.4.3 插入 Flash 动画···········53
4.4.4 插入背景音乐············54

咨询台新手答疑··················55

05 在网页中创建超链接

5.1 超链接的类型··············57
5.2 超链接的创建··············57
5.2.1 创建图像链接·············57
5.2.2 创建图像热点链接·········58
5.2.3 创建锚点链接·············59
5.2.4 创建 E-mail 链接··········60
5.2.5 创建脚本链接·············61
5.2.6 创建下载文件链接·········62
5.2.7 创建空链接···············62

咨询台新手答疑··················63

06 使用表格布局网页

6.1 表格的创建················65
6.1.1 创建普通表格·············65
6.1.2 创建嵌套表格·············66

6.2 表格属性的设置············67
6.2.1 设置表格属性·············67
6.2.2 设置单元格属性···········69

6.3 表格和单元格的选择········71
6.3.1 选择整个表格·············71

6.3.2 选择一个单元格···········72

6.4 表格和单元格的编辑········73
6.4.1 复制与粘贴表格···········73
6.4.2 添加与删除行和列·········74
6.4.3 拆分与合并单元格·········75

咨询台新手答疑··················77

07 创建框架网页

7.1 框架集和框架的创建········79
7.1.1 创建嵌套框架集···········79
7.1.2 框架结构的优缺点·········80

7.2 框架的基本操作············80
7.2.1 选择框架和框架集·········80
7.2.2 保存框架和框架集·········81
7.2.3 删除框架·················82
7.2.4 创建上下结构框架网页·····83

7.3 框架/框架集属性的设置·····86
7.3.1 设置框架属性·············86
7.3.2 设置框架集属性···········86
7.3.3 创建浮动框架网页·········87

咨询台新手答疑··················88

08 使用 CSS 修饰美化网页

8.1 了解 CSS 样式表···········90
8.1.1 认识 CSS·················90
8.1.2 CSS 的基本语法···········90
8.1.3 在网页中引用 CSS 的方式···90

8.2 样式表的创建··············91
8.2.1 认识 "CSS 样式" 面板·····91
8.2.2 新建层叠样式表···········92

8.3 CSS 样式表属性的设置······93
8.3.1 设置类型属性·············93
8.3.2 设置背景属性·············95
8.3.3 设置区块属性·············97
8.3.4 设置方块属性·············98

8.3.5 设置边框属性 ·················· 99
8.3.6 设置列表属性 ················· 100
8.3.7 设置定位属性 ················· 101
8.3.8 设置扩展属性 ················· 102
8.3.9 设置过渡属性 ················· 102

8.4 层叠样式表的管理 ·········· 103
8.4.1 编辑 CSS 层叠样式 ········· 103
8.4.2 链接外部 CSS 样式表文件 ····· 103
8.4.3 删除 CSS 层叠样式 ········· 104

8.5 CSS 滤镜的使用 ·············· 105
8.5.1 透明滤镜（Alpha） ········· 105
8.5.2 模糊滤镜（Blur） ··········· 106
8.5.3 变换滤镜（Flip） ··········· 107

咨询台新手答疑 ··················· 108

09 使用 AP Div 布局网页

9.1 "AP 元素"面板 ·············· 110

9.2 AP Div 的创建与设置 ········ 110
9.2.1 创建普通 Div ··············· 110
9.2.2 创建 AP Div ················ 111
9.2.3 创建嵌套 AP Div ··········· 112
9.2.4 设置 AP Div 属性 ·········· 113

9.3 AP Div 的编辑 ·············· 114
9.3.1 选择 AP Div ··············· 114
9.3.2 移动 AP Div ··············· 115
9.3.3 对齐 AP Div ··············· 116
9.3.4 设置 AP Div 堆叠顺序 ······ 116
9.3.5 改变 AP Div 可见性 ········ 117
9.3.6 防止 AP Div 重叠 ·········· 117

9.4 AP Div 与表格的相互转换 ···· 118
9.4.1 将表格转换为 AP Div ······· 118
9.4.2 将 AP Div 转换为表格 ······ 119

9.5 使用 AP Div 布局网页 ······ 120

咨询台新手答疑 ··················· 124

10 使用表单

10.1 表单的创建 ················· 126
10.1.1 了解表单 ················· 126
10.1.2 创建表单 ················· 126
10.1.3 设置表单属性 ············· 126

10.2 表单对象的添加 ············· 127
10.2.1 插入文本字段 ············· 127
10.2.2 插入复选框 ··············· 129
10.2.3 插入单选按钮 ············· 129
10.2.4 插入隐藏域 ··············· 130
10.2.5 插入文件域 ··············· 131
10.2.6 插入列表和菜单 ··········· 131
10.2.7 插入按钮 ················· 133
10.2.8 创建跳转菜单 ············· 134

咨询台新手答疑 ··················· 136

11 使用行为创建网页

11.1 行为和事件 ················· 138
11.1.1 认识行为和事件 ··········· 138
11.1.2 "行为"面板 ············· 139

11.2 利用行为调节浏览器 ········ 141
11.2.1 打开浏览器窗口 ··········· 141
11.2.2 创建自动关闭网页 ········· 142
11.2.3 创建转到 URL 网页 ······· 143

11.3 利用行为制作图像 ·········· 144
11.3.1 交换图像与恢复交换图像 ··· 144
11.3.2 预先载入图像 ············· 146

11.4 利用行为显示文本 ·········· 147
11.4.1 弹出信息 ················· 147
11.4.2 设置状态栏文本 ··········· 148
11.4.3 设置文本域文字 ··········· 149

11.5 Spry 效果的添加 ·········· 150
11.5.1 添加增大/收缩效果 ········ 150
11.5.2 添加挤压效果 ············· 151

11.5.3 添加显示/渐隐效果 ·········151

咨询台新手答疑 ··········152

12 制作动态网页

12.1 服务器平台的搭建 ·········154
12.1.1 安装 IIS ·········154
12.1.2 配置 IIS 服务器 ·········154

12.2 数据库的连接 ·········157
12.2.1 创建数据库 ·········157
12.2.2 创建 ODBC 数据源 ·········159
12.2.3 使用 DSN 创建 ADO 连接 ·······160

12.3 数据表记录的编辑 ·········161
12.3.1 创建记录集 ·········161
12.3.2 插入记录 ·········162
12.3.3 更新记录 ·········163
12.3.4 删除记录 ·········163

12.4 服务器行为的添加 ·········164
12.4.1 插入重复区域 ·········164
12.4.2 插入显示区域 ·········165
12.4.3 记录集分页 ·········165
12.4.4 转到详细页面 ·········167

咨询台新手答疑 ··········168

13 Flash CS6 快速入门

13.1 Flash CS6 动画技术与特点 ······170

13.2 Flash CS6 初始界面 ·········171

13.3 Flash CS6 工作界面 ·········171

13.4 Flash 基本操作 ·········177
13.4.1 Flash CS6 文档管理 ·········177
13.4.2 工作区操作 ·········179
13.4.3 程序个性化设置 ·········182

咨询台新手答疑 ··········184

14 图像的绘制与编辑

14.1 基本工具的使用 ·········186
14.1.1 绘图工具 ·········186
14.1.2 选取工具 ·········191
14.1.3 颜色设置工具 ·········194
14.1.4 缩放工具 ·········197
14.1.5 文本工具 ·········197

14.2 图形的绘制 ·········200
14.2.1 绘制瓢虫 ·········200
14.2.2 绘制喇叭 ·········201

14.3 实战演练——绘制按钮 ·········203

咨询台新手答疑 ··········205

15 使用元件、实例和库

15.1 元件的创建、编辑与使用 ·······207
15.1.1 元件的创建 ·········207
15.1.2 元件的编辑 ·········210
15.1.3 使用元件 ·········212

15.2 实例的创建与编辑 ·········213
15.2.1 创建实例 ·········213
15.2.2 编辑实例 ·········214

15.3 "库"面板的使用 ·········216
15.3.1 "库"面板 ·········216
15.3.2 "公共库"面板 ·········217

15.4 实战演练——制作按钮 ·········219

咨询台新手答疑 ··········221

16 使用时间轴创建网页动画

16.1 时间轴与帧 ·········223
16.1.1 认识"时间轴"面板 ·········223
16.1.2 认识帧 ·········224
16.1.3 认识图层 ·········228

16.2 基本动画的制作 ·············· 230
　16.2.1 Flash 动画制作流程 ······· 230
　16.2.2 制作逐帧动画 ············· 231
　16.2.3 制作传统补间动画 ········· 233
　16.2.4 制作补间动画 ············· 235
　16.2.5 制作形状补间动画 ········· 237
16.3 其他动画的制作 ·············· 239
　16.3.1 制作引导层动画 ··········· 239
　16.3.2 制作遮罩层动画 ··········· 242
咨询台新手答疑 ····················· 244

17 使用脚本创建交互动画

17.1 ActionScript 简介 ············ 246
　17.1.1 ActionScript 3.0 概述 ······ 246
　17.1.2 使用"动作"面板 ·········· 246
　17.1.3 使用"脚本"窗口 ·········· 248
　17.1.4 使用"代码片段"面板 ······ 250
17.2 运用动作脚本制作交互动画 ····· 252
　17.2.1 跳转到其他网页动画 ······· 252
　17.2.2 键盘事件 ················· 254
咨询台新手答疑 ····················· 256

18 Photoshop 网页图像处理基础

18.1 初识 Photoshop CS6 ········· 258
　18.1.1 Photoshop CS6 工作界面 ···· 258
　18.1.2 网页图像基本知识 ········· 259
18.2 网页图像的基本操作 ·········· 260
　18.2.1 新建文件 ················· 260
　18.2.2 打开文件 ················· 261
　18.2.3 保存文件 ················· 261
18.3 网页图像大小的调整 ·········· 262
　18.3.1 调整图像的大小 ··········· 262
　18.3.2 调整画布的大小 ··········· 262
　18.3.3 裁剪网页图像 ············· 263

18.4 网页图像的变换与变形 ········ 265
　18.4.1 变换图像 ················· 265
　18.4.2 内容识别比例缩放 ········· 265
18.5 网页图像色彩的调整 ·········· 266
　18.5.1 使用"色阶"命令调整图像 ··· 266
　18.5.2 使用"曲线"命令调整图像 ··· 267
　18.5.3 使用"亮度/对比度"命令
　　　　　调整图像 ············· 268
　18.5.4 使用"色彩平衡"命令调整
　　　　　图像 ················· 269
　18.5.5 使用"色相/饱和度"命令
　　　　　调整图像 ············· 270
咨询台新手答疑 ····················· 272

19 图像的选取与编辑

19.1 选区的创建 ·················· 274
　19.1.1 使用选框工具组创建选区 ··· 274
　19.1.2 使用套索工具组创建选区 ··· 275
　19.1.3 使用快速选择工具创建选区 ··· 276
　19.1.4 使用魔棒工具创建选区 ····· 277
　19.1.5 使用"色彩范围"命令
　　　　　创建选区 ············· 278
19.2 选区的编辑 ·················· 280
　19.2.1 移动与隐藏选区 ··········· 280
　19.2.2 修改选区 ················· 281
　19.2.3 变换选区 ················· 282
　19.2.4 填充与描边选区 ··········· 283
　19.2.5 存储与载入选区 ··········· 284
咨询台新手答疑 ····················· 285

20 使用图层与图层蒙版

20.1 图层的基本操作 ·············· 287
20.2 图层样式的应用 ·············· 289

20.3 图层蒙版的应用 ················ 293
　20.3.1 图层蒙版的作用 ·········· 293
　20.3.2 认识"蒙版"属性面板 ········ 294

20.4 实战演练——制作音乐水晶
　　　按钮 ···················· 295

咨询台新手答疑 ···················· 299

21 网页图像的绘制与修饰

21.1 图像的绘制 ··················· 301
　21.1.1 画笔工具组 ·············· 301
　21.1.2 填充工具组 ·············· 303
　21.1.3 擦除工具组 ·············· 304

21.2 图像的修饰 ··················· 305
　21.2.1 图章工具组 ·············· 305
　21.2.2 修复工具组 ·············· 307
　21.2.3 模糊、锐化、涂抹工具 ······ 310
　21.2.4 减淡、加深、海绵工具 ······ 311

21.3 实战演练——绘制蓬松心形
　　　云彩效果 ·················· 313

咨询台新手答疑 ···················· 315

22 路径与文字的应用

22.1 路径工具 ···················· 317
　22.1.1 路径创建工具 ············ 317
　22.1.2 编辑路径 ··············· 319
　22.1.3 应用路径 ··············· 319

22.2 文字工具 ···················· 321
　22.2.1 创建文字 ··············· 321
　22.2.2 "字符"面板 ············· 322
　22.2.3 "段落"面板 ············· 323
　22.2.4 编辑文字 ··············· 323

22.3 实战演练——制作渐变潮流文字· 325

咨询台新手答疑 ···················· 329

23 打造网页图像特殊效果

23.1 认识滤镜 ···················· 331

23.2 常用滤镜效果 ················· 332
　23.2.1 滤镜库中的滤镜 ··········· 332
　23.2.2 "液化"滤镜 ············· 333
　23.2.3 "模糊"滤镜组 ··········· 334
　23.2.4 "扭曲"滤镜组 ··········· 335
　23.2.5 "渲染"滤镜组 ··········· 335
　23.2.6 "锐化"滤镜组 ··········· 336

23.3 实战演练——使用滤镜打造
　　　下雪效果 ·················· 337

咨询台新手答疑 ···················· 339

24 网站 Banner 与首页设计实战

24.1 制作科技公司网站 Banner ······· 341

24.2 制作企业宣传网站首页 ·········· 345
　24.2.1 TOP 部分效果制作 ········· 345
　24.2.2 主体左侧部分效果制作 ······ 349
　24.2.3 主体右侧部分效果制作 ······ 352
　24.2.4 主体底部效果制作 ········· 358
　24.2.5 将网页效果图进行切片 ······ 359
　24.2.6 首页顶部 TOP 部分制作 ····· 360
　24.2.7 首页左侧部分制作 ········· 365
　24.2.8 首页主体部分制作 ········· 367
　24.2.9 首页底部部分制作 ········· 374

咨询台新手答疑 ···················· 377

网页设计与网站建设基础

在制作网页之前，需要对网页设计与网站建设有一个全面的了解和认识。本章首先介绍网页的基本概念及色彩搭配，然后学习网站制作的基本流程，了解网站是如何从无到有的；此外，网页版式与风格设计也是建设一个成功网站的关键。

学习要点：

- 网页设计工具简介
- 网页设计基础知识
- 网页常用页面结构
- 网站建设工作流程

1.1 网页设计工具简介

Dreamweaver、Flash、Fireworks 是由美国著名的 Macromedia 公司（ 现已被 Adobe 公司收购 ）推出的一套功能强大的网页编辑工具，通称"网页三剑客"。Dreamweaver 是网页制作与网站开发工具，Flash 是网页动画设计工具，Fireworks 是网页图像处理工具。由于 Photoshop 在网页设计方面的功能非常强大，所以现在被广泛应用于网页设计和制作，它与 Dreamweaver、Flash 成为网页制作最佳拍档。如果想要制作出一个精美的网站，要综合利用这三个网页制作工具才能达到更好的视觉效果。

1. Dreamweaver

Dreamweaver 是集网页制作和管理、创建网站于一身的网页编辑器，它是第一套针对专业网页设计师特别发展的视觉化网页开发工具。利用它可以轻而易举地制作出跨越平台限制和跨越浏览器限制的充满动感的网页。

2. Flash

Flash 是由 Macromedia 公司推出的交互式矢量图和 Web 动画的标准，它是一种动画创作与应用程序于一身的创作软件，可以制作丰富的视频、声音、图形和动画。现在许多网站为了吸引浏览者的兴趣，大都采用 Flash 制作页面、广告条和按钮，从而使网站页面更加生动、形象。

3. Photoshop

Photoshop 是一款重量级的图像处理软件，目前在网页制作领域被广泛应用，逐步取代了功能相对逊色的 Fireworks 软件。从功能上看，该软件可分为图像编辑、图像合成、校色调色及特效制作部分等。

1.2 网页设计基础知识

网页凭借精美的页面、丰富的信息和便捷的获取方法吸引着越来越多的客户，下面简要介绍网页及其相关概念。

1.2.1 网页、网站和主页

在学习相关知识之前，要先了解一下网页的相关概念及基本定义等，如网页、网站和主页等。

1. 网页

网页是 Internet 的基本信息单位，一般网页上都包含文本和图片等信息，复杂一些的网页上还会有声音、动画及视频等多媒体内容。网页经由网址来识别与获取。当浏览者输入一个网址或单击某个链接时，在浏览器中显示出来的就是一个网页。下图所示为正常显示的网页。

2．网站

网站（Website）就是把一些网页等信息文件通过超链接的形式关联起来形成的信息文件的集合。网站包含一个或多个网页。下图所示为新浪网站。

3．主页

进入网站首先看到的是其主页，主页集成了指向二级页面及其他网站的所有链接。浏览者进入主页后可以浏览相应信息并找到感兴趣的主题链接，通过单击该链接以跳转到其他网页。例如，当浏览者输入网址 www.mogujie.com 后出现的第一个页面，即"蘑菇街"的主页，如下图所示。浏览者可以根据主页的导航进入其他页面，了解更多内容。

1.2.2　网页基本功能元素

Internet 中的网页虽然千变万化，但通常由网站 Logo、导航条、横幅、内容版块和版尾或版权版块等组成，下面将分别对其进行介绍。

1．网站 Logo

网站 Logo 是指网站的标志、标识。成功的网站 Logo 有着独特的形象标识，在网站的推广和宣传中将起到事半功倍的效果。一个设计优秀的 Logo 可以给浏览者留下深刻的印象，为网站和企业形象的宣传起到十分重要的作用。

网站 Logo 一般在网站的左上角或其他醒目的位置。企业网站常常使用企业的标志或注册商标作为网站的 Logo。下图所示为 1 号店和亚马逊网站的 Logo。

2．导航条

导航条是网页设计中不可或缺的基本元素之一。导航条链接着各个页面，只要单击其中的超链接就能进入相应的页面。

导航条的形式多种多样，其中包括文本导航条、图像导航条和动画导航条等。导航栏一般放置在页面的醒目位置，让浏览者能在第一时间看到它。一般有 4 个常见的位置：页面的顶部、左侧、右侧和底部。下图所示为导航条在顶部和左侧的网页。

3．横幅

横幅（Banner）的内容通常为网页中的广告。在网页布局中，大部分网页将 Banner 放置在与导航条相邻处或其他醒目的位置，以吸引浏览者，如下图所示。

4．内容版块

网页的内容版块是整个页面的组成部分。设计人员可以通过该页面的栏目要求来设计不同的版块，每个版块可以有一个标题内容，并且每个内容版块主要显示不同的文本信息，如下图所示。

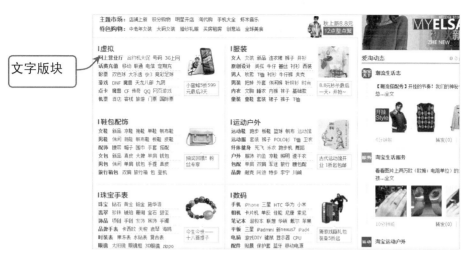

文字版块

5．版尾或版权版块

版尾，即页面最底端的版块。这部分位置通常放置网页的版权信息，以及网页所有者、设计者的联系方式等，如下图所示。有的网站也将网站的友情链接及一些附属的导航条放置在这里。

附属导航条

1.2.3 网页色彩搭配

色彩的搭配在网页制作中起着非常关键的作用，有很多网站以其成功的色彩搭配令人过目不忘。但对于刚开始学习制作网页的朋友来说，往往不容易驾驭好网页的颜色搭配。因此，除了学习各种色彩理论和方法之外，还应多学习一些著名网站的用色方法，这对于制作出具有专业水准的网页可以起到事半功倍的作用。

1．网页配色基础

红，黄，蓝是三原色，其他的色彩都可以用这三种色彩调和而成。网页 HTML 语言中的色彩表达就是用这三种颜色的数值表示，例如，红色是 color （255，0，0），十六进制的表示方法为（FF0000）；白色为（FFFFFF），我们经常看到的"bgColor=#FFFFFF"就是指背景色为白色。

（1）红色

红色经常用来表现太阳、火焰、热血、花卉等，具有积极向上的意义，给人以温暖、兴奋、活泼、热情、希望、忠诚、健康、充实、幸福等感觉。但有时也被认为是幼稚、原始、暴力、危险、卑俗的象征。红色历来是我国传统的喜庆色彩。在网页颜色搭配中，红色和黑色的搭配是非常和谐的，具有传统美，比较大气。下图所示为红色配色的网页。

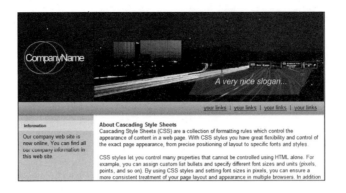

（2）黄色

黄色是所有色相中明度最高的色彩，具有轻快、光辉、透明、活泼、光明、希望、功名、健康等印象。黄色有着金色的光芒，在古代黄色是至高无上的，代表财富和权力，是骄傲的色彩。

黄色能和众多的颜色相配，如黄色和红色搭配可以营造一种吉祥喜悦的气氛；黄色与绿色相配，显得很有朝气，有活力；黄色与蓝色相配，显得美丽、清新。黄色最能吸引人的注意。下图所示为黄色配色的网页。

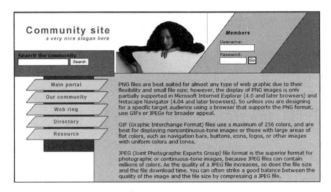

（3）蓝色

蓝色给人一种平静、平和、美丽、文静、安详与洁净的感觉。蓝色与红色、橙色相反，是典型的冷色，也是常见的后退色和收缩色，表示沉静、冷淡、理智、高深、透明等含义。下图所示为使用蓝色配色的网页。

蓝色的用途很广泛，例如，夏日的衣饰、室内的布艺通常使用蓝色调，让人在视觉上感觉清爽。蓝色是最具凉爽、清新、专业的色彩，常常以纯色来烘托游历与闲适的气氛。下图所示为蓝色配色的网页。

2．网页色彩搭配原理

•**色彩的鲜明性**：网页的色彩要鲜艳，容易引人注目。

•**色彩的独特性**：要有与众不同的色彩，使浏览者对网页的印象强烈。

•**色彩的合适性**：即色彩和设计者表达的内容与气氛相适合，如用粉色体现女性站点的柔性。

•**色彩的联想性**：不同色彩会产生不同的联想，如蓝色想到天空，黑色想到黑夜，红色想到喜事等，选择色彩要和自己网页的内涵相关联。

3．网页色彩搭配技巧及注意事项

网页色彩在很大程度上影响着浏览者对网页的第一印象。网页的整体色调要和网页主题相照应，不同的风格、不同的主题其色彩运用都有所不同。

下面介绍一些网页色彩搭配技巧及注意事项。

•使用一种色彩。单一色彩会使网站产生单调的感觉，然而通过调整透明度或者饱和度则会产生新的色彩，这样的页面看起来色彩统一，有层次感。

•使用两种色彩。先选定一种色彩，然后选择它的对比色。通过对比可以突出重点，产生强烈的视觉效果。

•采用同一个色系。即用一个感觉的色彩，如淡蓝，淡黄，淡绿。

•运用黑色和一种彩色。黑色一般用作背景色，与其他色彩搭配使用，如果设计合理则能产生更好的视觉效果。

•在搭配主色调时不要将所有颜色都用到，尽量控制在两种色彩以内。

•背景和正文的对比最好大一些，可以使用一些花纹简单的图像，以突出主要内容。

1.3 网页常用页面结构

> 网页布局结构的好坏是决定网页美观与否的一个重要方面。常见的网页结构包括：左右对称型结构、上下分割型结构、"同"字形结构、T 形结构、"三"字形结构、封面型结构和 Flash 型结构等。

1.3.1 左右对称型结构

左右对称所指的只是在视觉上的相对对称，而非几何意义上的对称，这种结构将网页分割为左右两部分。分别在左或右配置文字。当左右两部分形成强弱对比时，则造成视觉心理的不平衡。

不过，倘若将分割线虚化处理，或用文字进行左右重复或穿插，左右图文则变得自然、和谐。 般使用这种结构的网站均把导航区设置在左半部，而右半部用作主体内容的区域。左右对称型结构便于浏览者直观地读取主体内容，却不利于发布大量的信息，所以这种结构对于内容较多的大型网站来说并不合适。下图所示为左右对称型结构的网页。

1.3.2 上下分割型结构

　　上下分割型结构把整个版面分为上下两个部分，在上半部或下半部配置图片，另一部分则配置文本。配有图片的部分感性而有活力，而文本部分则理性而静止。上下部分配置的图片可以是一幅或多幅。下图所示为上下分割型结构的网页。

1.3.3 "同"字形结构

　　"同"字形结构名副其实，采用这种结构的网页往往将导航区置于页面顶端，左右两侧为功能区和附加信息区，中间为主要信息显示区和重要资料显示区。

　　这种结构比左右对称结构要复杂一些，不但有条理，而且直观，有视觉上的平衡感，给人的感觉开放、大气，但这种结构也比较僵化。在使用这种结构时，高超的用色技巧能规避

"同"字形结构的缺陷。如下图所示，网站导航栏在上，内容分为左中右三部分，主要突出中间部分的内容。

1.3.4　Ｔ字形结构

Ｔ字形结构的大致布局是将网站的主标识放在左上角，导航栏在上部的中间占有大部分的位置，左侧出现重要的提示信息，右侧是页面主体，出现大量信息并通过合理的版块划分达到传达信息的目的。下图所示为Ｔ字形结构的网页。

1.3.5 "三"字型结构

"三"字形结构是一种简洁、明快的网页布局，在国外网站用得较多，这种结构的特点是突出中间一栏的视觉效果。下图所示为首页采用上、中、下"三"字形结构的网页。

1.3.6 封面型结构

封面型结构基本上是出现在一些网站的首页，大部分为一些精美的平面设计结合一些小的动画，放上几个简单的链接或仅是一个"进入"的链接，甚至直接在首页的图片上做链接而没有任何提示。

这种类型大部分出现在企业网站和个人主页，如果处理的好会给人带来赏心悦目的感觉。下图所示为封面首页，看去像一本杂志的封面，但主题非常突出。

1.3.7　Flash 型结构

　　Flash 型结构是指整个网页就是一个 Flash 动画,它本身就是动态的,画面一般比较绚丽、有趣,是一种比较新潮的结构方式。

　　其实这种结构与封面型结构是类似的,不同的是由于 Flash 强大的功能,页面所表达的信息更加丰富。其视觉效果及听觉效果如果处理得当,会是一种非常有魅力的结构。下图所示为全屏采用 Flash 的网页,极富动感。

1.4　网站建设工作流程

　　规范的网站建设应该遵循一定的流程,合理的流程可以最大限度地提高工作效率。网站建设流程主要由网站的规划设计、网站的制作、网站的测试、网站的上传与发布四个部分组成,下面将分别进行介绍。

1.4.1　网站的规划设计

　　建设网站之前,设计人员首先要对网站的内容、架构等各方面做好规划设计,以免后期操作时影响到整个网站的结构。一般网站的规划从以下几个方面考虑。

1．确定网站的主题及风格

　　创建网站之前,首先要先确定网站的主题及风格,明确网站设计的目的和主要针对的访问者,将这些问题充分考虑后再按照客户的需求一步步去实现网站的建设。

2．规划网站整体结构

　　网站规划包含的内容很多,如网站结构、栏目设置、颜色搭配、页面布局等。

　　网站栏目设计要遵循三原则:一是网站内容重点突出,二是方便访问者浏览,三是便于管理者进行维护。

3．收集素材

　　确定网站主题和整体结构后,要根据网站主题组织网站内容、收集合适的素材,素材包括很多种，如图片、音频、文字、视频等。然后将收集到的资料转换成网页能识别的文件格式，将图片转换成适用于网页的格式。

1.4.2 网站页面的制作

制作网站过程中，要进行全面的考虑，主要分为以下三大步。

1．确定网页版面布局

制作网页时，要先把大的结构设计好，再逐步完善小的结构设计；要先设计简单的内容，再设计复杂的，即先大后小、先简单后复杂。这样设计方便在出现问题时进行修改。要根据网站设计目标和主要浏览对象设计好网页的版式及网页的内容。

2．制作网页

制作网页时要按照版面布局，灵活运用模板和库，这样将大大提高制作效率。还可以将版面设计成一个模板，当制作相同版面的网页时，就可以以此模板为基础创建网页。

对于在网页中经常出现的内容，可以做成库项目，以后只要改变库项目，就可以很快地对使用它的所有页面进行相应的修改。

3．丰富网页内容

为了使网页更加美化，视觉效果更加突出，可以通过 Flash 动画、视频等技术手段来丰富网页内容。

1.4.3 网站的测试

网站制作完成后，需要对网站进行审查和测试。测试的对象是整个网站及所涉及的所有链接，测试内容包括功能性测试和完整性测试两个方面。

功能性测试就是要保证网页的可用性，达到最初的内容组织设计目标，实现所规定的功能，读者可方便快速地寻找到所需的内容。完整性测试就是保证页面内容显示正确，链接准确。具体的测试主要有浏览器兼容性测试、平台兼容性测试和超链接完好性测试。

1．浏览器兼容性测试

目前浏览器有 Internet Explorer 与 Netscape 两大主流浏览器，两者对 HTML 和 CSS 等语法的支持度是不同的。这两大浏览器分别拥有各自的卷标语法，其版本越高，所支持的语法就越多。如果在网页中应用了某浏览器的专有语法或较新的 HTML，在其他浏览器中浏览时可能会导致显示错误。在 Dreamweaver 中提供了可以检查网页中是否含有某版本，浏览器不能识别的语法功能，设计者可以借助其进行检查。

2．平台兼容性测试

设计者要为用户着想，必须最少在一台 PC 和一台 Mac 机上测试自己的网站网页，看看兼容性如何。

3．超链接完好性测试

超链接是连接网页之间、网站之间的桥梁，浏览者是不愿意访问一个经常出现"找不到网页"的问题网站的，设计者必须检测超链接的完好性，保证链接的有效性，不要留下太多坏链接。

如果在测试过程中发现了错误，就要及时修改，在准确无误后方可正式上传到 Internet 上。

1.4.4 网站的上传与发布

网站制作完成后，需要把它发布到互联网上。在发布之前，要先申请域名和主页空间，然后利用专用软件上传，FTP 有很多种软件，最著名的是 CuteFTP 和 LeapFTP，也可以用 Dreamweaver 内置的 FTP 进行上传。

咨询台 **新手答疑**

1 动态网页和静态网页有什么区别？

动态网页与静态网页是相对应的，静态网页 URL 的扩展名是 htm、html 和 xml 等，而动态网页以 asp、aspx、sp、php 和 perl 等为扩展名，并且动态网页中有一个标志性的符号"？"。

2 网页的基本组成元素有哪些？

一般网页的基本要素包括：页面标题、网站标志、导航栏以及文本和图片等。

3 网站有哪些类型？

网站按其内容可分为企业类网站、电子商务网站、个人网站、机构类网站、娱乐游戏网站、门户网站和行业信息类网站。

Chapter 2

创建与管理站点

站点是多个网页及相关资源文件的组合。在 Dreamweaver 中，站点的管理是通过站点创建和管理实现的。站点创建允许创建本地站点和远程站点；站点管理可以实现站点的导入、修改、删除和复制操作。

学习要点：

- 站点的创建与设置
- 站点的管理
- 站点的上传与下载
- 实战演练——创建本地站点

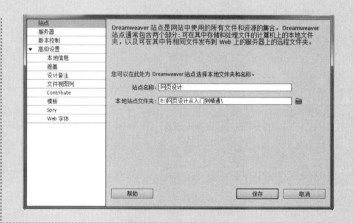

2.1 站点的创建与设置

制作网页之前，一般先在本地创建一个站点，这个站点实际上就是一个文件夹，将与制作网页有关的文件都放在此文件夹中。需要注意的是，要把不同类型的文件放到不同的文件夹下，例如，images 文件夹用于存放图像文件，素材文件夹用于存放素材。

下面将介绍如何利用 Dreamweaver 创建一个站点目录，并实现对创建的站点进行设置。

2.1.1 创建站点

在 Dreamweaver 中创建站点非常简单，创建本地站点的方法如下：

STEP 01 启动 Dreamweaver CS6，选择"站点"|"新建站点"命令，如下图所示。

STEP 02 在弹出对话框的左侧选择"站点"选项，在右侧设置站点名称，单击"浏览文件夹"按钮，如下图所示。

STEP 03 弹出"选择根文件夹"对话框，设置站点存储路径，单击"选择"按钮，如下图所示。

STEP 04 返回"站点设置对象"对话框，在下方单击"保存"按钮，如下图所示。

STEP 05 选择"窗口"|"文件"命令，打开"文件"面板，可以看到创建的站点文件，如下图所示。

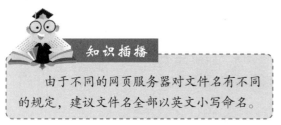

知识插播

由于不同的网页服务器对文件名有不同的规定，建议文件名全部以英文小写命名。

2.1.2 设置站点

站点的高级设置包括"本地信息"、"遮盖"、"设计备注"、"文件视图列"、Contribute、"模板"、Spry 和"Web 字体" 8 个选项，可以根据需要进行相应的设置，如下图所示。

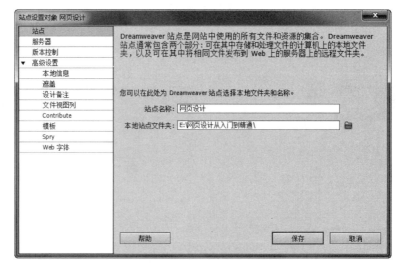

◎ **本地信息**：主要用于设置本地站点的基本信息。

◎ **设计备注**：主要提供与文件相关联的备注信息，单独存储在独立文件中。可以使用该功能来记录与文档关联的其他文件信息。

◎ **遮盖**：主要用于设置"遮盖"功能，该功能能够实现在执行"获取"或"上传"等操作时，排除本地或服务器上的特定文件或文件夹的效果。

◎ **文件视图列**：主要用于设置在"文件"窗口中各文件需要显示的信息。

◎ **模板**：用于设置站点模板在执行更新操作时是否重新设置模板文件中链接文档的相对路径。

◎ **Web 字体**：用于设置站点使用的特殊字体的存放路径。

2.2 站点的管理

在 Dreamweaver CS6 的"管理站点"对话框中，可以实现对站点的编辑、删除、复制、导入和导出操作。

2.2.1 删除站点

选择"站点"|"管理站点"命令，弹出"管理站点"对话框，单击"删除当前选择的站点"按钮 ■，即可对不再使用的站点执行删除操作。需要注意的是，该操作仅能在 Dreamweaver CS6 中清除该站点信息，不能删除站点中的实际文件，如下图所示。

2.2.2 编辑站点

通过编辑站点可以实现对站点信息的修改，具体操作方法如下：

STEP 01 在"管理站点"对话框中单击"编辑当前选定的站点"按钮 ✐，如下图所示。

STEP 02 弹出"站点设置对象"对话框，可对站点信息进行重新设置，单击"保存"按钮，如下图所示。

2.2.3 复制站点

在"管理站点"对话框中，如果要创建多个结构相同的站点，单击"复制当前选定的站点"按钮 📋，即可实现对选中站点的复制，如下图所示。

　　默认情况下，复制站点的存储路径和源站点路径一致。如果想要修改站点的存储路径，可在"管理站点"对话框中双击复制的站点名称，弹出"站点设置对象"对话框，在"本地站点文件夹"文本框中即可设置存储路径，如下图所示。

2.2.4　导出站点

　　在"管理站点"对话框中，导出站点可将当前站点配置文件（*.ste）导出到指定路径下，具体操作方法如下：

STEP 01 选中要导出的站点，单击"导出当前选定的站点"按钮 📤，如下图所示。

STEP 02 弹出"导出站点"对话框，设置保存路径和文件名，单击"保存"按钮，如下图所示。

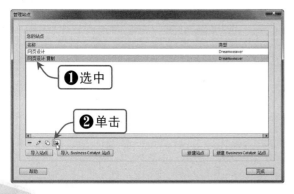

2.2.5 导入站点

在"管理站点"对话框中，导入站点可以将站点的配置文件导入到 Dreamweaver 中，具体操作方法如下：

STEP 01 在"管理站点"对话框中单击"导入站点"按钮，如下图所示。

STEP 02 弹出"导入站点"对话框，选择要导入的站点配置文件，单击"打开"按钮，如下图所示。

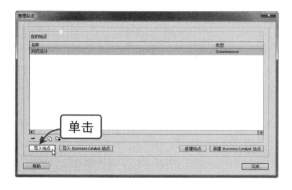

STEP 03 此时，站点文件重新导入到站点中，单击"完成"按钮，如下图所示。

STEP 04 此时，即可在"文件"面板中查看导入站点的文件信息，如下图所示。

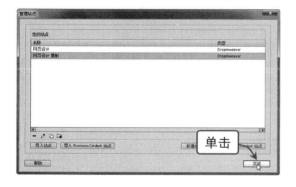

2.3 站点的上传与下载

在 Dreamweaver CS6 中可以很轻松地完成站点的上传和下载操作，具体操作方法如下：

STEP 01 启动 Dreamweaver CS6，选择"窗口"|"文件"命令，如下图所示。

STEP 02 在"文件"面板中单击站点下拉按钮，在弹出的下拉列表中选择"管理站点"选项，如下图所示。

STEP 03 弹出"管理站点"对话框，选择要上传的站点，然后单击"编辑当前选定的站点"按钮 ✐，如下图所示。

STEP 04 弹出"站点设置对象"对话框，在左侧选择"服务器"选项，在右侧单击"添加新服务器"按钮 ➕，如下图所示。

STEP 05 设置"连接方式"为FTP，输入FTP地址、用户名和密码，单击"保存"按钮，如下图所示。

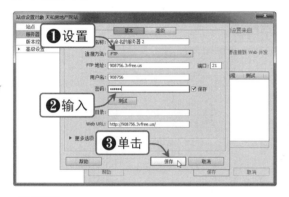

STEP 06 在"文件"面板中单击"连接到远程服务器"按钮，如下图所示。

STEP 07 连接成功后，在"文件"面板中单击"向远程服务器上传文件"按钮 ⬆，如下图所示。

STEP 08 弹出提示信息框，单击"确定"按钮，如下图所示。

STEP 09 此时，开始上传站点，并显示上传进度，如下图所示。

STEP 10 在"文件"面板中单击"从远程服务器获取文件"按钮 ⬇，如下图所示。

STEP 11 弹出提示信息框,单击"确定"按钮, 即可下载整个站点,如下图所示。

单击

STEP 12 此时,开始下载站点,并显示下载 进度,如下图所示。

2.4 实战演练——创建本地站点

要创建一个网站,首先需要获取用户需求,准备网站素材(如图片、Flash 文件), 然后才是利用 Dreamweaver 软件进行网站界面设计。下面创建一个用户登录网站, 该站点包含用于存放站点所需图像文件的 images 图片、存放站点样式文件的 CSS 文 件夹,以及登录首页 index.html。网站的最终效果如下图所示。

素材文件 光盘:\素材\第 2 章\我的站点

STEP 01 启动 Dreamweaver,选择"站点"| "新建站点"命令,如下图所示。

选择

STEP 02 弹出"站点设置对象"对话框,设 置站点名称和站点存放的本地文件夹,单击 "保存"按钮,如下图所示。

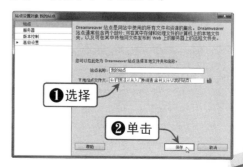
❶选择
❷单击

STEP 03 在"文件"面板中选择"我的站点"选项，右击本地文件，在弹出的快捷菜单中选择"新建文件夹"命令，如下图所示。

STEP 04 更改文件夹名称为 images，将图像手动剪切并粘贴到当前站点的 images 目录下，如下图所示。

STEP 05 右击"我的站点"选项下的本地文件，在弹出的快捷菜单中选择"新建文件"命令，如下图所示。

STEP 06 更改默认名称为 index.html，在"文件"面板中双击 index.html，打开此文件，如下图所示。

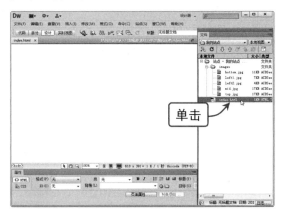

STEP 07 选择"插入"|"表格"命令，弹出"表格"对话框，设置表格属性，单击"确定"按钮，如下图所示。

STEP 08 在"属性"面板中设置对齐方式为"居中对齐"，将"填充"、"间距"和"边框"均设置为 0，如下图所示。

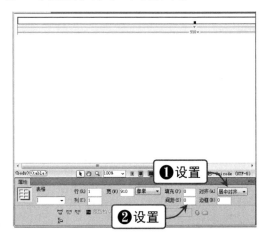

STEP 09 将光标定位于表格中，选择"插入"|"图像"命令，如下图所示。

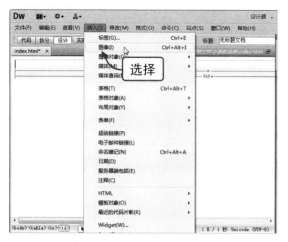

STEP 11 将光标定位于表格的右侧，用同样的方法插入一个 1 行 3 列的表格，设置表格属性，单击"确定"按钮，如下图所示。

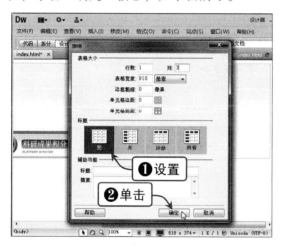

STEP 13 同样，在第 1、3 列单元格中分别插入图像。将光标定位于第 2 列单元格中，在"CSS 属性"面板中单击"编辑规则"按钮，如下图所示。

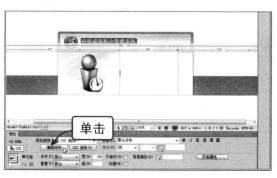

STEP 10 弹出"选择图像源文件"对话框，选择要插入的图像，然后单击"确定"按钮，如下图所示。

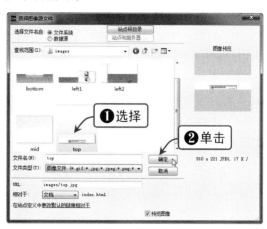

STEP 12 在"属性"面板中设置对齐方式为"居中对齐"，将 3 列单元格的宽度分别设置为 447px、190px、223px，如下图所示。

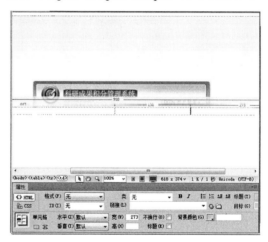

STEP 14 弹出"新建 CSS 规则"对话框，设置选择器类型、选择器名称和规则定义，单击"确定"按钮，如下图所示。

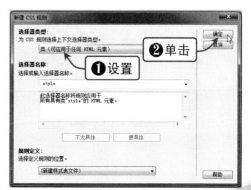

STEP 15 弹出"将样式表文件另存为"对话框，单击 按钮新建文件夹，并命名为 css，双击该文件，如下图所示。

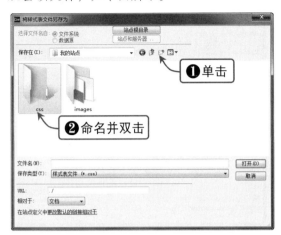

STEP 16 将新建的样式表命名为 style，单击"保存"按钮，如下图所示。

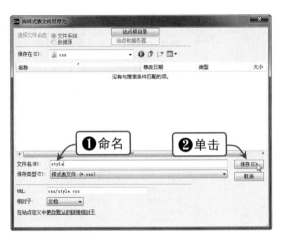

STEP 17 弹出"CSS 规则定义"对话框，在左侧选择"类型"选项，在右侧设置字体类型为"宋体"，字号大小为 14，如下图所示。

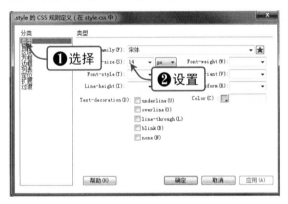

STEP 18 在左侧选择"背景"选项，在右侧设置背景图片重复为 no-repeat，单击"浏览"按钮，如下图所示。

STEP 19 弹出"选择图像源文件"对话框，选择背景图像，单击"确定"按钮，如下图所示。

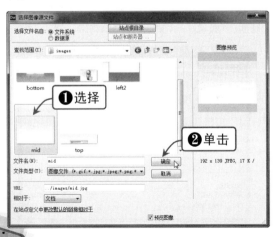

STEP 20 选择"插入"|"表格"命令，弹出"表格"对话框，设置相关属性，单击"确定"按钮，如下图所示。

STEP 21 在"属性"面板中设置表格对齐方式为"居中对齐"。选择第 1 列单元格,设置水平方式为"左对齐",垂直方式为"居中",如下图所示。

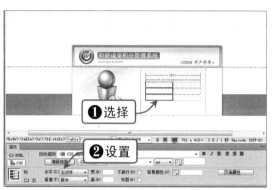

STEP 22 在单元格中输入文本,并适当调整单元格的宽度,如下图所示。

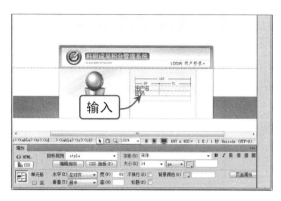

STEP 23 将光标置于第 2 列单元格中,选择"插入"|"表单"|"文本域"命令,如下图所示。

STEP 24 弹出"输入标签辅助功能属性"对话框,根据需要设置相关属性,单击"确定"按钮,如下图所示。

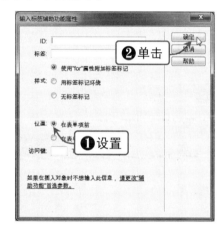

STEP 25 采用同样的方法,插入另一个文本域。选择第 3 行单元格并右击,在弹出的快捷菜单中选择"表格"|"合并单元格"命令,如下图所示。

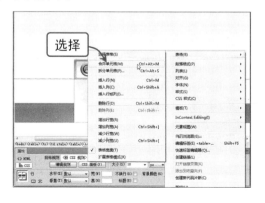

STEP 26 将光标定位于第 3 行单元格中,在"属性"面板中设置水平对齐方式为"居中对齐"。选择"插入"|"表单"|"按钮"命令,如下图所示。

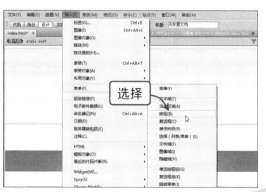

STEP 27 弹出"输入标签辅助功能属性"对话框，根据需要设置相关属性，单击"确定"按钮，如下图所示。

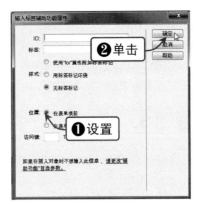

STEP 28 在"属性"面板中更改按钮的值，采用同样的方法插入另一个按钮并设置值，如下图所示。

STEP 29 将光标定位于第2行单元格的右侧，选择"插入"|"表格"命令，如下图所示。

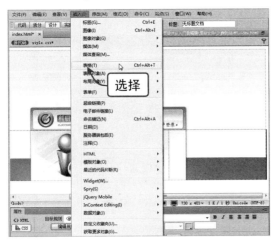

STEP 30 弹出"表格"对话框，设置表格属性，单击"确定"按钮，如下图所示。

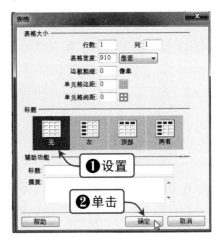

STEP 31 在"属性"面板中设置对齐方式为"居中对齐"，参照前面的操作插入图像，如下图所示。

STEP 32 按【F12】键在浏览器中预览效果，如下图所示。

咨询台 新手答疑

1 如何利用 FTP 上传本地站点?

（1）上传本地站点之前，首先需要下载安装提供 FTP 服务的软件，例如 Server-U。

（2）配置 FTP 相应服务器，这需要 FTP 管理员分配账号、指定权限及上传/下载目录。

（3）利用 Dreamweaver 站点管理功能，配置 FTP 远程服务器。

2 怎么实现站点更新?

站点更新就是将本地站点文件进行重新编辑，然后上传到远程服务器，替换掉原来的站点文件。

3 导入/导出站点有什么作用?

通过导入/导出站点设置文件，可实现同一站点在多台计算机的 Dreamweaver 软件中打开，编辑修改及站点调试等操作。

Chapter 3

Dreamweaver CS6
轻松入门

Dreamweaver CS6 是一款专业的网页制作软件，它将可视布局工具、应用程序开发功能和代码编辑支持组合在一起，功能强大，使各水平层次的开发人员和设计人员都能够快速创建吸引人的基于标准网站和应用程序的界面。本章将引领读者初步认识 Dreamweaver CS6。

学习要点：

- Dreamweaver CS6 简介
- Dreamweaver CS6 工作界面
- 网页文档的基本操作
- 页面属性的设置

3.1　Dreamweaver CS6 简介

> Dreamweaver 是一款专业的 HTML 编辑软件，用于对 Web 站点、Web 页和 Web 应用程序进行设计、编码和开发。无论是喜欢直接编写 HTML 代码，还是偏爱在可视化编辑环境中工作的用户，它都会提供众多工具，丰富用户的 Web 创作体验。

　　利用 Dreamweaver 中的可视化编辑功能，可以快速创建页面，而无须编写任何代码。不过，如果用户更喜欢用手工直接编码，Dreamweaver 还包括许多与编码相关的工具和功能。

　　Dreamweaver 在网页设计领域具有强大的功能，但它不能简单地定位为网页设计软件，它还有许多重要的作用，具体如下：

　　•Web 站点架设：使用 Dreamweaver 可以方便地实现站点架设、管理与维护，简单地发布站点至网络网站空间，实施远端维护等操作。

　　•网页内容排版：在 Dreamweaver "所见即所得"的工作环境中，可以轻松创建表格、层和框架，对网页资料进行完美的编排。

　　•网页特效制作：Dreamweaver 可以通过简单的图像转换、动态行为、时间轴和层的结合实现具有各种视觉特效的网页制作。

　　•网页应用程序开发：使用 Dreamweaver 可以开发诸如 coldfusion、asp、asp.net、php 等类型的动态网页。

3.2　Dreamweaver CS6 工作界面

　　Dreamweaver CS6 的工作界面主要包括菜单栏、文档工具栏、文档窗口、"属性"面板、面板组，如下图所示。

3.2.1　菜单栏

菜单栏中包含了 Dreamweaver 中大多数的命令，它是编辑和管理网页文件的重要工具。菜单栏主要包括"文件"、"编辑"、"查看"、"插入"、"修改"、"格式"、"命令"、"站点"、"窗口"和"帮助"菜单项，如下图所示。

单击菜单名称，或按住【Alt】键的同时按键盘上各菜单英文名称的首字母，都能打开相应的下拉菜单，将其中的命令显示在屏幕上。下图所示为打开的"插入"菜单，它集中了大部分可以插入的对象。

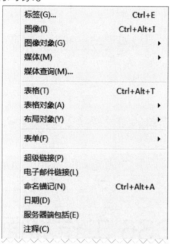

Dreamweaver CS6 还为一些命令提供了快捷键，它们是单击菜单命令的快捷方式之一。例如，单击"插入"|"表格"命令或按【Ctrl+Alt+T】组合键，都可以在网页中插入表格。

3.2.2　文档工具栏

文档工具栏中包含一些按钮，使用这些按钮可以在文档的不同视图间快速切换，如代码视图、设计视图，以及可以同时显示代码视图和设计视图的拆分视图，如下图所示。

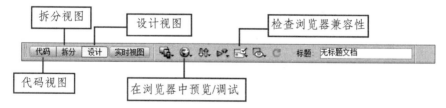

文档工具栏中还包含一些与查看文档、在本地和远程站点间传输文档有关的常用命令和选项，如"在浏览器中预览/调试"、"检查浏览器兼容性"按钮等。

视图选项中包含了一些辅助设计工具，不同视图下其显示的选项也不尽相同，例如，设计视图下的菜单显示如下图所示，其中各个选项都只应用于设计视图下。

下面将简要介绍设计视图下的几个菜单选项。

1. 网格

网格在文档窗口中显示的是一系列水平线和垂直线，可用于精确地放置对象，如下图（左）所示。

若要显示或隐藏网格，可选择"查看"|"网格"|"显示网格"命令。设置其参数时，可选择"查看"|"网格"|"网格设置"命令，弹出"网格设置"对话框，如下图（右）所示。

2. 标尺

标尺用于测量、组织和规划布局，它显示在页面的左边框和上边框。选择"查看"|"标尺"|"显示"命令，即可显示标尺。下图所示为以"像素"为单位的标尺。

3. 辅助线

若要更改辅助线，可选择"查看"|"辅助线"|"编辑辅助线"命令，弹出"辅助线"对话框，从中即可进行设置，如下图（左）所示。

若要更改当前辅助线的位置，可将鼠标指针放在辅助线上，当指针变为双向箭头形状时拖动鼠标即可，如下图（右）所示。

3.2.3 文档窗口

文档窗口用于显示当前创建和编辑的网页文档，Dreamweaver 提供了四种查看文档的方式：代码视图、拆分视图、设计视图和实时视图。

代码视图用于编写和编辑 HTML、JavaScript、服务器语言代码（如 PHP 或 ColdFusion 标记语言（CFML），以及任何其他类型代码的手工编码环境）。下图所示为在代码视图中查看文档。

拆分视图用于在一个窗口中同时看到同一文档的代码视图和设计视图。下图所示为在拆分视图中查看文档。

设计视图用于可视化页面布局、可视化编辑和快速应用程序开发的设计环境。在该视图中，Dreamweaver 显示文档的完全可编辑的可视化表示形式，类似于在浏览器中查看页面时看到的内容。下图所示为在设计视图中查看文档。

实时视图与设计视图类似，实时视图更逼真地显示文档在浏览器中的表示形式。实时视图不可编辑，不过可以在代码视图中进行编辑，然后通过刷新实时视图来查看所做的更改。下图所示为在实时视图中查看文档。

3.2.4 "属性"面板

选择"窗口"|"属性"命令，可以显示或隐藏"属性"面板。一般情况下，"属性"面板默认显示在文档的下方，如下图所示。根据当前选择的元素或内容的不同，"属性"面板中所显示的属性也不同。

当在文档窗口中选中表格时，"属性"面板如下图所示。

当在文档中选中图片时，"属性"面板如下图所示。

3.2.5　面板组

Dreamweaver CS6 将各种工具面板集成到面板组中，如"插入"面板、"行为"面板、"CSS 样式"面板等，如下图（左）所示。用户可以根据自己的需要，选择隐藏或显示面板。

选择"窗口"|"文件"命令，将展开"文件"面板，如下图（右）所示。

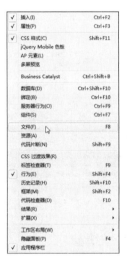

3.2.6　"插入"面板

Dreamweaver CS6 将"插入"工具栏整合在右侧面板组中，用户使用起来更为灵活、方便。"插入"面板按以下形式进行组织：

"常用"类别用于创建和插入常用的对象，如图像和 Flash 等，如下图（左）所示。"布局"类别主要用于网页布局，可以插入表格、Div 标签、层和框架，如下图（右）所示。

"表单"类别用于创建表单和插入表单元素，如下图（左）所示。"数据"类别用于插入 Spry 数据对象和其他动态元素，如记录集、重复区域、显示区域，以及插入和更新记录等，如下图（右）所示。

Spry 类别包含一些用于构建 Spry 页面的按钮，如 Spry 文本域、Spry 菜单栏等，如下图（左）所示。"文本"类别用于插入各种文本格式设置标签和列表格式设置标签，如下图（中）所示。"收藏夹"类别用于将"插入"栏中最常用的按钮分组和组织到某一常用位置，如下图（右）所示。

3.3 网页文档的基本操作

在 Dreamweaaver 中创建文档是制作网页最基本的一个操作，使用 Dreamweaver 既可以创建空白页和空白模板，还可以创建基于模板的页面。

3.3.1 创建空白文档

创建空白文档有两种方法，一种是在起始页中创建，另一种是使用命令创建。

1. 在起始页中创建空白文档

在起始页中创建空白文档的具体操作方法如下.

STEP 01 启动 Dreamweaver，在打开的起始页中单击"新建"栏中的 HTML 选项，如下图所示。

STEP 02 此时，即可创建一个空白文档，如下图所示。

2. 使用命令创建空白文档

使用"新建"命令创建空白文档的具体操作方法如下：

STEP 01 选择"文件"|"新建"命令，如下图所示。

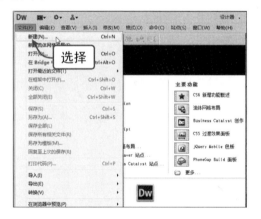

STEP 02 弹出"新建文档"对话框，选择"空白页"和文档类型，单击"创建"按钮，如下图所示。

STEP 03 此时，即可创建一个空白文档，如下图所示。

知识插播

创建的新文档都是空白的。"空白"指的是文档窗口里没有内容，如图片和文本等。与之相对应的 HTML 文件并不是空白的，单击 拆分 按钮，将同时显示 HTML 代码，可以看到，最基本的 HTML 文件的框架已经存在了。

3.3.2 保存和关闭网页文档

保存和关闭网页文档是制作网页中一个重要的操作，下面将介绍如何保存和关闭网页文档。

1. 保存网页文档

网页文档经过修改后应及时存储文档，以使修改操作生效，具体操作方法如下：

STEP 01 在网页文档中插入图像后，选择"文件"|"保存"命令，如下图所示。

STEP 02 弹出"另存为"对话框，选择路径并输入文件名，单击"保存"按钮，如下图所示。

2. 关闭正在编辑的文档

关闭正在编辑的文档的具体操作方法如下：

STEP 01 在要关闭的文档窗口中选择"文件"|"关闭"命令，如下图所示。

STEP 02 弹出提示信息框，单击"是"按钮保存文档，单击"否"按钮则不保存文档，如下图所示。

3.3.3 打开网页文档

打开现有文档也有多种方法，下面将介绍几种常用的打开操作。

启动 Dreamweaver CS6，显示起始页。如果在"打开最近的项目"栏中列出了需要打开的文档，则直接单击文档名即可。

在 Dreamweaver CS6 已经启动的情况下，选择"文件"|"打开"命令，弹出"打开"对话框，选择需要打开的文档，单击"打开"按钮即可，如下图所示。

3.3.4 预览网页

在 Dreamweaver 中制作网页时，可以随时在浏览器中进行浏览，以便查看预览当前网页的效果，具体操作方法如下：

STEP 01 单击"在浏览器中预览/调试"按钮，选择"预览在 IExplore"选项，如下图所示。

STEP 02 此时，即可在浏览器中查看当前网页效果，如下图所示。

3.4 页面属性的设置

在制作网页时，页面属性的设置非常重要。页面的属性主要包括背景图像、背景颜色、普通文本颜色、链接文本颜色及页面边距等，下面将详细介绍如何对其进行设置。

3.4.1 设置外观属性

外观属性包括普通文本的属性设置、页面边距设置及页面背景的设置，下面将逐一进行介绍。

素材文件 光盘:\素材\第 3 章\欢度国庆

1. 设置背景图像

设置网页背景图像的具体操作方法如下:

STEP 01 打开素材文件，在"属性"面板中单击"页面属性"按钮，如下图所示。

STEP 02 弹出"页面属性"对话框，单击"浏览"按钮，如下图所示。

STEP 03 弹出"选择图像源文件"对话框，选择要插入的图像，单击"确定"按钮，如下图所示。

STEP 04 设置重复方式为 no-repeat，然后单击"确定"按钮，如下图所示。

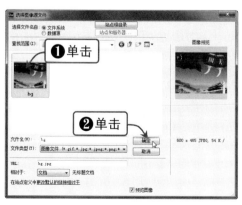

STEP 05 查看设置背景图像后的网页效果，如下图所示。

2. 设置普通文本

设置普通文本的具体操作方法如下：

STEP 01 在"属性"面板中单击"页面属性"按钮，如下图所示。

STEP 02 弹出"页面属性"对话框，设置字体、大小、颜色等，单击"确定"按钮，如下图所示。

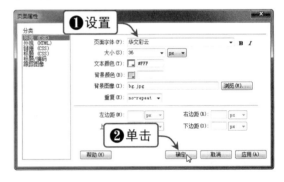

STEP 03 在文档中输入所需文本，效果如下图所示。

3. 设置背景颜色

设置网页背景颜色的具体操作方法如下：

STEP 01 在"属性"面板中单击"页面属性"按钮，如下图所示。

STEP 02 弹出"页面属性"对话框，单击"背景颜色"按钮，选择合适的颜色，单击"确定"按钮，如下图所示。

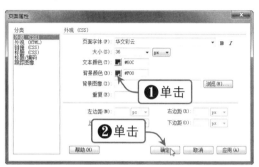

STEP 03 此时，文档背景色变为选定的颜色，效果如下图所示。

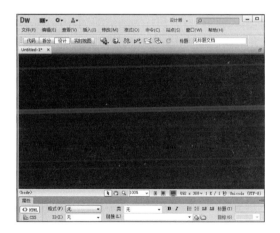

3.4.2 设置链接属性

超链接是指从一个网页指向一个目标的链接关系，这个目标可以是另一个网页，也可以是相同网页上的不同位置，还可以是一个图片、一个电子邮件地址、一个文件，甚至是一个应用程序。

超链接文字有 3 种状态，分别是未访问、激活和已访问。为了方便浏览者清楚哪些网页已经被浏览过，可以把超链接文字的 3 种状态设置为不同的颜色，以示区分。

下面将通过实例来介绍如何设置链接属性，具体操作方法如下：

素材文件 光盘:\素材\第 3 章\news

STEP 01 打开素材文件，在"属性"面板中单击"页面属性"按钮，如下图所示。

STEP 02 弹出"页面属性"对话框，在左侧选择"链接（CSS）"选项，在右侧设置链接前后颜色，单击"确定"按钮，如下图所示。

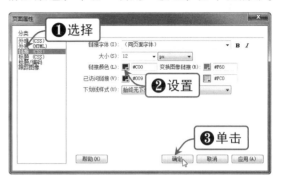

STEP 03 按【F12】键保存网页，并在浏览器中查看网页文字链接的效果，如下图所示。

咨询台 **新手答疑**

1 为什么设置的背景图像不能显示?

有时会出现在 Dreamweaver 中显示是正常的，但启动 IE 浏览器浏览该页面时，背景图像却看不到的情况。这时返回到 Dreamweaver 中查看代码，会发现 background 设置在 <tr> 标签中，这时只需将背景代码移到 <td> 标签中保存即可。

2 如何创建模板文档?

如果要基于模板创建文档，可单击"新建文档"对话框中的"空模板"选项，在"模板类型"中选择相应的文件类型，通过预览区域预先浏览所选模板的样式，以确定是否符合要求。

3 利用 Dreamweaver CS6 可以打开哪些类型的文档?

利用 Dreamweaver CS6 可以打开多种格式的文件，如 HTML、ASP、JS、DWT、CSS 等格式。

Chapter

插入与编辑网页
基本元素

4

在网页中包含各种各样的元素，如文本、图像、超链接、Flash 动画、声音和视频等，每种元素都有其他元素无法替代的优势，本章将根据实际应用的需要介绍如何在网页中插入与编辑各种网页元素。

学习要点：

- 在网页中插入文本
- 在网页中插入图像
- 图像编辑器的使用
- 其他图像文件的插入

4.1 在网页中插入文本

文本作为信息传播的主要符号，在网页中同样是信息传播的主要方式。文本占用的空间非常小，因此在网络中传输速度非常快。下面将详细介绍如何输入文本。

4.1.1 添加普通文本

在 Dreamweaver 中添加文本有两种方法：一种是直接在文档窗口工作区中输入文本；另一种是先复制要插入的文本，然后在需要插入文本的位置选择"编辑"|"粘贴"命令，将文本导入，如下图所示。

4.1.2 添加特殊符号

Dreamweaver CS6 提供了丰富的特殊字符插入功能，可以插入如注册商标、版权、货币等特殊符号。

添加特殊符号的操作方法如下：

STEP 01 将光标置于要插入特殊符号的位置，在"插入"面板"文本"类别中单击"字符"下拉按钮，选择"版权"选项，如下图所示。

STEP 02 此时，即可在文档中插入一个版权符号，如下图所示。

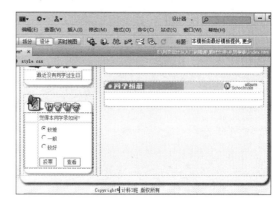

4.2 在网页中插入图像

> 我们浏览网页时经常看到各种类型的图像，这些图像在传递信息的同时又美化了网页，所以图像是网页中必不可少的元素之一。

4.2.1 插入图像

网页中图像的格式通常有 3 种，即 GIF、JPEG 和 PNG。漂亮的图像会使网页更加美观，同时吸引浏览者的兴趣。

下面将学习如何在网页中插入图像，具体操作方法如下：

素材文件　光盘:\素材\第 4 章\同学录

STEP 01 打开素材文件，将光标定位在要插入图像的位置，选择"插入"|"图像"命令，如下图所示。

STEP 02 弹出"选择图像源文件"对话框，选择要插入的图像，单击"确定"按钮，如下图所示。

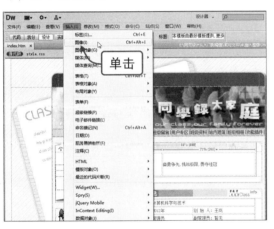

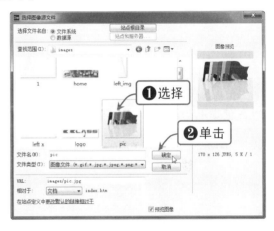

STEP 03 此时，即可在网页中插入所选图像，调整图像大小，效果如下图所示。

STEP 04 插入图像后，Dreamweaver 会自动在HTML 源代码中生成对应该图像文件的引用，如下图所示。

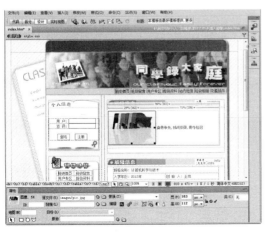

为了确保引用的正确性，该图像文件必须位于当前站点中。如果图像文件不在当前站点中，Dreamweaver 会询问是否要将此文件复制到当前站点中，如下图所示。

4.2.2 设置图像的属性

选中图像，选择"窗口"|"属性"命令，即可打开"属性"面板。在 Dreamweaver 中可以通过"属性"面板设置图像的基本属性，如下图所示。

◎ **编辑**：该选项区包括多个按钮，利用这些按钮可以对图像进行相应的编辑操作。

◎ **地图名称和热点工具**：用于标注和创建客户端图像地图。

◎ **目标**：指定链接页应加载到的框架或窗口。如果图像上没有链接，则此选项不可用。当前框架集中所有框架的名称都显示在"目标"列表中，也可选用下列保留目标名。

· **_blank**：将链接的文件加载到一个未命名的新浏览器窗口中。

· **_parent**：将链接的文件加载到含有该链接框架的父框架集或父窗口中。

· **_self**：将链接的文件加载到该链接所在的同一框架或窗口中。

· **_top**：将链接的文件加载到整个浏览器窗口中，因而会删除所有框架。

◎ **原始**：如果 Dreamweaver 页面上的图像与原始 Photoshop 文件不同步，则表明 Dreamweaver 检测到原始文件已经更新，并以红色显示智能对象图标的一个箭头。当在"设计"视图中选择该 Web 图像并在属性检查器中单击"从原始更新"按钮时，该图像将自动更新，以反映用户对原始 Photoshop 文件所做的更改。

◎ **编辑图像设置**：用于打开"图像优化"对话框，并优化图像。

◎ **裁剪**：用于裁剪图像，从所选图像中删除不需要的区域。

◎ **重新取样**：用于对已调整大小的图像进行重新取样，提高图片在新的大小和形状下的品质。

4.2.3 调整图像的大小

调整图像大小的方法有两种：一种是以可视化的形式用鼠标操作进行调整，另一种是在"属性"面板中进行调整。

1. 利用鼠标调整图像大小

利用鼠标调整图像大小的具体操作方法如下：

STEP 01 选中文档中的图片，此时在图像边框上显示控制点，如下图所示。

STEP 02 用鼠标拖动图像边框上的控制点来改变图像的大小，如下图所示。

2. 在属性检查器中调整图像大小

在属性检查器中调整图像大小的具体操作方法如下：

STEP 01 选中网页文档中的图片，如下图所示。

STEP 02 在"属性"面板中设置图像的宽度和高度，如下图所示。

4.2.4 设置图像的对齐方式

在文档中插入图像后，如果不设置图像的对齐方式，页面会显得很混乱，这时可以通过设置图像的对齐方式来调整图像的位置，使图像与同一行中的文本，另一个图像、插件或其他元素对齐。

选中图像并右击，在弹出的快捷菜单中选择"对齐"命令，如下图所示。

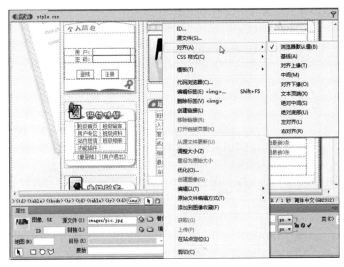

由上图可知，图像的对齐方式主要包括：浏览器默认值、基线、对齐上缘、中间、对齐下缘、文本顶端、绝对中间、绝对底部、左对齐和右对齐。各选项含义如下：

◎ **浏览器默认值**：通常采用基线对齐方式。

◎ **基线**：将文本的基线同图像底部对齐。

◎ **对齐上缘**：将文本第一行中的文字与图像的上边缘对齐。

◎ **中间**：将第一行中的文字与图像的中间位置对齐。

◎ **对齐下缘**：将文本行基线同图像的底部对齐，与选择"基线"效果相同。

◎ **文本顶端**：将文本行中最高字符同图像的顶端对齐，与选择"对齐上缘"效果相似。

◎ **绝对中间**：将文本行的中部同图像的中部对齐，与"中间"效果相似。

◎ **绝对底部**：将文本行的绝对底部同图像的底部对齐。

◎ **左对齐**：图像将基于全部文本的左侧对齐。

◎ **右对齐**：图像将基于全部文本的右侧对齐。

4.3 图像编辑器的使用

在 Dreamweaver 文档中选中图像后，在"属性"面板中就可以对图像进行编辑了，如下图所示。

图像编辑工具主要包括以下几种：

◎ ![Ps]：在 Photoshop CS6 中打开选定的图像并进行编辑。

◎ ：编辑图像设置工具。

◎ ：裁剪工具。

◎ ：重新取样工具。

◎ ：亮度和对比度工具。

◎ ：锐化工具。

4.3.1 裁剪图像

在 Dreamweaver CS6 中，为了强调图像主体，或要删除图像中不需要的部分时，可以使用裁剪工具来裁剪图像。

使用裁剪工具裁剪图像的具体操作方法如下：

素材文件　　光盘:\素材\第 4 章\city

STEP 01　打开素材文件，选中要裁剪的图像，在"属性"面板中单击"裁剪"按钮，如下图所示。

STEP 02　用鼠标调整图像的大小并双击，即可裁剪图像，如下图所示。

STEP 03　在"属性"面板中设置宽为 680px，高为 310px，最终效果如下图所示。

由于使用 Dreamweaver 裁剪工具裁剪图像时，磁盘源图像的大小也会随着改变，因此需要备份源图像文件，以便在需要恢复到原始图像时使用。

此时可以通过单击"重新取样"按钮，将图像恢复为原来的大小，如下图所示。

4.3.2 调整图像的亮度和对比度

亮度和对比度工具是用于调整图像中像素的亮度和对比度的，使用此工具可以修正过暗或者过亮的图像，具体操作方法如下：

STEP 01 打开素材文件并选中图像，在"属性"面板中单击"亮度和对比度"按钮，如下图所示。

STEP 02 弹出"亮度/对比度"对话框，设置亮度和对比度，选中"预览"复选框，单击"确定"按钮，如下图所示。

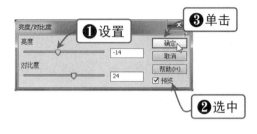

4.3.3 锐化图像

锐化工具是通过增加对象边缘像素的对比度而增加图像的清晰度或锐度。在 Dreamweaver 中锐化图像的具体操作方法如下：

STEP 01 打开素材文件并选中图像，在"属性"面板中单击"锐化"按钮，如下图所示。

STEP 02 弹出"锐化"对话框，设置"锐化"为 6，选中"预览"复选框，单击"确定"按钮，如下图所示。

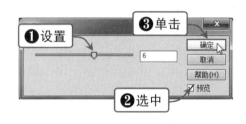

4.4 其他图像文件的插入

图像占位符是网站排版布局中经常用到的功能，可以随意定义其大小，并且在预插入图像的位置上放置，用自定义的颜色来替代图像的出现。

鼠标经过图像是当鼠标指针经过一幅图像时，图像的显示会变为另一幅图像。

4.4.1 插入图像占位符

在设计网页时，布局表格中的单元格可根据其中的内容改变大小，有时内容太长，会让其他暂时无内容的单元格布局改变。若不想让这种情况发生，就要插入图像占位符，暂时让区域中有内容。

插入图像占位符的具体操作方法如下：

素材文件　光盘:\素材\第4章\插入图像占位符

STEP 01 打开素材文件，将光标置于要插入图像占位符的位置，如下图所示。

STEP 02 选择"插入"|"图像对象"|"图像占位符"命令，如下图所示。

STEP 03 弹出"图像占位符"对话框，设置相关属性，单击"确定"按钮，如下图所示。

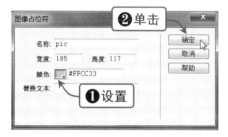

STEP 04 查看网页文档中插入的图像占位符，效果如下图所示。

4.4.2　插入鼠标经过图像

在创建鼠标经过图像时，必须在打开的"插入鼠标经过图像"对话框中设置"原始图像"和"鼠标经过图像"选项。插入鼠标经过图像的操作方法如下：

素材文件　光盘:\素材\第4章\插入鼠标经过图像

STEP 01 打开素材文件，将光标置于插入鼠标经过图像的位置，如下图所示。

STEP 02 选择"插入"|"图像对象"|"鼠标经过图像"命令，如下图所示。

STEP 03 弹出"插入鼠标经过图像"对话框，单击"原始图像"文本框后面的"浏览"按钮，如下图所示。

STEP 04 弹出"原始图像"对话框，选择原始图像，单击"确定"按钮，如下图所示。

STEP 05 单击"鼠标经过图像"文本框后面的"浏览"按钮，如下图所示。

STEP 06 弹出"鼠标经过图像"对话框，选择鼠标经过时显示的图像，单击"确定"按钮，如下图所示。

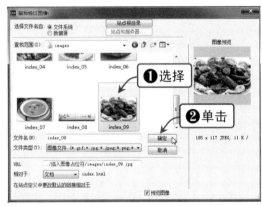

STEP 07 按【Ctrl+S】组合键保存网页文档，按【F12】键进行预览，鼠标经过前图像效果如下图所示。

STEP 08 当鼠标经过图像时，图像显示效果如下图所示。

4.4.3 插入 Flash 动画

　　Flash 动画是目前网上最流行的动画格式，它使原本静态的网页显得更加有活力。在 Dreamweaver CS6 中可以将制作好的 Flash 动画直接插入到网页文档中，具体操作方法如下：

素材文件 光盘：\素材\第 4 章\插入 Flash 动画

STEP 01 打开素材文件，将光标定位于要插入 Flash 动画的位置，选择"插入"|"媒体"|SWF 命令，如下图所示。

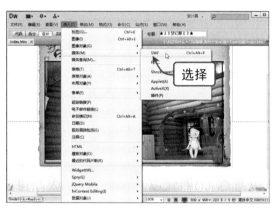

STEP 02 弹出"选择 SWF"对话框，选择要插入的动画，然后单击"确定"按钮，如下图所示。

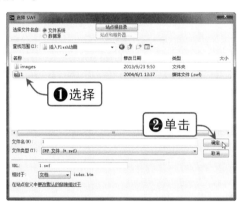

STEP 03 在"属性"面板中设置"宽度"为 600，"高度"为 300，Wmode 为"透明"，如下图所示。

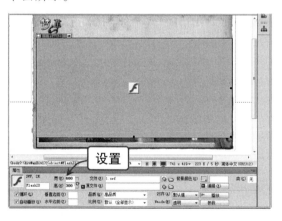

STEP 04 按【Ctrl+S】组合键保存网页，按【F12】键进行预览，效果如下图所示。

　　选中插入的 Flash 动画，在"属性"面板中可以设置 Flash 的属性，如下图所示。

　　由上图可知，在"属性"面板中可以设置的 Flash 属性参数有：

◎ **循环**：选中此复选框，动画就会在浏览器中循环播放。

◎ **自动播放**：选中此复选框，文档被载入浏览器时自动播放 Flash 动画。

◎ **品质**：设置 Flash 动画在浏览器中的播放质量，有"低品质"、"自动低品质"、"自动高品质"、"高品质" 4 个选项。

◎ **编辑**：打开 Flash 软件对源文件进行处理。

◎ **播放**：用于在设计视图过程中播放 Flash 动画。

◎ **参数**：用于打开一个对话框，在其中输入能使该 Flash 动画顺利运行的附加参数。

在"属性"面板中还可以对 FlashID、"垂直边距"、"水平边距"、"背景颜色"等参数进行设置。

4.4.4 插入背景音乐

背景音乐是在加载页面时自动播放预先设置的音频，可以预先设定播放一次或重复播放等属性。在页面中添加背景音乐可以突出网页的情调，增强网页环境氛围。下面将介绍两种插入背景音乐的方法。

1. 在"代码"视图中添加代码

在"代码"视图中添加代码插入背景音乐的方法如下：

STEP 01 将文档视图切换到"代码"视图，如下图所示。

STEP 02 在\<body\>标签下添加代码"\<bgsound src="sleep away.mp3" loop="5"/\>"，如下图所示。

2. 利用标签选择器添加背景音乐

利用标签选择器添加背景音乐的方法如下：

STEP 01 选择"插入"面板，在"常用"类别中单击"标签选择器"按钮，如下图所示。

STEP 02 弹出"标签选择器"对话框，双击"HTML 标签"中的 bgsound 选项，如下图所示。

STEP 03 在弹出的对话框中设置背景音乐的源、循环次数等属性，单击"确定"按钮，如下图所示。

STEP 04 此时，在源代码中插入代码：<bgsound src="mp3/love.mp3" loop="5"/>，如下图所示。

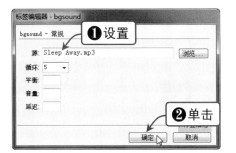

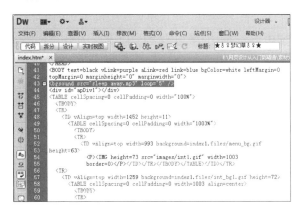

咨询台 新手答疑

1 裁剪图像时需注意什么？

使用 Dreamweaver 中裁剪图像时，会更改磁盘上的原图像文件，因此用户应先备份图像文件，以便在需要恢复到原始图像时使用。

2 网页中的声音文件都可以播放吗？

播放的声音文件类型取决于浏览器类型。对于 Internet Explorer 来说，它可以播放大多数类型的声音文件，如 WAV 和 MP3 文件。通过其他类型的控制，例如 ActiveMovie 控制，设置可以播放 MPEG 文件。

3 在 Dreamweaver 中可以插入的其他多媒体有哪些？

在 Dreamweaver 中除了可以插入 Flash 多媒体元素，还可以插入 Java Applet、ActiveX 控件、Shockwave 动画、FlashPaper 文档等。

Chapter 5

在网页中创建超链接

超级链接简称超链接或链接，它唯一地指向另一个 Web 信息页面。创建超链接是制作网页的一个重要步骤。网页中超链接可以分为电子邮件超链接、图像超链接、图像热点超链接、下载文件超链接等。本章将详细介绍使用各种超链接建立各个页面之间链接的方法与技巧。

学习要点：

- 超链接的类型
- 超链接的创建

5.1 超链接的类型

常见的超链接主要有以下几种类型。

◎ **网页间超链接**：指链接到其他文档或文件的超链接。

◎ **网页内超链接**：也称为命名锚链接，指链接到本地站点中同一页或其他页特定位置的超链接。

◎ **电子邮件链接**：指可以启动电子邮件程序，允许用户撰写电子邮件并发送到指定地址的超链接。

◎ **空链接**：指未指定目标文档的链接。

◎ **图像热点链接**：可以在一张图像上创建多个链接区域，这些区域可以是矩形、圆形或者多边形，这些链接区域就称为热点链接。当单击图像上的热点链接时，就会跳转到所链接的页面上。

5.2 超链接的创建

> 超链接是指从一个网页指向一个目标的连接关系，这个目标可以是另一个网页，也可以是相同网页上的不同位置，还可以是一个图片、一个电子邮件地址、一个文件，甚至是一个应用程序。

5.2.1 创建图像链接

图像超链接就是为图像添加超链接，使其指向其他的图像文件。创建图像链接的具体操作方法如下：

素材文件　光盘：\素材\第 5 章\品牌地板

STEP 01 选中图像，在"属性"面板中单击"链接"文本框后面的"浏览文件"按钮 ，如下图所示。

STEP 02 弹出"选择文件"对话框，选择所要链接的文件，单击"确定"按钮，如下图所示。

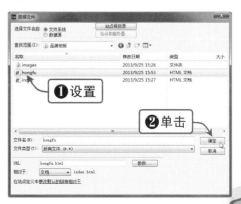

STEP 03 在"属性"面板的"链接"文本框中可以看到创建的链接，如下图所示。

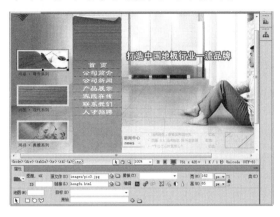

STEP 04 按【Ctrl+S】组合键保存网页，按【F12】键进行预览。在浏览器中单击图片，就会跳转到相应的页面，如下图所示。

5.2.2 创建图像热点链接

图像的热点链接可以将一幅图像分割为若干个区域，并将这些区域设置成热点区域（简称热区）；还可以将不同热点区域链接到不同的页面，当浏览者单击图像上的不同热点区域时，就能进行相应的跳转。

常用的热点工具如下。

◎ **矩形热点工具**：单击"属性"面板中的"矩形热点工具"按钮□，在图上按住鼠标左键进行拖动，即可绘制出矩形热区。

◎ **圆形热点工具**：单击"属性"面板中的"圆形热点工具"按钮○，在图上按住鼠标左键进行拖动，即可绘制出圆形热区。

◎ **多边形热点工具**：单击"属性"面板中的"多变形热点工具"按钮♡，在图上按住鼠标左键进行拖动，即可绘制出多边形热区。

在网页中创建图像热点链接的具体操作方法如下：

素材文件　光盘:\素材\第5章\品牌地板

STEP 01 选中图像，在"属性"面板中单击"矩形热点工具"按钮□，如下图所示。

STEP 02 在图像上绘制一块矩形热区，如下图所示。

STEP 03 在"属性"面板的"链接"文本框中输入链接，按【Ctrl+S】组合键保存网页，如下图所示。

STEP 04 按【F12】键进行预览，当鼠标指针变成手形时单击，页面就会跳转到链接的页面，如下图所示。

5.2.3 创建锚点链接

有时网页很长，为了找到其中的目标，需要上下拖动滚动条将整个网页的内容浏览一遍，这样就浪费了很多时间。利用锚点链接能够准确地使访问者快速浏览到指定的位置。

创建锚点链接的操作方法如下：

素材文件　光盘:\素材\第 5 章\city

STEP 01 打开素材文件，将光标置于要创建锚点的位置，选择"插入"|"命名锚记"命令，如下图所示。

STEP 02 弹出"命名锚记"对话框，输入锚记名称，单击"确定"按钮，如下图所示。

STEP 03 在编辑窗口中选中要链接到的锚点文字或其他对象，在"属性"面板的"链接"文本框中输入"#top"，如下图所示。

STEP 04 按【Ctrl+S】组合键保存网页文档，按【F12】键进行预览，单击顶部图片则跳转到底部信息，如下图所示。

知识插播

　　如果要链接的目标锚点位于其他文件中，需要输入该文件的 URL 地址和名称，然后输入#，最后再输入锚点名称。

5.2.4　创建 E-mail 链接

　　在网页上单击电子邮件链接时，将使邮件程序打开一个新的空白邮件窗口，提示用户输入消息并将其传送到指定的地址。

　　创建电子邮件链接的具体操作方法如下：

STEP 01 打开素材文件，选中要创建电子邮件链接的对象，选择"插入"|"电子邮件链接"命令，如下图所示。

STEP 02 弹出"电子邮件链接"对话框，设置文本和电子邮件地址，单击"确定"按钮，如下图所示。

STEP 03 按【Ctrl+S】组合键保存网页文档，按【F12】键进行预览。单击"联系我们"文本链接，如下图所示。

STEP 04 此时，就会弹出邮件编辑窗口，如下图所示。

5.2.5 创建脚本链接

脚本超链接用于执行 JavaScript 代码或调用 JavaScript 函数，它非常有用，能够在不离开当前网页文档的情况下为访问者提供有关某项的附加消息。脚本超链接还可以用于访问者单击特定项时执行计算、表单验证和其他处理任务。

以创建关闭网页脚本超链接为例，具体操作方法如下：

STEP 01 打开素材文件，在文档中输入"关闭窗口"文本并将其选中，如下图所示。

STEP 02 在"属性"面板中的"链接"文本框中输入 javascript:window.close()，按【Ctrl+S】组合键保存网页，如下图所示。

STEP 03 按【F12】键在浏览器中预览，单击"关闭窗口"超链接，就会弹出提示信息框，如下图所示。

5.2.6 创建下载文件链接

如果超链接指向的不是一个网页文件，而是其他文件（如 RAR、ZIP、MP3 或 EXE 文件等），单击超链接时就会下载文件。如果在网站中提供下载资料，就需要为文件提供下载链接。

创建下载文件链接的具体操作方法如下：

STEP 01 打开素材文件，选中"理想招聘"文本，在"属性"面板中单击"链接"文本框右侧的"浏览文件"按钮，如下图所示。

STEP 02 弹出"选择文件"对话框，选择要下载的文件，单击"确定"按钮，如下图所示。

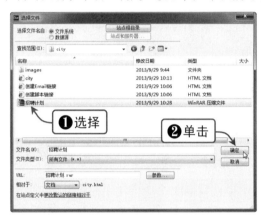

STEP 03 按【Ctrl+S】组合键保存网页，在"属性"面板中查看创建的下载文件超链接，如下图所示。

STEP 04 按【F12】键在浏览器中预览，单击"理想招聘"文本链接，就会弹出"下载文件"对话框，如下图所示。

5.2.7 创建空链接

空链接是一种无指向的链接，使用空链接可以为页面上的对象或文本附加行为。创建空链接的具体操作方法如下：

STEP 01 打开素材文件，选中"关于我们"文本，在"属性"面板的"链接"文本框中输入"#"，如下图所示。

STEP 02 按【Ctrl+S】组合键保存网页文档，按【F12】键在浏览器中预览，效果如下图所示。

 咨询台 **新手答疑**

1 如何检查错误的链接?

选择"站点"|"检查站点范围的链接"命令，打开"链接检查器"面板，单击"断掉的链接"选项下的文本，再单击右侧的"浏览文件"按钮选择正确的文件，可以修改无效链接。

2 使用锚记名称时应遵守哪些规则?

锚记名称只能包含小写字母和数字，且不能以数字开头。同一个网页中可以有无数个锚记，但不能有相同的两个锚记名称。锚记名称不区分大小写。

3 如何使用手动输入创建电子邮件链接?

创建电子邮件链接时，可以在"属性"面板的"链接"文本框中输入"mailto：邮件名称"，应注意的是输入邮件地址时一定不能省略"mailto："。

Chapter

使用表格布局网页

6

表格在网页排版中的用途非常广泛，它除了用于排列数据和图像外，还可以用于网页布局。Dreamweaver 提供了非常强大的表格编辑功能，利用表格可以实现各种不同的布局方式。

学习要点：

- 表格的创建
- 表格属性的设置
- 表格和单元格的选择
- 表格和单元格的编辑

6.1 表格的创建

表格是用于在页面上显示表格式数据，以及对文本和图形进行布局的强而有力的工具，Dreamweaver CS6 提供了两种查看和操作表格的方法：

在"标准"模式中，表格显示为行和列的网格，而在"布局"模式中则允许将表格用作基础结构的同时，在页面上绘制和调整方框的大小，以及移动方框。

6.1.1 创建普通表格

Dreamweaver CS6 提供了多种插入表格的方法，下面将详细介绍两种在网页中插入表格的常用方法。

素材文件　光盘:\素材\第 6 章\美发沙龙

1. 利用"插入"面板插入表格

利用"插入"面板下可以直接插入表格，具体操作方法如下：

STEP 01 打开素材文件，将光标置于表格的右侧，单击"插入"面板下"常用"类别中的"表格"按钮，如下图所示。

STEP 02 弹出"表格"对话框，设置表格属性，单击"确定"按钮，如下图所示。

STEP 03 此时即可在单元格下方插入表格，在"属性"面板中设置对齐方式为"居中对齐"，如下图所示。

2．利用菜单命令插入表格

利用"插入"｜"表格"命令也可以插入表格，具体操作方法如下：

STEP 01 选择"插入"｜"表格"命令，弹出"表格"对话框，设置表格属性，单击"确定"按钮，如下图所示。

STEP 02 此时，即可在表格下方插入 1 行 1 列的表格，效果如下图所示。

6.1.2　创建嵌套表格

在表格中插入新的表格，称为表格的嵌套。采用这种方式可以创建出复杂的表格布局，这也是网页布局常用的方法之一。

创建嵌套表格的具体操作方法如下：

STEP 01 打开素材文件，将光标移到目标单元格中，选择"插入"｜"表格"命令，如下图所示。

STEP 02 弹出"表格"对话框，设置表格的各项属性，单击"确定"按钮，如下图所示。

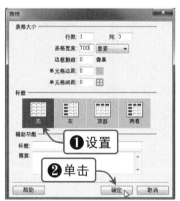

STEP 03 此时，即可在单元格中插入表格。在"属性"面板中设置对齐方式为"居中对齐"，如下图所示。

6.2 表格属性的设置

利用属性检查器对表格属性进行设置可以美化表格，从而实现网页布局所需要的效果。表格的属性设置包括表格的大小、边框、间距、填充和对齐方式等。

6.2.1 设置表格属性

选择表格后，属性检查器会显示相应的属性。选择整个表格时，其检查器中的选项如下图所示。

1．调整表格宽度

表格宽度是以"像素"为单位的，或表示为占浏览器窗口的百分比。调整表格宽度的具体操作方法如下：

STEP 01 打开素材文件，选择一个表格，如下图所示。

STEP 02 在"属性"面板中设置表格的宽度为800像素，效果如下图所示。

2．设置表格的对齐方式

表格的对齐方式用于确定表格相对于同一段落中其他元素的显示位置，其中包括左对齐、右对齐和居中对齐。

修改表格对齐方式的具体操作方法如下：

STEP 01 选择表格，在"属性"面板中查看对齐方式，如下图所示。

STEP 02 设置对齐方式为"左对齐"，效果如下图所示。

3. 设置边框粗细

边框粗细是指表格边框的宽度，以"像素"为单位。在插入表格时，默认边框为 1 像素。若要确保浏览器显示的表格没有边框，需要将边框设置为 0 像素。

修改表格边框粗细的具体操作方法如下：

STEP 01 选择表格，在"属性"面板中设置表格的边框为 1 像素，如下图所示。

STEP 02 按【Ctrl+S】组合键进行保存，按【F12】键进行预览，效果如下图所示。

4. 设置填充

填充是指单元格内容和单元格边框之间的距离，以"像素"为单位。设置填充的具体操作方法如下：

STEP 01 在网页文件中选择一个表格，如下图所示。

STEP 02 在"属性"面板中设置"填充"为 10 像素，效果如下图所示。

5. 表格宽度转换

"将表格宽度转换成像素"就是将表格中列宽设置为以"像素"为单位表示当前宽度；"将表格宽度转换成百分比"是将表格中每一列的宽度设置为占文档窗口宽度百分比以表示当前宽度。

下面以将表格转换成像素为例进行介绍，具体操作方法如下：

STEP 01 打开网页文件，选择一个表格，在"属性"面板中表格的宽度显示为 800 像素，如下图所示。

STEP 02 在"属性"面板中单击"将表格宽度转换成百分比"按钮，如下图所示。

STEP 03 此时，表格的宽度显示为 88%，效果如下图所示。

6.2.2　设置单元格属性

选中任一单元格，在"属性"面板中显示该单元格的属性，如下图所示。可以在"属性"面板中设置单元格的各种属性。

1．设置对齐方式

单元格对齐属性包括"水平"和"垂直"。"水平"用于指定单元格、行或列内容的水平对齐方式，如"左对齐"、"右对齐"和"居中对齐"等；"垂直"用于指定单元格、行或列内容的垂直对齐方式，如"顶端"、"居中"、"底部"和"基线"等。

设置单元格对齐方式的方法如下：

STEP 01 打开素材文件，选择要设置对齐方式的单元格，如下图所示。

STEP 02 在"属性"面板中设置水平对齐方式为"居中对齐"，垂直对齐方式为"居中"，效果如下图所示。

2．设置宽和高

宽和高是指所选单元格的宽度和高度，以"像素"为单位，或按整个表格宽度或高度的百分比指定。

修改单元格宽和高的具体操作方法如下：

STEP 01 选择需要设置高度的单元格，如下图所示。

STEP 02 在"属性"面板中设置单元格高度为 50 像素，效果如下图所示。

3．设置单元格背景颜色

通过对单元格设置背景颜色，可以使表格的外观更加丰富多彩，具体操作方法如下：

STEP 01 选择要设置背景颜色的单元格，在"属性"面板中单击背景颜色按钮，选择背景颜色，如下图所示。

STEP 02 设置背景颜色后，查看单元格效果，如下图所示。

4．不换行

不换行是指防止换行，从而使给定单元格中的所有文本都在一行上。如果启用"不换行"，则当输入数据或将数据粘贴到单元格时，单元格会加宽来容纳所有数据。

5．标题

标题是指将所选的单元格格式设置为表格标题单元格。默认情况下，表格标题单元格的内容为粗体且居中，如下图所示。

主页	关于我们	促销产品	价格&菜单	联系我们

原图

主页	关于我们	促销产品	价格&菜单	联系我们

将单元格中的内容设置为标题

6.3 表格和单元格的选择

在编辑网页表格时，可以一次选择整个表、行或列，也可以选择一个或多个单独的单元格。当光标移动到表格、行、列或单元格上时，Dreamweaver 将高亮显示选择区域中的所有单元格。

6.3.1 选择整个表格

在对表格进行编辑之前，首先要选中它。选择整个表格的几种方法如下：

素材文件　光盘:\素材\第 6 章\企业网站

方法 1：打开素材文件，单击表格中任意一个单元格的边框线选择整个表格，如下图（左）所示。

方法 2：在代码视图中，选择整个表格代码区域，即<table>和</table>标签之间代码区域，如下图（右）所示。

方法 3：将插入点置于表格中，在文档窗口底部单击<table>标签，即可选择整个表格，如下图（左）所示。

方法 4：右击单元格，在弹出的快捷菜单中选择"表格"｜"选择表格"命令，即可选取整个表格，如下图（右）所示。

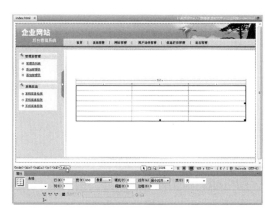 

6.3.2 选择一个单元格

选择整个表格的方法有很多种，同时选择单元格也可以通过以下 3 种方法来实现：

方法 1：按住【Ctrl】键单击单元格，即可选中一个单元格，如下图（左）所示。

方法 2：将插入点置于要选择的单元格内，在窗口底部单击<td>标签，如下图（右）所示。

 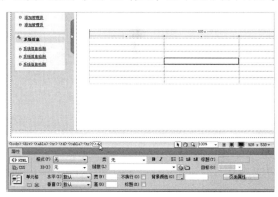

方法 3：将插入点置于一个单元格内，按【Ctrl+A】组合键即可选择单元格，如下图所示。

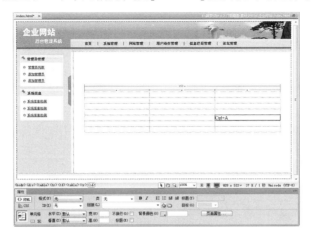

6.4 表格和单元格的编辑

在网页内容排版时，如果要把文字放到某个位置，这时可以使用表格。使用表格可以清晰地显示数据，便于读者阅读，还可以通过设置表格及单元格的属性来改变表格的外观。

6.4.1 复制与粘贴表格

复制与粘贴的表格可以是一个或多个单元格，此时的表格保留了单元格的格式设置。可以在插入点或现有表格所选部分中粘贴单元格。当要粘贴多个单元格时，剪贴板的内容必须和表格的结构或表格中将要粘贴这些单元格的部分兼容。

复制与粘贴表格的具体操作方法如下：

STEP 01 打开素材文件，选中要进行粘贴的表格，选择"编辑"|"拷贝"命令，如下图所示。

STEP 02 将插入点放到表格要粘贴的位置，按【Ctrl+V】组合键进行粘贴，效果如下图所示。

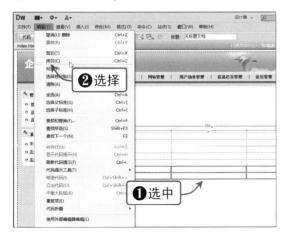

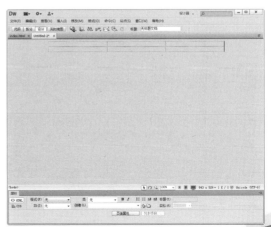

6.4.2 添加与删除行和列

在制作网页的过程中，在表格中添加行和列是经常用到的表格基本操作之一。下面将详细介绍行和列的添加和删除方法。

1. 添加行和列

当表格的行或列不足时，就需要添加行或列，具体操作方法如下：

STEP 01 打开素材文件，将光标置于要添加行或列的位置，如下图所示。

STEP 02 选择"修改"|"表格"|"插入行"命令，如下图所示。

STEP 03 此时即可插入一行单元格，效果如下图所示。

STEP 04 选择"修改"|"表格"|"插入列"命令，如下图所示。

STEP 05 此时即可插入一列单元格，效果如下图所示。

STEP 06 选择"修改"|"表格"|"插入行或列"命令，如下图所示。

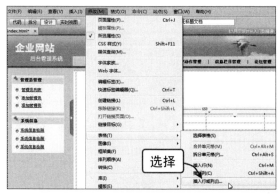

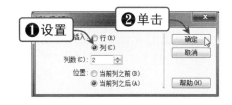

STEP 07 在弹出的对话框中根据需要设置要插入的行数、列数和插入位置，单击"确定"按钮，如下图所示。

2. 删除行和列

下面将介绍如何删除多余的行或列，具体操作方法如下：

STEP 01 将光标移到要删除行的某一单元格中并右击，选择"表格"|"删除行"命令，如下图所示。

STEP 02 此时，即可删除当前所选择的行，效果如下图所示。

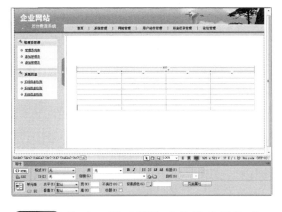

STEP 03 将光标移到要删除列的某一单元格中并右击，在弹出的快捷菜单中选择"表格"|"删除列"命令，如下图所示。

STEP 04 此时，即可删除当前所选择的列，效果如下图所示。

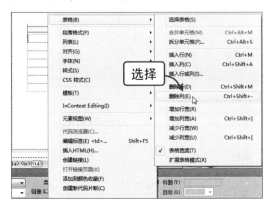

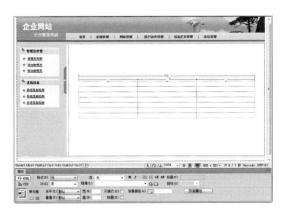

6.4.3 拆分与合并单元格

拆分是指将一个单元格拆分为多个单元格，合并是指将多个连续的单元格合并成一个单元格。合并和拆分单元格有很多方法，下面将介绍使用快捷菜单操作的方法。

1. 合并单元格

在表格的使用过程中，有的内容需要占两个或两个以上的单元格，此时需要把多个单

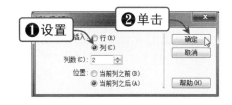

元格合并成一个单元格，具体操作方法如下：

STEP 01 打开素材文件，选择要合并的单元格并右击，在弹出的快捷菜单中选择"表格"|"合并单元格"命令，如下图所示。

STEP 02 此时，选中的单元格被合并成1个单元格，效果如下图所示。

2. 拆分单元格

拆分单元格的具体操作方法如下：

STEP 01 将光标移到要进行拆分的单元格中并右击，在弹出的快捷菜单中选择"表格"|"拆分单元格"命令，如下图所示。

STEP 02 弹出"拆分单元格"对话框，设置将单元格拆分成的行数或列数，单击"确定"按钮，如下图所示。

STEP 03 此时，该单元格被拆分成4列，效果如下图所示。

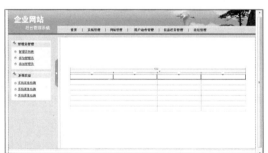

知识插播

合并/拆分单元格还有其他的方法，选择要合并/拆分的单元格并右击，在弹出的快捷菜单中选择"表格"|"合并/拆分单元格"命令即可。

咨询台 **新手答疑**

1 有时制作一个大表格，加载这个网页时很长时间都无任何显示，为什么?

因为网络浏览器需要先计算出表格中每部分的大小，然后才能显示出来，所以复制的表格需要一段时间才会显示在屏幕上。

2 如何实现表格中的跨行和跨列?

在复制的表格中，有的单元格在水平方向上跨多个列，这就需要使用跨行属性 rowspan，基本语法是 <td rowspan=value>，value 代表单元格的行数；跨列属性 colspan 的使用类似于跨行属性的 rowspan。

3 排序表格需注意哪些事项?

如果表格行使用两种交替的颜色，则不应选中该复选框，这样可以确保排序后的表格仍具有颜色交替的行；如果表格中含有合并或拆分的单元格，则表格无法使用排序功能。

创建框架网页

7

框架的作用是将网页分割为多个部分，其中每个部分都是独立的，而在浏览器中则显示一个完整的页面。每个框架都包含一个页面，由这些页面组成了框架页面。在一个网页中，有时并不是所有的内容都需要改变，如网页的导航栏和网页标题部分等。如果在每个页面都重复插入这些元素会很浪费时间，在这种情况下使用框架集会轻松很多。

学习要点：

- 框架集和框架的创建
- 框架的基本操作
- 框架/框架集属性的设置

7.1 框架集和框架的创建

框架是浏览器窗口中的一个区域，它可以显示与浏览器窗口的其余部分中所显示内容无关的 HTML 文档。框架由框架集和单个框架两部分组成。框架集是一个定义框架结构的网页，它包括框架的数目、框架的大小和位置以及在每个框架中初始显示的页面的 URL。单个框架包含在框架集中，是框架集的一部分，每个框架中都放置一个内容网页，组合起来就是浏览者看到的框架式网页。

7.1.1 创建嵌套框架集

在另一个框架集之内的框架集称作嵌套的框架集，一个框架集文件可以包含多个嵌套的框架集。大多数使用框架的 Web 页实际上都使用嵌套的框架，并且在 Dreamweaver 中大多数预定义的框架集也使用嵌套。如果在一组框架里，不同行或不同列中有不同数目的框架，则要求使用嵌套的框架集。

创建嵌套框架集的具体操作方法如下：

STEP 01 启动 Dreamweaver CS6，选择"修改"|"框架集"|"拆分上框架"命令，如下图所示。

STEP 02 在文档窗口中查看拆分后的嵌套框架效果，如下图所示。

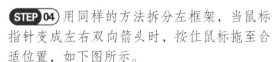

STEP 03 当鼠标指针变成上下双向箭头形状时，按住鼠标拖动至合适位置，如下图所示。

STEP 04 用同样的方法拆分左框架，当鼠标指针变成左右双向箭头时，按住鼠标拖至合适位置，如下图所示。

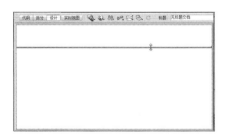

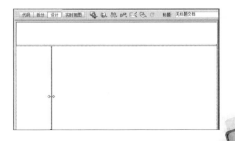

手动设计框架集，可以任意控制拆分的方式、高度和宽度。打开框架网页，选中框架，将鼠标指针置于框架的边缘，当指针变成如下图所示的左右箭头形状时，拖动鼠标即可拆分框架。

7.1.2 框架结构的优缺点

在网页中使用框架具有以下优点：

◎使网页结构清晰，易于维护和更新。

◎访问者的浏览器不需要为每个网页重新加载与导航相关的图形。

◎每个框架网页都具有独立的滚动条，因此访问者可以独立控制各个网页。

然而，在网页中使用框架也有一些缺点：

◎某些早期的浏览器不支持框架结构的网页。

◎下载框架式网页速度较慢。

◎不利于内容较多、结构复杂页面的排版。

◎大多数搜索引擎都无法识别网页中的框架，或者无法对框架中的内容进行遍历或搜索。

7.2 框架的基本操作

框架的基本操作主要包括：选择框架和框架集，保存框架和框架集，调整框架大小，以及拆分框架和删除框架等。

7.2.1 选择框架和框架集

选择框架和框架集的方法有以下几种：

方法 1：选择"窗口"|"框架"命令，打开"框架"面板。在该面板中单击要选择的框架，这时在网页文档的框架边框内侧会出现虚线，如下图（左）所示。

方法 2：按住【Shift+Alt】组合键，单击要选择的框架，这时在所选框架边框内侧出现虚线，表示已选中整个框架集，如下图（右）所示。

方法 3：在文档窗口中，当鼠标指针靠近框架集的边框且显示为上下箭头形状时，单击即可选中整个框架集，如下图（左）所示。

方法 4：选择"窗口"|"框架"命令，打开"框架"面板。在面板中单击框架集的边框选择整个框架集，此时框架集的边框变成虚线，如下图（右）所示。

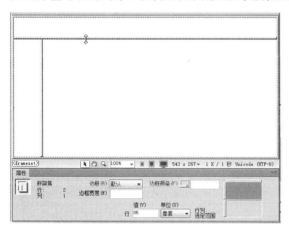 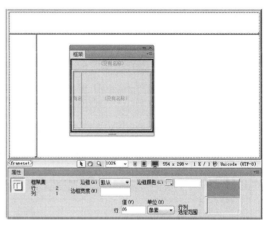

7.2.2 保存框架和框架集

默认的框架名称是 Untitle-1、Untitle-2 等，默认的框架集名称是 UntitleFrame-1、UntitleFrame-2 等，这样的命名不符合用户的需要，所以在保存框架或框架集时需要对它们所对应的文件重命名，具体操作方法如下：

STEP 01 创建框架集，选择"文件"|"保存全部"命令，如下图所示。

STEP 02 弹出"另存为"对话框，将整个框架集命名为 index.html，单击"保存"按钮，如下图所示。

STEP 03 将插入点置于顶部边框中，选择"文件"|"保存框架"命令，如下图所示。

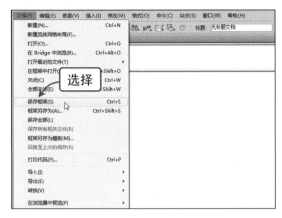

STEP 04 弹出"另存为"对话框，将文件命名为 top.html，单击"保存"按钮，如下图所示。

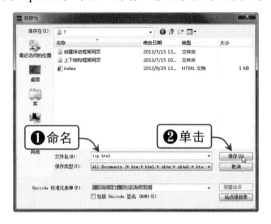

STEP 05 同样保存左侧框架，弹出"另存为"对话框，将文件命名为 left.html，单击"保存"按钮，如下图所示。

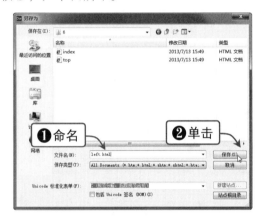

STEP 06 同样保存右侧框架，弹出"另存为"对话框，将文件命名为 right.html，单击"保存"按钮，如下图所示。

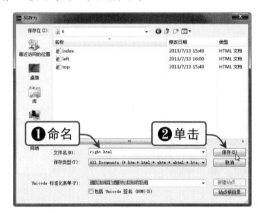

7.2.3 删除框架

若要删除一个框架，首先要将鼠标指针置于创建好的框架上，当指针变成上下箭头状态时拖动框架至边框上。如果页面中有多个框架，可将其拖动至父框架的边框，具体操作方法如下：

STEP 01 打开要删除的框架网页，将鼠标指针置于框架的边框上，如下图所示。

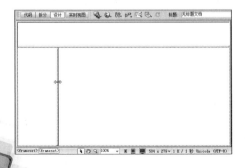

STEP 02 拖动框架边框到父边框或编辑窗口的边缘，即可删除框架，如下图所示。

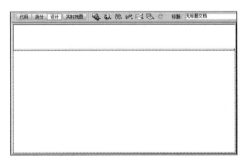

7.2.4　创建上下结构框架网页

　　上下结构框架网页在页面布局上可以分成两大部分：第一部分在网页的上方，主要用于宣传网站；第二部分在网页的下方，主要用于展现页面内容。通过比较这两部分，可以发现同站点不同网页的第一部分是完全相同的，改变的只是页面的内容。

　　创建上下结构框架网页的具体操作操作方法如下：

> 素材文件　　光盘:\素材\第 7 章\创建上下结构框架网页

STEP 01　新建空白网页文档，选择"修改"|"框架集"|"拆分上框架"命令，如下图所示。

STEP 02　拆分成一个上下结构的框架网页。选择"文件"|"保存全部"命令，如下图所示。

STEP 03　弹出"另存为"对话框，设置文件名为 index.html，单击"保存"按钮，如下图所示。

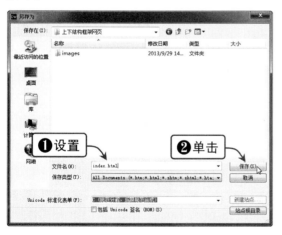

STEP 04　将插入点置于顶部的框架中，选择"文件"|"保存框架"命令，如下图所示。

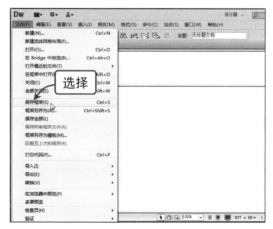

STEP 05 弹出"另存为"对话框，设置文件名为 top.html，单击"保存"按钮，如下图所示。

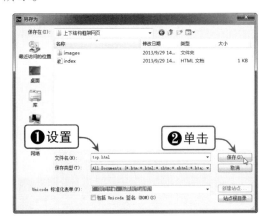

STEP 06 同样保存底部框架，弹出"另存为"对话框，设置文件名为 bottom，单击"保存"按钮，如下图所示。

STEP 07 将插入点置于顶部框架中，在"属性"面板中单击"页面属性"按钮，如下图所示。

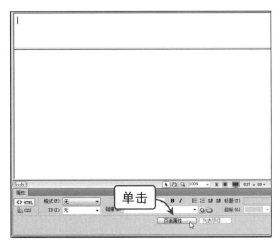

STEP 08 弹出"页面属性"对话框，设置相关属性，然后单击"确定"按钮，如下图所示。

STEP 09 选择"插入"|"图像"命令，弹出"选择图像源文件"对话框。选择要插入的图像，单击"确定"按钮，如下图所示。

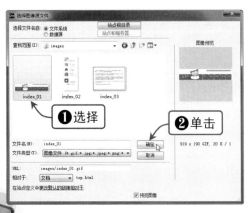

STEP 10 将插入点置于底部框架中，选择"修改"|"页面属性"命令，如下图所示。

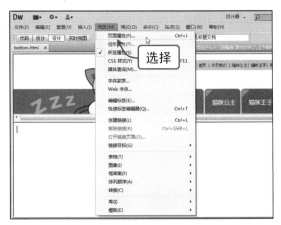

STEP 11 弹出"页面属性"对话框，设置相关属性，单击"确定"按钮，如下图所示。

STEP 13 弹出"表格"对话框，设置表格属性，单击"确定"按钮，如下图所示。

STEP 15 弹出"选择图像源文件"对话框，选择要插入的图像，单击"确定"按钮，如下图所示。

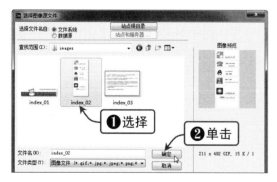

STEP 17 按【Ctrl+S】组合键保存整个框架，按【F12】键进行预览，效果如下图所示。

STEP 12 将插入点置于底部框架中，选择"插入"|"表格"命令，如下图所示。

STEP 14 将插入点置于表格的第一列中，选择"插入"|"图像"命令，如下图所示。

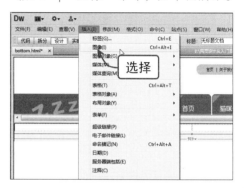

STEP 16 将插入点置于表格的第二列中，用同样的方法插入图像，效果如下图所示。

7.3 框架/框架集属性的设置

框架和框架集都有自己的"属性"面板，其中框架的属性包括框架名称、源文件、边框、尺寸和滚动条等，框架集的属性包括框架面积、框架边界颜色和距离等。

7.3.1 设置框架属性

框架的"属性"面板如下图所示。在该面板中，可以设置的参数如下：

◎ **框架名称**：用于设置作为连接指向的目标。

◎ **源文件**：用于确定框架的源文档，可以直接输入名称，或单击文本框右侧的"浏览文件"按钮查找并选取文件。也可以通过将插入点放置在框架内，选择"文件"｜"在框架中打开"命令来打开文件。

◎ **滚动**：用于设置当框架内的内容显示不下时是否出现滚动条，其下拉列表包括"是"、"否"、"自动"和"默认"4 个选项。

◎ **不能调整大小**：用于设置限定框架尺寸，防止用户拖动框架边框。

◎ **边框**：用于控制当前框架边框，其下拉列表包括"是"、"否"和"默认"3 个选项。

◎ **边框颜色**：用于设置与当前框架相邻的所有框架的边框颜色。

◎ **边界宽度**：用于设置框架边框和内容之间的左右侧距，以"像素"为单位。

◎ **边界高度**：用于设置框架边框和内容之间的上下边距，以"像素"为单位。

7.3.2 设置框架集属性

框架集的"属性"面板如下图所示。在该面板中，可以设置的参数如下：

◎ **边框**：用于设置是否有边框，其下拉列表包含"是"、"否"、"默认"3 个选项。

◎ **边框宽度**：用于设置整个框架集的边框宽度，以"像素"为单位。

◎ **边框颜色**：用于设置整个框架集的边框颜色。

◎ **行或列**：用于设置"属性"面板中显示的行或列，由框架集的结构而定。

◎ **单位**：用于设置行和列尺寸的单位，其下拉列表包括"像素"、"百分比"和"相对"3 个选项。

7.3.3 创建浮动框架网页

使用标签选择器可以将 Dreamweaver 标签中的任何标签插入到页面中。下面通过 iframe 介绍浮动框架的制作方法。

素材文件　光盘:\素材\第 7 章\创建浮动框架网页

STEP 01 打开素材文件，将插入点置于要插入浮动框架的位置，选择"插入"|"标签"命令，如下图所示。

STEP 02 弹出"标签选择器"对话框，选择"HTML 标签"|"页面元素"|iframe 选项，单击"插入"按钮，如下图所示。

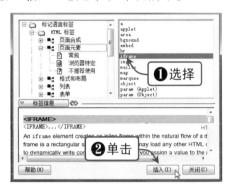

STEP 03 弹出"标签编辑器 - iframe"对话框，单击"源"文本框右侧的"浏览"按钮，如下图所示。

STEP 04 弹出"选择文件"对话框，选择要插入的文件，单击"确定"按钮，如下图所示。

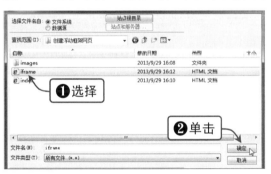

STEP 05 返回"标签编辑器"对话框，设置宽度为 624，高度为 410，单击"确定"按钮，如下图所示。

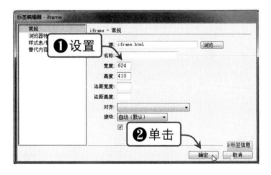

STEP 06 此时在文档窗口即可看到插入的 iframe 框架，如下图所示。

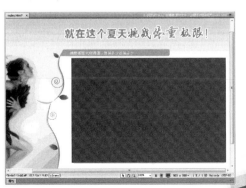

STEP 07 按【Ctrl+S】组合键保存网页文档，按【F12】键在浏览器中预览，效果如下图所示。

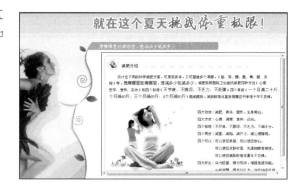

咨询台 **新手答疑**

1 如何隐藏滚动条？

在"属性"面板中将"边框"和"滚动"都设置为"否"，则框架的边框及滚动条是隐藏的。选中"不能调整大小"复选框，也可隐藏滚动条。

2 如何使框架集在不同的浏览器中都能正常显示？

为以百分比或相对值指定大小的框架分配空间之前，需先为以像素为单位指定大小的框架分配空间。设置框架大小最常用的方法是将左侧框架设置为固定像素宽度，而将右侧框架大小设置为相对大小，这样在分配像素宽度后右侧框架就能够伸展，以占据所有的剩余空间。

3 为什么有时无法使用导航功能浏览网页？

在制作含有框架的网页时，需要特别注意超链接 Target 属性的正常设置。一旦设置错误，将有可能失去站点的导航功能，从而导致浏览者无法正常浏览网页。

Chapter **8**

使用 CSS 修饰
美化网页

CSS（Cascading Style Sheet，层叠样式表）是一种用于控制网页元素样式显示的标记性语言，也是目前流行的网页设计技术。与传统使用 HTML 技术布局网页相比，CSS 可以实现网页分离，同一个网页应用不同的 CSS，会呈现出不同的效果。

学习要点：

- 了解 CSS 样式表
- 样式表的创建
- CSS 样式表属性的设置
- 层叠样式表的管理
- CSS 滤镜的使用

8.1 了解 CSS 样式表

> CSS 可以使网页设计与维护更规范、更有效率，这是网页设计师必备的知识技能。下面将详细介绍 CSS 样式表的基础知识。

8.1.1 认识 CSS

CSS 是 Cascading Styles Sheets 的缩写，译为"层叠样式表"。它是用于控制网页样式，且可以与网页内容分离的一种标记性语言。CSS 可以将网页的内容与表现形式分开，使网页的外观设计从网页内容中独立出来并单独管理。当需要改变网页的外观时，只需更改相关的 CSS 样式即可。

8.1.2 CSS 的基本语法

CSS 的样式规则由两部分组成：选择器和声明。

选择器 {属性: 值}

选择器就是样式的名称，包括自定义的类（也称"类样式"）、HTML 标签、ID 和复合内容。

◎ **自定义的类**：可以将样式属性应用到任何文本范围或文本块。所有类样式均以句点"."开头。例如，可以创建名称为.red 的类样式，设置其 color 属性为红色，然后将该样式应用到一部分已定义样式的段落文本中。

◎ **HTML 标签**：可以重定义特定标签（如 p 或 h1）的格式。创建或更改 h1 标签的 CSS 规则时，所有用 h1 标签设置了格式的文本都会立即更新。

◎ **ID 和复合内容**：可以重定义特定元素组合的格式，或其他 CSS 允许的选择器形式的格式。例如，a:link 就是定义未单击过的超链接的高级样式。

而声明则用于定义样式元素。声明由两部分组成：属性和值。在下面的示例中，H1 是选择器，介于花括号（{}）之间的所有内容都是声明。

H1 {
font-size:16 pixels；
font-family:Helvetica；
font-weight:bold；
}

8.1.3 在网页中引用 CSS 的方式

当 CSS 与网页中的内容建立关系时，即可称为 CSS 样式的引用。CSS 样式的引用主要有以下几种方式。

1. 直接添加在 HTML 标记中

这是应用 CSS 最简单的方法，语法如下：

<标记 style="CSS 属性：属性值">内容</标记>

2. 将样式表内嵌到 HTML 文件中

将 CSS 样式代码添加到 HTML 的<style></style>标签之间，然后插入到网页的头部位置，如下图所示。

```
<head>
<meta http-equiv="Content-Type" content="text/html; charset=utf-8" />
<title>在线电影院</title>
<style type="text/css">
.a {
    font-family: "宋体";
}
</style>
</head>
```

3. 将外部样式表链接到 HTML 文件上

此方法通过<link>标签实现，将<link>标签加入到<head>标签之间，具体格式如下：

```
<head>
<meta http-equiv="Content-Type" content="text/html; charset=utf-8" />
<title>在线电影院</title>
<link href="css/style.css" rel="stylesheet" type="text/css" />
</head>
```

4. 联合使用样式表

将样式表导入到 HTML 文件中与将样式表链接到 HTML 文件中相似，也是将外部定义好的 CSS 文件引入到网页中，从而在网页中进行应用。但是，导入的 CSS 使用@import 在内嵌样式表中导入，导入方式可以与其他方式进行结合，如下图所示。

```
<head>
<meta http-equiv="Content-Type" content="text/html; charset=utf-8" />
<title>在线电影院</title>
<style type="text/css">
@import url("css/style.css");
</style>
</head>
```

8.2 样式表的创建

在了解了 CSS 样式的引用方法之后，下面将重点介绍如何根据不同的方式创建 CSS 样式。

8.2.1 认识"CSS 样式"面板

在 Dreamweaver CS6 中，编辑 CSS 需要通过"CSS 样式"面板来完成。利用"CSS 样式"面板可以轻松创建和管理 CSS 规则，下面将详细介绍"CSS 样式"面板的使用方法。

1．打开"CSS 样式"面板

选择"窗口"｜"CSS 样式"命令，即可打开"CSS 样式"面板，如下图（左）所示。按【Shift+F11】组合键，也可以展开或隐藏"CSS 样式"面板。

2．"所有"模式与"当前"模式

"CSS 样式"面板在"所有"模式下，显示应用到当前文档的所有 CSS 规则。单击其中的任意一个规则，该规则的属性就会出现在下方的列表框中，如下图（右）所示。

在"CSS 样式"面板中单击"显示列表视图"按钮，属性将以"列表视图"排列，如下图（左）所示。

在"CSS 样式"面板中单击"显示类别视图"按钮，属性将以"类别视图"排列，如下图（中）所示。

若单击"切换到当前选择模式"按钮，在"当前"模式中"CSS 样式"面板显示当前所选内容属性的摘要，如下图（右）所示。

8.2.2 新建层叠样式表

下面将介绍如何在 Dreamweaver CS6 中创建新样式表，具体操作方法如下：

素材文件　　光盘：\素材\第 8 章\index.html

STEP 01 在"CSS 样式"面板中单击右下角的"新建 CSS 规则"按钮 🔁，如下图所示。

STEP 02 弹出"新建 CSS 规则"对话框，设置选择器类型、选择器名称和规则定义，单击"确定"按钮，如下图所示。

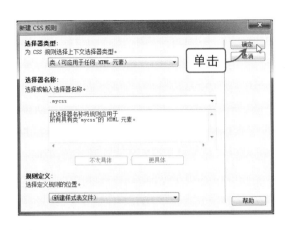

STEP 03 弹出"将样式表文件另存为"对话框，设置保存的文件名，单击"保存"按钮，如下图所示。

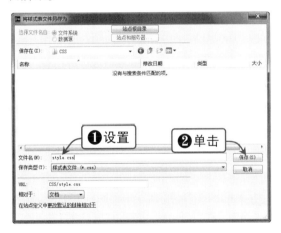

STEP 04 弹出"CSS 规则定义"对话框，根据需要设置相关属性，单击"确定"按钮，如下图所示。

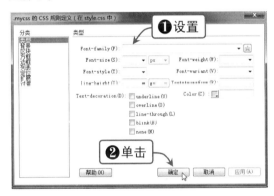

8.3 CSS 样式表属性的设置

CSS 样式表属性主要集中在"CSS 规则定义"对话框的"分类"列表框中，共有"类型"、"背景"、"区块"、"方框"、"边框"、"列表"、"定位"和"扩展"八大类。下面将学习如何设置 CSS 样式表属性。

8.3.1 设置类型属性

"类型"属性主要用于定义文字的字体、字号、样式、颜色等，其属性项如下图所示。

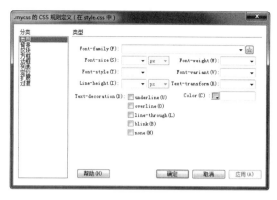

设置类型属性的具体操作方法如下：

STEP 01 打开素材文件，在"CSS 样式"面板中单击"新建 CSS 规则"按钮，如下图所示。

STEP 02 弹出"新建 CSS 规则"对话框，设置相关属性，单击"确定"按钮，如下图所示。

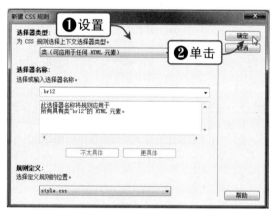

STEP 03 弹出"CSS 规则定义"对话框，在"分类"列表中选择"类型"选项，设置相关属性，单击"确定"按钮，如下图所示。

STEP 04 选择要应用该样式的表格，右击.br12，在弹出的快捷菜单中选择"应用"命令，如下图所示。

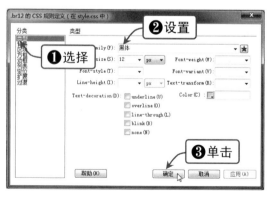

STEP 05 此时，即可查看应用.br12 CSS 样式后的效果，如下图所示。

STEP 06 采用同样的方法为其他表格应用该样式，效果如下图所示。

8.3.2　设置背景属性

背景属性的属性项主要用于设置背景颜色、背景图像等属性，其属性项如下图所示。

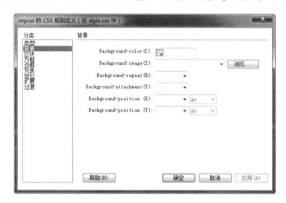

设置背景属性的具体操作方法如下：

STEP 01 打开素材文件，在"CSS 样式"面板中单击"新建 CSS 规则"按钮，如下图所示。

STEP 02 弹出"新建 CSS 规则"对话框，设置选择器类型和名称，单击"确定"按钮，如下图所示。

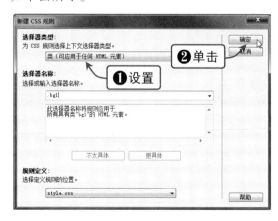

STEP 03 弹出"CSS 规则定义"对话框，在"分类"列表中选择"背景"选项，单击背景图片文本框右侧的"浏览"按钮，如下图所示。

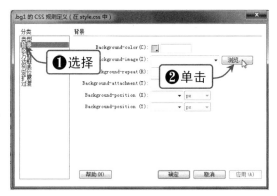

STEP 04 弹出"选择图像源文件"对话框，选择背景图像，然后单击"确定"按钮，如下图所示。

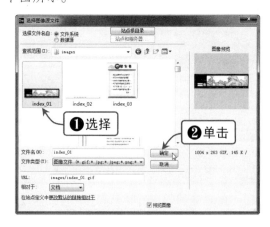

STEP 05 返回"CSS 规则定义"对话框，设置背景图片重复为 no-repeat，单击"确定"按钮，如下图所示。

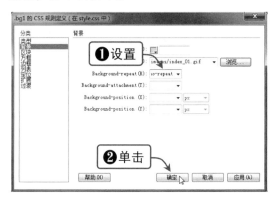

STEP 06 将光标置于要应用该样式的单元格中，在"属性"面板的"类"下拉列表中选择.bg1，如下图所示。

STEP 07 此时，即可查看应用.bg1 CSS 样式后的效果，如下图所示。

知识插播

　　网页中的任何元素都可以应用背景属性。例如，创建一个样式，将背景颜色或背景图像添加文本、表格、或页面的后面。

8.3.3 设置区块属性

区块属性主要用于设置文字间的间距、文本对齐、文字缩进等属性，其属性项如下图所示。

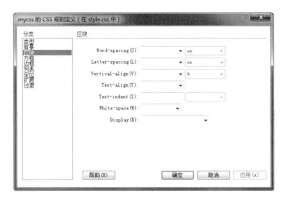

设置区块属性的具体操作方法如下：

STEP 01 打开素材文件，在"CSS 样式"面板中单击"新建 CSS 规则"按钮 ，如下图所示。

STEP 02 弹出"新建 CSS 规则"对话框，设置相关属性，单击"确定"按钮，如下图所示。

STEP 03 弹出"CSS 规则定义"对话框，在"分类"列表中选择"区块"选项，设置相关属性，单击"确定"按钮，如下图所示。

STEP 04 选择要应用该样式的单元格，右击.wenzi，在弹出的快捷菜单中选择"应用"命令，如下图所示。

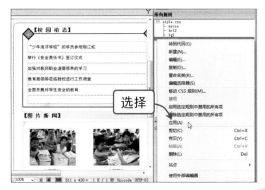

STEP 05 此时，即可查看应用样式后的效果，如下图所示。

8.3.4 设置方块属性

方框属性项主要用于设置元素在页面上的放置方式，其属性项如下图所示。

设置方框属性的具体操作方法如下：

STEP 01 打开素材文件，在"CSS 样式"面板中单击"新建 CSS 规则"按钮 🔁，如下图所示。

STEP 02 弹出"新建 CSS 规则"对话框，设置相关属性，单击"确定"按钮，如下图所示。

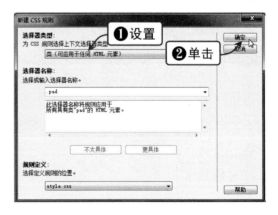

STEP 03 弹出"CSS 规则定义"对话框,在 "分类"列表中选择"方框"选项,设置相关 属性,单击"确定"按钮,如下图所示。

STEP 04 选择要应用该样式的单元格,右 击.pad,在弹出的快捷菜单中选择"应用" 命令,如下图所示。

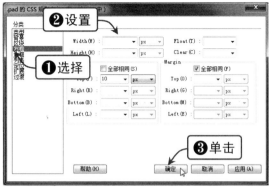

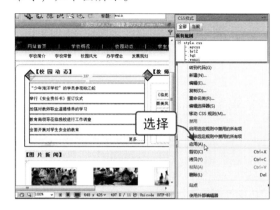

STEP 05 此时,即可查看应用样式后的效果, 如下图所示。

8.3.5 设置边框属性

边框属性用于定义元素周围的边框,以及边框的粗细、颜色和线条样式,其属性项如下 图所示。

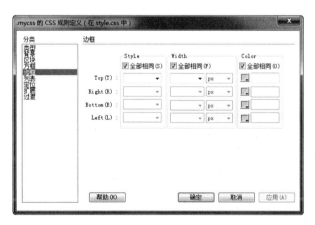

设置边框属性的具体操作方法如下:

STEP 01 打开素材文件，在"CSS样式"面板中单击"新建CSS规则"按钮 ，如下图所示。

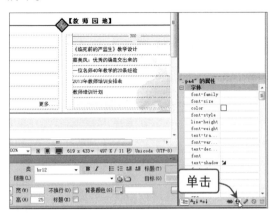

STEP 02 弹出"新建CSS规则"对话框，设置相关属性，单击"确定"按钮，如下图所示。

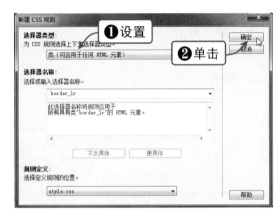

STEP 03 弹出"CSS规则定义"对话框，在"分类"列表中选择"边框"选项，设置相关属性，单击"确定"按钮，如下图所示。

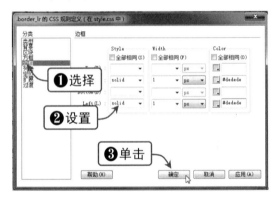

STEP 04 选择单元格，右击.border_lr，在弹出的快捷菜单中选择"应用"命令，如下图所示。

STEP 05 按【Ctrl+S】组合键保存网页，按【F12】键进行预览，效果如下图所示。

8.3.6 设置列表属性

列表属性主要用于定义列表的各种属性，如列表项目符号、位置等，其属性项如下图所示。

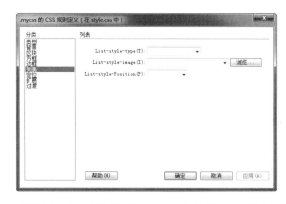

◎ **List-style-type**（类型）：用于设置项目列表和编号列表的符号。

◎ **List-style-image**（项目符号图像）：用于为项目列表自定义符号，可以选择使用图像作为项目列表的符号。

◎ **List-style-Position**（位置）：用于设置列表项文本是否换行和缩进，如果选择"外"选项，则缩进文本；如果选择"内"选项，则文本换行到左边距。

8.3.7 设置定位属性

定位属性主要用于定义层的大小、位置、可见性、溢出方式和剪辑等属性，其属性项如下图所示。

这些属性项主要用于设置层的属性或将所选文本更改为新层，其中：

◎ **Position**（类型）：用于设置浏览器定位层的方式。

◎ **Visibility**（显示）：用于设置内容的可见性，其中包括"继承"、"可见"和"隐藏"三种方式。

◎ **Width**（宽）：用于设置层的宽度。

◎ **Height**（高）：用于设置层的高度。

◎ **Z-Index**（Z 轴）：用于设置内容的叠放顺序，其中的数值可以设置为正，也可以设置为负。

◎ **Over flow**（溢位）：用于设置当容器（如 DIV 或 P）的内容超出容器的显示范围时的处理方式，可以选择"可见"、"隐藏"、"滚动"和"自动"选项进行处理。

◎ **Placement**（置入）：用于设置内容块的位置和大小。

◎ **Clip**（裁切）：用于设置内容的可见部分。

8.3.8 设置扩展属性

扩展属性用于设置打印页面时分页、指针样式和滤镜特殊效果，该类属性的属性项如下图所示。

◎ **Page-break-before**（之前）：用于设置打印时在样式所控制的元素对象之前强制分页。

◎ **Page-break-after**（之后）：用于设置打印时在样式所控制的元素对象之后强制分页。

◎ **Cursor**（光标）：用于设置鼠标指针悬停在样式所控制的元素对象之上时的形状。

◎ **Filter**（过滤器）：用于设置样式所控制元素对象的特殊效果。

8.3.9 设置过渡属性

使用 CSS 过渡效果面板可将平滑属性变化更改应用于基于 CSS 的页面元素，以响应触发器事件，如悬停、点击和聚焦，如下图所示。

8.4 层叠样式表的管理

对于已经创建的 CSS 样式，可以对其进行编辑修改或删除重新创建等操作，也可以对 CSS 样式进行导入或导出等操作。

8.4.1 编辑 CSS 层叠样式

编辑已有的 CSS 样式，需要在"CSS 样式"面板中找到相应的 CSS 样式，然后在其属性编辑器中进行编辑即可。

编辑 CSS 样式的具体操作方法如下：

STEP 01 选择要编辑的 CSS 样式，在"CSS 样式"面板中单击"编辑样式"按钮 ✐，如下图所示。

STEP 02 弹出"CSS 规则定义"对话框，即可对样式进行修改，修改完成后单击"确定"按钮，如下图所示。

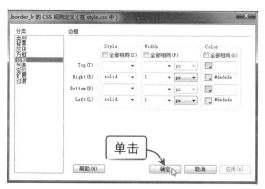

8.4.2 链接外部 CSS 样式表文件

外部样式表是一个包含样式并符合 CSS 规范的外部文本文件，在编辑外部样式表后，链接到该样式表的所有文档内容都会相应地发生变化。外部样式表可以应用于任何页面。

在当前文档中附加外部样式表的具体操作方法如下：

STEP 01 打开素材文件，在"CSS 样式"面板中单击"附加样式表"按钮 ，如下图所示。

STEP 02 弹出"链接外部样式表"对话框，单击"浏览"按钮，如下图所示。

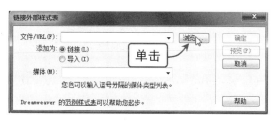

STEP 03 弹出"选择样式表文件"对话框，选择要链接的文件，单击"确定"按钮，如下图所示。

STEP 04 返回"链接外部样式表"对话框，选中"链接"单选按钮，单击"确定"按钮，如下图所示。

STEP 05 此时，该样式表文件即被应用于当前文档中，如下图所示。

知识插播

样式表的使用有三种方式：连接、导入、嵌入。其中连接和导入可用于多个页面共用一个样式表文件；嵌入则仅对单一页面起作用。

8.4.3 删除CSS层叠样式

对于不再使用或无效的CSS样式，可以将其删除。删除CSS样式的操作方法如下：

在打开的"CSS样式"面板中选择要删除的CSS样式并右击，在弹出的快捷菜单中选择"删除"命令，即可将该CSS样式删除，如下图所示。

8.5 CSS 滤镜的使用

滤镜是对 CSS 的扩展，与 Photoshop 中的滤镜相似，它可以用简单的方式对页面中的文字进行特效处理。

CSS 的滤镜代码需要放到 Filter 属性中设置，然后将其应用到文字或图片，在浏览器中查看网页即可看到滤镜效果。

在 Dreamweaver CS6 中为图片和文字添加滤镜非常简单：在 CSS "扩展" 属性设置对话框的 Filter 属性下拉列表中选择要应用的滤镜样式，设置属性参数，然后将该样式应用到文字或图像所在图层即可，如下图所示。

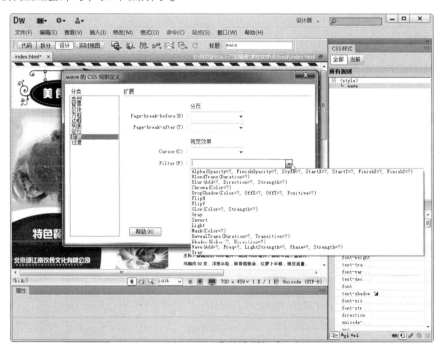

8.5.1 透明滤镜（Alpha）

透明滤镜用于设置图片或文字的透明效果，其 CSS 语法为：

Filter：Alpha（Opacity=值，style=值）

Alpha 滤镜属性介绍如下：

◎ Opacity：设置对象的透明度，取 0~100 之间的任意数值，100 表示完全不透明。

◎ style：设置渐变模式，0 表示均匀渐变，1 表示线性渐变，2 表示放射性渐变，3 表示直角渐变。

为网页添加透明滤镜的操作方法如下：

素材文件　光盘:\素材\第 8 章\food

STEP 01 打开素材文件，在"CSS样式"面板中单击"新建CSS规则"按钮，如下图所示。

STEP 02 弹出"新建CSS规则"对话框，设置相关属性，单击"确定"按钮，如下图所示。

STEP 03 弹出"CSS规则定义"对话框，在"分类"列表中选择"扩展"选项，在Filter属性文本框中输入"Alpha（Opacity=90，Style=2）"，单击"确定"按钮，如下图所示。

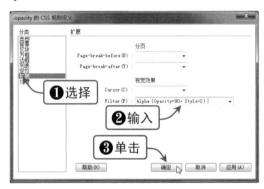

STEP 04 选择图片，右击.opacity，在弹出的快捷菜单中选择"应用"命令，如下图所示。

STEP 05 按【Ctrl+S】组合键保存网页，按【F12】键在浏览器中预览，效果如右图所示。

8.5.2 模糊滤镜（Blur）

模糊滤镜用于设置图片或文字的模糊效果。CSS语法如下：

Filter：Blur（Add=参数值，Direction=参数值，Strength=参数值）

Blur滤镜属性介绍如下：

◎ **Add**：表示模糊的目标。取值false，用于文字；取值true，用于图像。

◎ **Direction**：设置模糊方向。按照顺时针的方向以45°为单位进行累积。

◎ **Strength**：设置有多少像素的宽度将受到模糊影响，只能用整数来指定，默认值为 5 像素。
为网页添加模糊滤镜的操作方法如下：

STEP 01 打开素材文件，在"CSS 样式"面板中单击"新建 CSS 规则"按钮，如下图所示。

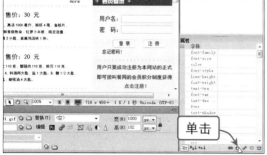

STEP 02 弹出"CSS 规则"对话框，设置相关参数，单击"确定"按钮，如下图所示。

STEP 03 弹出对话框，选择"分类"为"扩展"，在 Filter 文本框中输入 blur（add=true，direction=25，strength=5），单击"确定"按钮，如下图所示。

STEP 04 选中图片，右击.blur，在弹出的快捷菜单中选择"应用"命令，如下图所示。

STEP 05 按【Ctrl+S】组合键保存网页，按【F12】键在浏览器中预览，效果如右图所示。

8.5.3 变换滤镜（Flip）

Flip 滤镜主要产生两种变换效果，即上下变换和左右变换。FlipV 产生上下变换，FlipH 产生左右变换。CSS 语法如下：

Fliter：FlipV( )或 FlipH( )。

为网页添加 Flip 滤镜的操作方法如下：

STEP 01 打开素材文件，在"CSS 样式"面板中单击"新建 CSS 规则"按钮，如下图所示。

STEP 02 弹出"CSS 规则"对话框，设置相关属性，单击"确定"按钮，如下图所示。

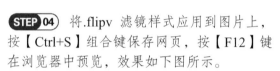

STEP 03 弹出"CSS 规则定义"对话框，选择"分类"为"扩展"，在 Filter 文本框中输入 FlipV，单击"确定"按钮，如下图所示。

STEP 04 将 .flipv 滤镜样式应用到图片上，按【Ctrl+S】组合键保存网页，按【F12】键在浏览器中预览，效果如下图所示。

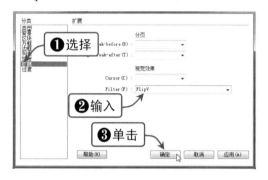

咨询台 **新手答疑**

1 CSS 有哪些优点?

改变浏览器的默认显示风格；页面内容和显示样式分离；可以重用样式表；方便网站维护。

2 如何使用 CSS 样式设置段落缩进?

"区块"属性中的 Text-indent 用于设置文本第一行的缩进值。负值用于将文本第一行向外拉。要在每段前空两格，可设置为 2em。

3 shadow 滤镜和 dropshadow 滤镜有什么区别?

shadow 滤镜可以在指定的方向建立投影，而 dropshadow 滤镜可以设置投影的偏移位置。当偏移位置值为负数时会向上、向左投影，功能更强大。

Chapter 9

使用 AP Div 布局 网页

AP Div 是使用了 CSS 样式中的绝对定位属性的 Div 标签，可以被准确定位在网页中的任何位置。它可以和表格相配合实现网页的布局，还可以与行为相结合实现网页动画效果。本章将详细介绍如何创建 Div 标签和 AP Div，以及如何使用 AP Div 进行网页布局。

学习要点：

- "AP 元素"面板
- AP Div 的创建与设置
- AP Div 的编辑
- AP Div 与表格的相互转换
- 使用 AP Div 布局网页

9.1 "AP 元素"面板

Dreamweaver 将带有绝对位置的所有 Div 标签视为 AP 元素（分配有绝对位置的元素）。AP 元素（绝对定位元素）是分配有绝对位置的 HTML 页面元素，具体地说，就是 Div 标签或其他任何标签。AP 元素可以包含文本、图像或其他任何可放置到 HTML 文档正文中的内容。

通过 Dreamweaver 可以使用 AP 元素来设计页面的布局，可以将 AP 元素放置到其他 AP 元素的前后，隐藏某些 AP 元素而显示其他 AP 元素，以及在屏幕上移动 AP 元素。可以在一个 AP 元素中放置背景图像，然后在该 AP 元素的前面放置另一个包含带有透明背景的文本的 AP 元素。

AP 元素通常是绝对定位的 Div 标签。在 AP 元素较多的情况下，"AP 元素"面板提供了一种快速管理的方法。"AP 元素"面板可以准确指定 AP 元素、放置重叠、更改可见性和堆叠 AP 元素，简化了其操作方法。

AP 元素按照 Z 轴的顺序显示为一列名称。默认情况下，第一个创建的 AP 元素显示在列表底部，最新创建的 AP 元素显示在列表顶部。

选择"窗口"|"AP 元素"命令，如下图（左）所示，即可显示"AP 元素"面板，如下图（右）所示。

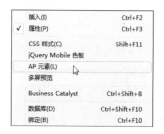

9.2 AP Div 的创建与设置

AP Div 是使用了 CSS 样式中的绝对定位属性的 Div 标签。在 Dreamweaver 中创建 AP Div 的方法有多种，可以选择不同的方法进行创建。下面将详细介绍如何创建 Div 标签和 AP Div，以及对创建的 AP Div 进行所需的设置。

9.2.1 创建普通 Div

当需要使用 Div 进行网页布局或显示图片、段落等网页元素时，可以在网页中创建 Div 区块。通过代码将<div></div>标签插入到 HTML 网页中，也可以通过可视化网页设计软件创建 Div。

在网页中插入 Div 的具体操作方法如下：

素材文件：光盘:\素材\第 9 章\index. html

STEP 01 打开素材文件，选择"插入"|"布局对象"|"Div 标签"命令，如下图所示。

STEP 02 弹出"插入 Div 标签"对话框，设置相关参数，单击"确定"按钮，如下图所示。

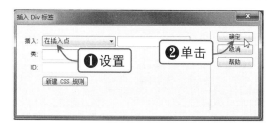

STEP 03 此时，即可在网页中插入了 Div 标签，如下图所示。

STEP 04 在 Div 中进行操作，在此插入图像，效果如下图所示。

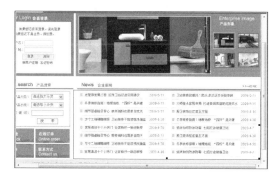

9.2.2 创建 AP Div

下面将介绍几种常用的创建 AP Div 的方法，其中包括利用按钮绘制 AP Div，利用菜单命令创建 AP Div，以及手动绘制 AP Div 等。

1. 利用按钮绘制 AP Div

利用按钮绘制 AP Div 的具体操作方法如下:

STEP 01 打开素材文件，选择"窗口"|"插入"命令，如下图所示。

STEP 02 将"插入"面板"布局"类别下的"绘制 AP Div"按钮拖入文档合适位置，即可创建一个 AP Div，如下图所示。

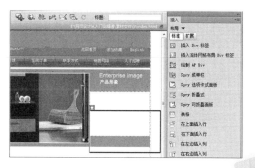

2．利用菜单命令创建 AP Div

利用菜单命令创建 AP Div 的具体操作方法如下：

STEP 01 将光标置于要插入 AP Div 的单元格中，选择"插入"|"布局对象"| AP Div 命令，如下图所示。

STEP 02 此时，即可在文档中自动插入一个 200 像素×115 像素的 AP Div，如下图所示。

3．手动绘制 AP Div

手动绘制 AP Div 的具体操作方法如下：

STEP 01 单击"插入"面板"布局"类别下的"绘制 AP Div"按钮，如下图所示。

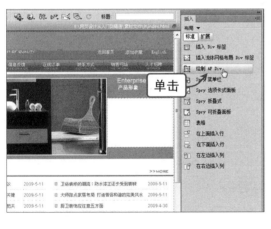

STEP 02 此时鼠标指针变为十字形状，按住鼠标左键并拖动，即可在文档中绘制一个 AP Div，如下图所示。

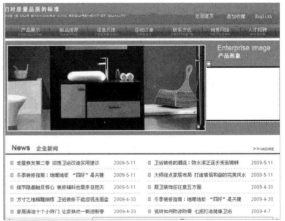

9.2.3 创建嵌套 AP Div

嵌套 AP Div 是在已经创建的 AP Div 中嵌套新的 AP Div，通过嵌套 AP Div 可以将 AP Div 组合成一个整体。

创建嵌套 AP Div 的具体操作方法如下：

STEP 01 将光标置于 AP Div 中，单击"插入"面板"布局"类别下的"绘制 AP Div"按钮，如下图所示。

STEP 02 在 AP Div 中绘制一个 AP Div，即可实现 AP Div 的嵌套，如下图所示。

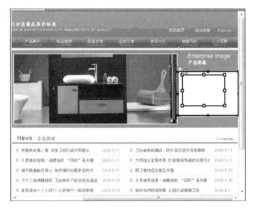

9.2.4 设置 AP Div 属性

选中文档中的某个 AP Div，在属性检查器上就会显示该 AP Div 的所有属性，可以查看或修改对应的属性值，如下图所示。

◎ **设置名称**：在"CSS-P 元素"下拉列表框中可以设置 AP Div 的名称。

◎ **宽、高**：用于设置 AP Div 的宽度和高度，以"像素"为单位。

◎ **设置 Z 轴坐标**：通过设置 AP Div 的 Z 坐标值，可以改变 AP Div 的叠放次序。在浏览器中，Z 坐标值较大的 AP Div 会出现在 Z 坐标值较小的 AP Div 上面。

◎ **设置可见性**：通过 AP Div 的"可见性"选项，可以指定该 AP Div 是否可见。

· default（默认）：不指定可见性属性。

· inherit（继承）：使用该 AP Div 父层的可见性属性，用于 AP Div 的嵌套使用。

· visible（可见）：显示该 AP Div 的内容，而不管父层的值是什么。

· hidden（隐藏）：隐藏 AP Div 的内容，而不管父层的值是什么。

◎ **设置背景**：在"背景图像"文本框中直接输入背景图像的存放路径，或单击按钮，在弹出的"选择图像源文件"对话框中选择一幅背景图像，单击"确定"按钮，即可为 AP Div 添加背景图像。

单击"背景颜色"颜色按钮，在弹出的调色板中选择一种合适的背景色（或直接在该文本框中输入背景色的色码），即可为 AP Div 设置背景色。

◎ **设置溢出属性**：溢出属性用于控制当 AP Div 的内容超过 AP Div 指定大小时如何在浏览器中显示。在属性检查器中的"溢出"下拉列表框中可以设置溢出属性。溢出属性有以下四个选项：

· visible（可见）：设置在 AP Div 中显示超出部分的内容，实际上该 AP Div 会通过扩展大小来匹配超出的内容。

· hidden（隐藏）：设置不在浏览器中显示超出的内容。

- scroll（滚动）：使浏览器在 AP Div 上添加滚动条，而不管是否需要滚动条。
- auto（自动）：使浏览器仅在 AP Div 的内容超出其边界时才显示滚动条。

9.3 AP Div 的编辑

下面将详细介绍 AP Div 的基本操作，如 AP Div 的选择和移动、调整堆叠顺序，设置可见性和对齐等。

9.3.1 选择 AP Div

在对 AP Div 进行操作与编辑之前，首先需要选择对应的 AP Div。下面将介绍几种选择 AP Div 的方法。

1. 通过选择柄进行选择

单击 AP Div 的内部，这时 AP Div 被激活。在 AP Div 的选择柄回上单击，AP Div 即可被选中，如下图所示。

2. 通过 AP Div 的边线进行选择

将鼠标指针移到 AP Div 的边线上，当指针变为✥形状时单击，AP Div 即可被选中，如下图所示。

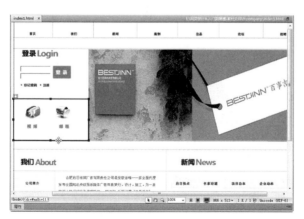

3．通过 AP Div 名称进行选择

选择"窗口"|"AP 元素"命令，打开"AP 元素"面板。单击某个 AP Div 的名称，即可选中 AP Div，如下图所示。

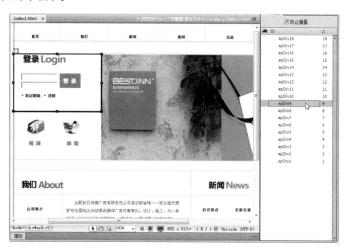

9.3.2　移动 AP Div

当需要改变 AP Div 的位置时，可以通过以下方法精确地调整 AP Div 的位置。

1．拖动选择柄移动 AP Div

选择要移动的 AP Div，单击该 AP Div 的选择柄 ⊡，并将 AP Div 移到合适位置，如下图（左）所示。

2．使用方向键移动 AP Div

选择需要移动的 AP Div，按键盘上对应的方向键。按一次方向键，可以使 AP Div 向相应的方向移动 1 像素；按住【Shift】键的同时再按方向键，则可以一次移动 10 像素。

3．在"属性"面板中调整 AP Div 的位置

选择要移动的 AP Div，在"属性"面板中的"上"和"左"文本框中分别输入所需移动的数值，此时 AP Div 的位置将自动进行移动，如下图（右）所示。

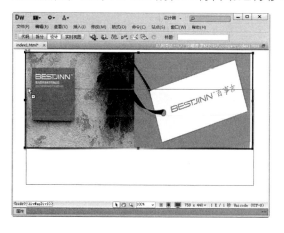 

9.3.3　对齐 AP Div

对于多个 AP Div，可以同时进行对齐操作，如左对齐、右对齐、上对齐与下对齐等，具体操作方法如下：

STEP 01 　选择要对齐的 AP Div，选择"修改" |"排列顺序"|"上对齐"命令，如下图所示。

STEP 02 　此时，将以最后选中的 AP Div 的上边线为准进行对齐，效果如下图所示。

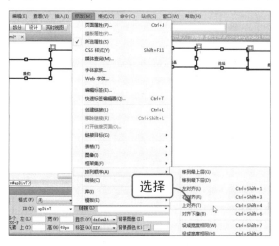
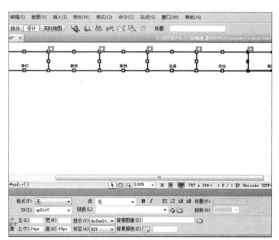

9.3.4　设置 AP Div 堆叠顺序

在"AP 元素"面板或"属性"面板中均可改变 AP Div 的堆叠顺序，下面将分别对其进行介绍。

1．在"AP 元素"面板中修改堆叠顺序

选择"窗口"|"AP 元素"命令，打开"AP 元素"面板，修改各 AP Div 的 Z 值，即可修改它们的堆叠顺序，如下图（左）所示。

2．在"属性"面板中修改堆叠属性

选择要修改堆叠属性的 AP Div，在"属性"面板中设置"Z 轴"的值为 19，此时 AP Div 的顺序将自动调整，如下图（右）所示。

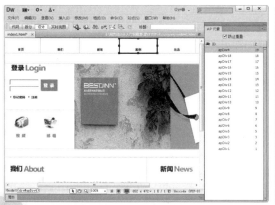
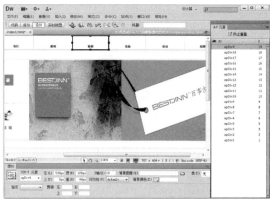

9.3.5 改变 AP Div 可见性

可见性是 AP Div 的另一个重要属性，主要用于控制 AP Div 的显示，可以通过"AP 元素"面板与"属性"面板更改 AP Div 的可见性。

1. 在"AP 元素"面板中改变可见性

在"AP 元素"面板中单击相应的 AP Div 名称左侧的眼睛图标，即可改变 AP Div 的可见性，如下图（左）所示。

2. 在"属性"面板中更改可见性

选中 AP Div，在"属性"面板的"可见性"下拉列表框中选择 hidden 选项，AP Div 即可被隐藏，如下图（右）所示。

9.3.6 防止 AP Div 重叠

在"AP 元素"面板中选中"防止重叠"复选框，可以防止各 AP Div 之间互相重叠，具体操作方法如下：

选择"窗口"|"AP 元素"命令，打开"AP 元素"面板。选中"防止重叠"复选框，即可防止 AP Div 重叠，如下图所示。

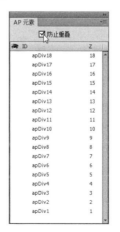

9.4 AP Div 与表格的相互转换

AP Div 与表格相比之下，可以看出 AP Div 能够更加方便、灵活、精确地定位网页元素对象。为了便于排版及页面排版的整体性，许多网页设计者总是先用 AP Div 对网页进行布局定位，然后将 AP Div 转换为表格。

9.4.1 将表格转换为 AP Div

如果需要对当前表格布局设计进行较大的改动，则调整过程会十分烦琐，此时可以将表格转换为 AP Div 之后再进行调整，具体操作方法如下：

素材文件：光盘:\素材\第 9 章\company\index.html

STEP 01 打开素材文件,选中需要转换为 AP Div 的表格, 选择"修改"|"转换"|"将表格转换为 AP Div"命令, 如下图所示。

STEP 02 弹出"将表格转换为 AP Div"对话框, 设置相关参数, 单击"确定"按钮, 如下图所示。

STEP 03 此时, 即可将表格转换为 AP Div, 如下图所示。

知识插播

AP Div 可以和表格相配合实现网页的布局，还可以与行为相结合实现网页动画效果。需要注意的是，在将表格转换为 AP Div 元素过程中，表格之外的内容也会被置于 AP Div 之中，但文档中空的表格将不会被转换为 AP Div 元素。

"将表格转换为 AP Div"对话框中的各选项含义如下。

◎ **防止重叠**：选中此复选框，可以在 AP Div 操作中防止 AP Div 互相重叠。

◎ **显示 AP 元素面板**：选中此复选框，在转换完成时将会显示"AP 元素"面板。

◎ **显示网格**：选中此复选框，在转换完成时将会显示网格。

◎ **靠齐到网格**：选中此复选框，在转换完成时将会启用网格的吸附功能。

9.4.2 将 AP Div 转换为表格

下面将介绍如何将 AP Div 转换为表格，具体操作方法如下：

STEP 01 选中要转换为表格的 AP Div，选择"修改"|"转换"|"将 AP Div 转换为表格"命令，如下图所示。

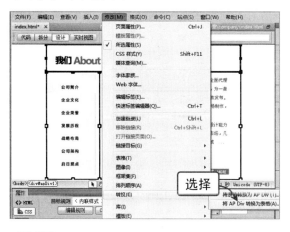

STEP 02 弹出"将 AP Div 转换为表格"对话框，设置相关参数，单击"确定"按钮，如下图所示。

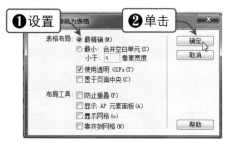

STEP 03 此时，即可将 AP Div 转换为表格，效果如下图所示。

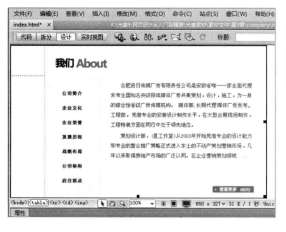

知识插播

将 AP Div 转换为表格这种方法只适合于版面并不复杂的页面，对于复杂的图文排版页面，最好采用传统的表格排版方法。

"将 AP Div 转换为表格"对话框中的各选项含义如下。

◎ **最精确**：将为每一个 AP Div 创建一个单元格，并为保留 AP Div 之间的空白间隔附加一些必要的单元格。

◎ **最小**：把指定像素内的空白单元格合并，使合并后的表格包含较少的空行和空列。

◎ **使用透明 GIFs**：使用透明的 GIFs 填充转换后表格的最后一行。

◎ **置于页面中央**：将转换后的表格置于页面的中央。

◎ **防止重叠**：选中该复选框，可以防止 AP Div 之间重叠。

◎ **显示 AP 元素面板**：选中该复选框，转换完成后将显示 "AP 元素" 面板。

◎ **显示网格**：选中该复选框，转换完成后将显示网格。

◎ **靠齐到网格**：选中该复选框，将会启用吸附到网格功能。

9.5 使用 AP Div 布局网页

AP Div 能使网页布局显得简洁、明了，下边将通过综合实例介绍如何利用 AP Div 进行布局，最终效果如下图所示。

素材文件　光盘:\素材\第 9 章\刺绣

STEP 01 新建 HTML 文档，在工具栏的"标题"文本框中输入"刺绣"，选择"文件" | "保存"命令，如下图所示。

STEP 02 弹出"另存为"对话框，设置保存位置和文件名，单击"保存"按钮，如下图所示。

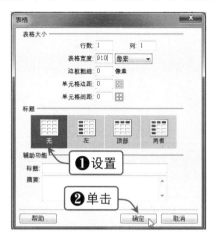

STEP 03 选择"插入"|"表格"命令，如下图所示。

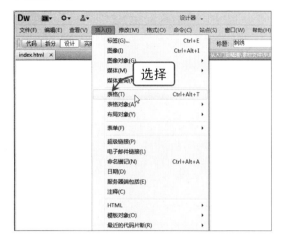

STEP 04 弹出"表格"对话框，设置相关属性，然后单击"确定"按钮，如下图所示。

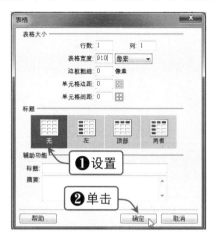

STEP 05 在"属性"面板中设置表格的对齐方式为"居中对齐"。选择单元格，设置高度为555，如下图所示。

STEP 06 选择"窗口"|"CSS样式"命令，如下图所示。

STEP 07 在"CSS样式"面板中单击"新建CSS规则"按钮，如下图所示。

STEP 08 弹出"新建CSS规则"对话框，设置相关参数，单击"确定"按钮，如下图所示。

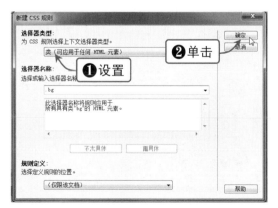

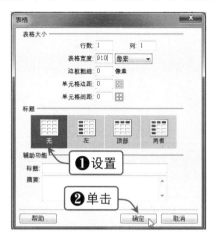

STEP 09 弹出对话框，选择"背景"分类，单击背景图片文本框右侧的"浏览"按钮，如下图所示。

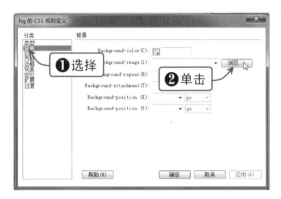

STEP 10 弹出"选择图像源文件"对话框，选择背景图像，单击"确定"按钮，如下图所示。

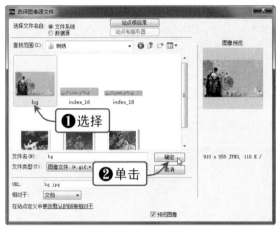

STEP 11 返回"CSS 规则定义"对话框，设置背景图片重复为 no-repeat，单击"确定"按钮，如下图所示。

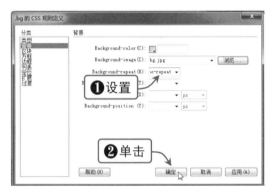

STEP 12 选择要应用该样式的单元格，右击 .bg，在弹出的快捷菜单中选择"应用"命令，如下图所示。

STEP 13 此时，单元格已经应用 .bg 样式。选择"窗口"|"插入"命令，如下图所示。

STEP 14 在"插入"面板的"布局"类别中单击"绘制 AP Div"按钮，如下图所示。

STEP 15 此时鼠标指针变为十字形状，按住鼠标左键并拖动，即可在文档中绘制一个 AP Div，如下图所示。

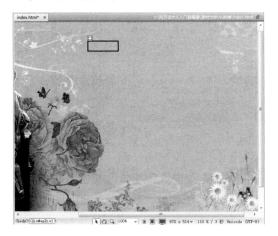

STEP 16 在 AP Div 中输入文本。用同样的方法绘制多个 AP Div，并输入文本，如下图所示。

STEP 17 选择绘制的所有 AP Div，选择"修改"|"排列顺序"|"上对齐"命令，如下图所示。

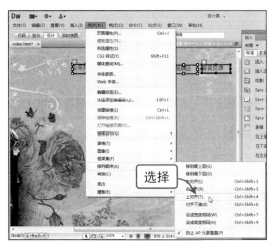

STEP 18 此时，将以最后选中的 AP Div 的上边线为准进行对齐，效果如下图所示。

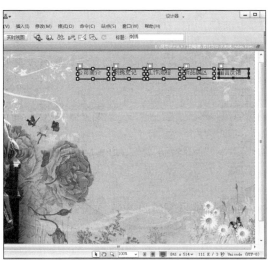

STEP 19 选择"插入"|"布局对象"|AP Div 命令，如下图所示。此时，自动插入一个 AP Div。

STEP 20 选中 AP Div 并移至合适位置。在"属性"面板中设置宽为 390px，高为 76px，如下图所示。

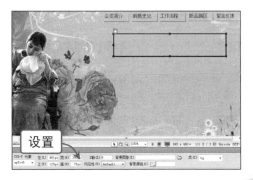

STEP 21 将光标置于 AP Div 中，然后选择"插入"|"图像"命令，如下图所示。

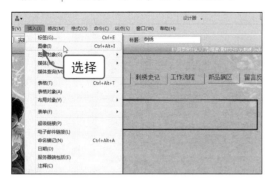

STEP 22 弹出"选择图像源文件"对话框，选择要插入的图像，单击"确定"按钮，如下图所示。

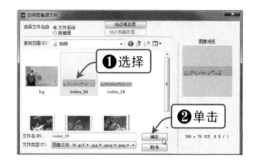

STEP 23 参照前面的方法继续绘制 AP Div 并输入文本，效果如下图所示。

STEP 24 绘制 AP Div 并插入图像，查看最终效果，如下图所示。

咨询台 新手答疑

1 什么情况下 AP Div 和表格不能互相转换？

当文档中存在着重叠 AP Div 时，是不能转换为表格的，必须将文档中的 AP Div 重新排列，使之不相互重叠。

2 AP Div 的功能主要是什么？

AP Div 主要有以下三方面的功能：重叠排放网页中的元件；精确的定位；显示和隐藏 AP Div。

3 Div 和 Span 有什么区别？

Div 和 Span 都可以被看作是容器，用来插入文本和图片等网页元素。不同的是，Div 是作为块级元素来使用，Span 作为行内元素使用，可以实现同一行、同一个段落中的不同的布局。

Chapter

使用表单

10

表单是用户和服务器之间的桥梁，是专门用于接收访问者填写的信息，从而能采集客户端信息，使网页具有交互的功能。因此，学会使用表单是制作动态网页的第一步，本章将详细介绍如何在网页中创建表单。

学习要点：

- 表单的创建
- 表单对象的添加

10.1 表单的创建

在制作要实现信息交互的动态网页时，表单是一个必不可少的选项。它是接收用户信息的重要窗口，然后交由服务器端的脚本处理相关信息，并进行反馈。

10.1.1 了解表单

一个完整的交互表单由两部分组成：一个是客户端包含的表单页面，用于填写浏览者进行交互的信息；另一个是服务端的应用程序，用于处理浏览者提交的信息。下图所示为一个使用表单的网页。

10.1.2 创建表单

在文档中创建表单的操作非常简单，方法如下：

打开目标文件，将光标定位在文档中要插入表单的位置，在"插入"面板"表单"类别中单击"表单"按钮或选择"插入"|"表单"|"表单"命令，此时在页面中将显示一个红色的虚线框，即表示插入了一个空表单，如下图所所示。

10.1.3 设置表单属性

在上节中插入的是一个空表单，单击红色虚线选中表单，在属性检查器中可以查看表单的相关属性，如下图所示。

◎ **表单 ID**：用于输入表单名称，以便在脚本语言中控制该表单。

◎ **方法**：用于选择表单数据传输到服务器的方法。

◎ **动作**：用于输入处理该表单的动态页或脚本的路径，可以是 URL 地址、HTTP 地址，也可以是 Mailto 地址。

◎ **目标**：用于选择服务器返回反馈数据的显示方式。

◎ **编码类型**：用于指定提交服务器处理数据所使用 MIME 编码类型。

10.2 表单对象的添加

在创建表单后，即可向其中添加表单对象。在 Dreamweaver 中可以创建各种表单对象，如文本框、单选按钮、复选框、按钮和下拉菜单等。

10.2.1 插入文本字段

在表单中插入文本字段后，浏览者便可以在网页中输入各种信息，常被用作"用户名"或"密码"文本框等。

1. 插入文本字段

文本字段是表单中常用的元素之一，主要包括单行文本字段、密码文本字段和多行文本区域三种。下面将通过实例介绍如何添加文本字段，具体操作方法如下：

素材文件 光盘:\素材\第 10 章\index.html

STEP 01 打开素材文件，将光标定位于表单区域中，在"插入"面板的"表单"类别中单击"文本字段"按钮，如下图所示。

STEP 02 弹出"输入标签辅助功能属性"对话框，设置相关属性，单击"确定"按钮，如下图所示。

STEP 03 此时，即可在表单中插入一个文本字段，如下图所示。

STEP 04 采用同样的方法再插入一个文本字段，效果如下图所示。

2. 设置文本字段属性

设置文本字段属性的方法如下：

STEP 01 选中插入的文本字段，在"属性"面板中显示该文本字段的属性，如下图所示。

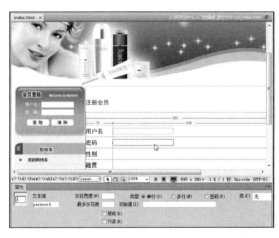

STEP 02 在"类型"选项区中选中"密码"单选按钮，如下图所示。

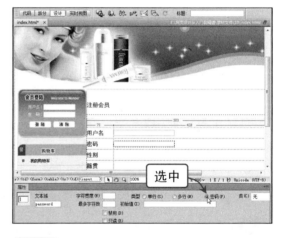

STEP 03 按【Ctrl+S】组合键保存文档，按【F12】键进行预览。在文本框中输入内容后，内容显示为项目符号或星号，如下图所示。

STEP 04 选中"多行"单选按钮，此时列表框如下图所示。

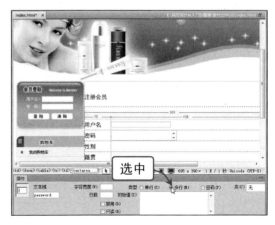

10.2.2　插入复选框

在网页中应用复选框可以为用户提供多个选项，用户可以选择其中的一项或多项。下面将详细介绍如何插入复选框并设置其属性，具体操作方法如下：

STEP 01 打开素材文件，将光标定位于表单区域中，选择"插入"|"表单"|"复选框"命令，如下图所示。

STEP 02 弹出"输入标签辅助功能属性"对话框，设置相关参数，单击"确定"按钮，如下图所示。

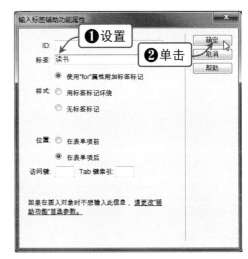

STEP 03 此时，复选框已插入到文档中。重复以上操作，插入多个复选框，如下图所示。

STEP 04 选中复选框，在"属性"面板中可以设置复选框选项，如下图所示。

10.2.3　插入单选按钮

单选按钮通常不会单一出现，而是多个单选按钮一起成组使用，且只允许选择其中的一个选项。

下面将通过实例介绍如何添加单选按钮，具体操作方法如下：

STEP 01 打开素材文件，将光标定位于表单区域中，单击"插入"面板"表单"类别中的"单选按钮"按钮，如下图所示。

STEP 02 弹出"输入标签辅助功能属性"对话框，设置相关参数，单击"确定"按钮，如下图所示。

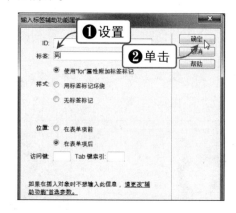

STEP 03 此时，即可在表单区域中插入一个单选按钮，如下图所示。

STEP 04 采用同样的方法，再插入一个单选按钮，如下图所示。

10.2.4　插入隐藏域

隐藏域用于收集或发送信息的不可见元素，对于网页的访问者来说，隐藏域是看不见的，它主要用于实现浏览器同服务器交换的信息。

下面将通过实例介绍隐藏域的插入方法，具体操作方法如下：

STEP 01 将光标定位于表单中要插入隐藏域的位置，在"插入"面板的"表单"类别中单击"隐藏域"按钮，如下图所示。

STEP 02 此时，即可在表单中插入一个隐藏域。选中"隐藏域"标识，在"属性"面板中设置相关属性，如下图所示。

10.2.5 插入文件域

　　文件域由一个文本框和一个"浏览"按钮组成，主要用于从磁盘上选择文件。在表单中经常会用到文件域，它能使一个文件附加到正被提交的表单中，如在表单中上传图片、在邮件中添加附件。

　　下面将通过实例介绍文件域的插入方法，具体操作方法如下：

STEP 01 将光标定位于表单中要添加文件域的位置，在"插入"面板的"表单"类别中单击"文件域"按钮，如下图所示。

STEP 02 弹出"输入标签辅助功能属性"对话框，设置相关参数，单击"确定"按钮，如下图所示。

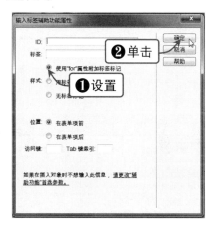

STEP 03 此时，即可插入一个文件域。选中文件域，在"属性"面板中可以设置其属性，如下图所示。

知识播播

　　文件域名称：为该文件域对象输入一个名称。

　　字符宽度：输入一个数值。size 属性。

　　最多字符数：输入一个数值，对应 maxlength 属性。

10.2.6 插入列表和菜单

　　列表和菜单也是表单中常用的元素之一，它可以显示多个选项，通过滚动条可以显示更多的选项。

1. 插入菜单

　　下面将介绍如何插入菜单，具体操作方法如下：

STEP 01 打开素材文件，将光标定位于表单区域内，选择"插入"|"表单"|"选择（列表/菜单）"命令，如下图所示。

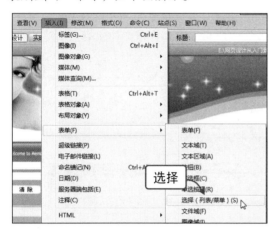

STEP 02 弹出"输入标签辅助功能属性"对话框，设置相关参数，单击"确定"按钮，如下图所示。

STEP 03 选中插入的菜单，在"属性"面板中单击"列表值"按钮，如下图所示。

STEP 04 弹出"列表值"对话框，单击⊕或⊟按钮，添加或删除项目并输入项目标签，如下图所示。

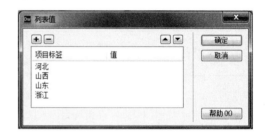

STEP 05 单击▲或▼按钮，调整菜单中选项的顺序，单击"确定"按钮，如下图所示。

STEP 06 添加完菜单选项后，根据需要在"属性"面板中设置其他属性，如下图所示。

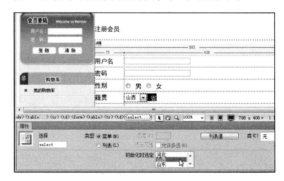

2．插入列表

下面将介绍如何插入列表，具体操作方法如下：

STEP 01 将光标定位于表单中，在"插入"面板的"表单"类别中单击"选择（列表/菜单）"按钮，如下图所示。

STEP 02 弹出"输入标签辅助功能属性"对话框，设置相关参数，单击"确定"按钮，如下图所示。

STEP 03 选中添加的列表，在"属性"面板中选中"列表"单选按钮，单击"列表值"按钮，如下图所示。

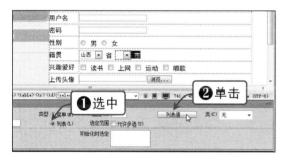

STEP 04 弹出"列表值"对话框，单击 ➕ 按钮添加项目并输入项目标签，单击"确定"按钮，如下图所示。

STEP 05 查看菜单滚动列表，根据需要设置其他属性，如下图所示。

10.2.7 插入按钮

通过脚本的支持，单击相应的按钮，可以将表单信息提交到服务器，或者重置该表单。标准表单按钮带有"提交"、"重置"或"发送"标签，还可以根据需要分配其他已经在脚本中定义的处理任务。

表单中的按钮一般放置在表单的最后，用于实现相应的操作，如提交、重置等。在网页中插入按钮对象的具体操作方法如下：

STEP 01 打开素材文件，将光标定位于表单区域中，单击"插入"面板中"表单"类别下的"按钮"按钮，如下图所示。

STEP 02 弹出"输入标签辅助功能属性"对话框，设置相关参数，单击"确定"按钮，如下图所示。

STEP 03 此时，即可在表单区域中插入一个按钮，如下图所示。

STEP 04 采用同样的方法，插入另一个按钮。在"属性"面板中根据需要进行属性设置，如下图所示。

知识插播

如果普通按钮效果不好，那么可以使用图像域将一幅图像作为一个按钮。

10.2.8 创建跳转菜单

在浏览器中浏览含有跳转菜单的网页时，单击菜单旁边的下拉按钮▼，在弹出的下拉菜单中选择所需的项目，即可跳转到相应的网页中。该功能在 Dreamweaver CS6 中可以通过创建跳转菜单来实现。

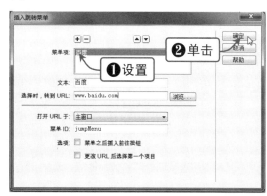

下面将通过实例介绍如何创建跳转菜单，具体操作方法如下：

STEP 01 打开素材文件，将光标定位于文档中合适的位置。选择"插入"面板"表单"类别中的"跳转菜单"命令，如下图所示。

STEP 02 弹出"插入跳转菜单"对话框，设置各项参数，单击"确定"按钮，如下图所示。

STEP 03 此时，即可查看添加跳转菜单后的网页效果，如下图所示。

知识插播

跳转菜单开始动作和跳转菜单动作关系非常密切。跳转菜单开始动作是在跳转菜单中加入一个"前往"按钮。

"插入跳转菜单"对话框下方三个选项的含义如下。

◎ **打开 URL 于**：用于选择文件打开的窗口，如选择"主窗口"选项，可以使目标文件在同一窗口中打开。

◎ **菜单 ID**：用于为菜单命名，以便被脚本程序调用。

◎ **选项**：若选中"菜单之后插入前往按钮"复选框，则会在跳转菜单的后面添加一个"前往"按钮，如下图所示。

咨询台 **新手答疑**

1 **表单的工作过程是怎样的?**

访问者在浏览有表单的页面时，可填写必要的信息，单击"提交"按钮，这些信息通过 Internet 传送到服务器上。服务器上有专门的程序对这些数据进行处理，假如有错误，会返回错误信息，并需要纠正错误。

2 **跳转菜单开始动作和跳转菜单有什么联系?**

跳转菜单开始动作和跳转菜单动作关系非常密切。跳转菜单开始动作是在跳转菜单中加入一个"前往"按钮。

3 **单选按钮只能选中一个吗?**

单选按钮的名称一样时，只能选中一个，如果想要选中多个，改变名称即可。

Chapter

使用行为创建网页

11

行为，就是在网页中进行一系列动作，通过这些动作实现用户与页面的交互。一个行为是由事件和动作组成的。事件是动作被触发的结果，而动作是用于完成特殊任务的预先编好的 JavaScript 代码，如打开浏览器窗口和播放声音等。本章将详细介绍如何在网页中添加行为。

学习要点：

- 行为和事件
- 利用行为调节浏览器
- 利用行为制作图像
- 利用行为显示文本
- Spry 效果的添加

11.1　行为和事件

所谓行为，就是响应某一事件而采取的一个操作。行为是一系列使用 JavaScript 程序预定义的页面特效工具，是 JavaScript 在 Dreamweaver 中内置的程序库。当把行为赋予页面中某个元素时，也就是定义了一个操作，以及用于触发这个操作的事件。

11.1.1　认识行为和事件

行为在网页中是比较常见的，如弹出窗口、鼠标移上去图片切换等。当发生某事件时执行某动作的过程称为行为，行为是事件和动作的组合。下面将对行为和事件分别进行介绍。

1. 行为

行为包括两部分内容：一部分是事件，另一部分是动作。

行为是某个事件和由该事件触发的动作组合，事件用于指明执行某项动作的条件，如鼠标指针移到对象上方、离开对象、单击对象、双击对象等都是事件。

动作是行为的另一个组成部分，它由预先编写的 JavaScript 代码组成，利用这些代码执行特定的任务，如打开浏览器窗口、弹出信息等。

2. 事件

在 Dreamweaver 中，可以将事件分为不同的种类，有的与鼠标有关，有的与键盘有关，如鼠标单击、键盘某个键按下。有的事件还和网页相关，如网页下载完毕、网页切换等。为了便于理解，我们将事件分为四类：鼠标事件、键盘事件、页面事件和表单事件。

常用的事件如下：

◎ **onBlur**：当指定的元素停止从用户的交互动作上获得焦点时，触发该事件。

◎ **onClick**：当用户在页面中单击使用行为的元素，如文本、按钮或图像时，就会触发该事件。

◎ **onDblclick**：在页面中双击使用行为的特定元素，如文本、按钮或图像时，就会触发该事件。

◎ **onError**：当浏览器下载页面或图像发生错误时触发该事件。

◎ **onFocus**：指定元素通过用户的交互动作获得焦点时触发该事件。

◎ **onKeydown**：当用户在浏览网页时，按下一个键后且尚未释放该键时，就会触发该事件。该事件常与 onKeydown 与 onKeyup 事件组合使用。

◎ **onKeyup**：当用户浏览网页时，按下一个键后又释放该键时，就会触发该事件。

◎ **onLoad**：当网页或图像完全下载到用户浏览器后，就会触发该事件。

◎ **onMouseDown**：浏览网页时，单击网页中建立行为的元素且尚未释放鼠标之前，就会触发该事件。

◎ **onMousemove**：在浏览器中，当用户将鼠标指针在使用行为的元素上移动时，就会触发该事件。

◎ **onMouseover**：在浏览器中，当用户将鼠标指针指向一个使用行为的元素时，就会触发该事件。

◎ **onMouseout**：在浏览器中，当用户将鼠标指针从建立行为的元素移出后，就会触发该事件。

◎ **onMouseup**：在浏览器中，当用户在使用行为的元素上按下鼠标并释放后，就会触发该事件。

◎ **onUnload**：当用户离开当前网页，如关闭浏览器或跳转到其他网页时，就会触发该事件。

11.1.2 "行为"面板

通过"行为"面板可以使用和管理行为。"行为"面板的显示列表分为两部分，左栏用于显示触发动作的事件，右栏用于显示动作，如右图所示。

◎ **"显示设置事件"按钮**▦：仅显示附加到当前文档的那些事件。事件被分别划归到客户端或服务器端类别中。每个类别的事件都包含在可折叠的列表中。"显示设置事件"是默认的视图。

◎ **"显示所有事件"按钮**▦：按字母顺序显示属于特定类别的所有事件，如下图（左）所示。

◎ **"添加行为"按钮** +.：单击该按钮，将显示特定下拉菜单，其中包含可以附加到当前选定元素的动作。当从该列表中选择一个动作时，将出现一个对话框，可以在此对话框中设置该动作的参数。如果下拉菜单中的动作处于灰色状态，则表示选定的元素无法生成任何事件，如下图（右）所示。

◎ **"删除事件"按钮** −：从行为列表中删除所选的事件和动作。

◎ 箭头按钮 ▲ ▼：在行为列表中上下移动特定事件的选定动作，只能更改特定事件的动作顺序。

"行为"面板的基本操作包括打开面板、显示事件、添加行为和删除行为等，具体操作方法如下：

素材文件　光盘:\素材\第11章\投票

STEP 01 打开素材文件，选择"窗口"|"行为"命令，如下图所示。

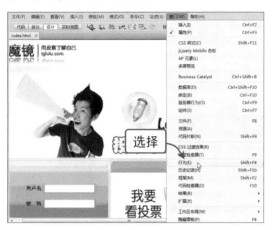

STEP 02 选中要添加行为的对象，在"行为"面板中单击"添加行为"按钮 + ，选择"弹出信息"选项，如下图所示。

STEP 03 弹出"弹出信息"对话框，输入需要弹出的信息，单击"确定"按钮，如下图所示。

STEP 04 在"行为"面板中查看添加的行为，如下图所示。

STEP 05 单击事件右侧的下拉按钮，在弹出的下拉列表中选择所需的事件，如下图所示。

STEP 06 双击该动作，弹出"弹出信息"对话框，可以重新设置弹出信息的动作属性，如下图所示。

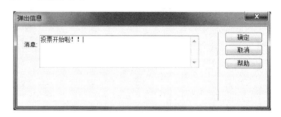

STEP 07 选择要删除的行为，在"行为"面板中单击"删除事件"按钮 ━ ，如下图所示。

STEP 08 此时即可将选定的行为删除，如下图所示。

11.2 利用行为调节浏览器

使用"行为"面板可以调节浏览器，如打开浏览器窗口、调用脚本、转到 URL 等各种效果。

11.2.1 打开浏览器窗口

使用"打开浏览器窗口"动作，可以在事件发生时打开一个新浏览器窗口。用户可以从中设置新窗口的各种属性，如窗口名称、大小、状态栏和菜单栏等。

创建"打开浏览器窗口"动作的具体操作方法如下：

素材文件　光盘:\素材\第 11 章\hotal

STEP 01 打开素材文件，选择"窗口"|"行为"命令，如下图所示。

STEP 02 选择一个对象，在"行为"面板中单击"添加行为"按钮 ✚ ，选择"打开浏览器窗口"命令，如下图所示。

STEP 03 弹出"打开浏览器窗口"对话框，单击"要显示的 URL"文本框右侧的"浏览"按钮，如下图所示。

STEP 04 弹出"选择文件"对话框，选择文件，然后单击"确定"按钮，如下图所示。

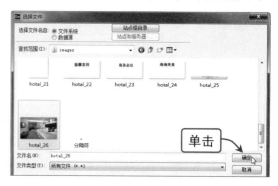

STEP 05 返回"打开浏览器窗口"对话框，单击"确定"按钮，如下图所示。

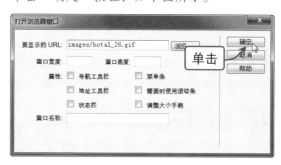

STEP 06 按【Ctrl+S】组合键保存网页，按【F12】键在浏览器中预览，效果如下图所示。

11.2.2 创建自动关闭网页

"调用 JavaScript"动作允许使用"行为"面板指定当前某个事件应该执行的自定义函数或 JavaScript 代码行。

调用 JavaScript 创建自动关闭网页的方法如下：

STEP 01 打开素材文件，单击文档窗口底部的<body>标签，如下图所示。

STEP 02 在"行为"面板中单击"添加行为"按钮 ，选择"调用 JavaScript"选项，如下图所示。

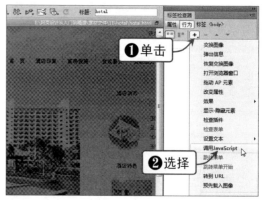

STEP 03 弹出"调用 JavaScript"对话框，在文本框中输入 window.close()，单击"确定"按钮，如下图所示。

STEP 04 按【Ctrl+S】组合键保存网页，按【F12】键在浏览器中预览，效果如下图所示。

知识插播

如果输入 JavaScript 表达式，需将其放在花括号（{}）中。如果要显示花括号，需在前面添加反斜杠转义字符（\{和\}）。

11.2.3 创建转到 URL 网页

"转到 URL"行为可在当前窗口或指定的框架中打开一个新页面。该动作对于一次改变两个或多个框架的内容特别有效。它也可以在时间轴中调用，以在指定时间间隔后跳转到一个新页面。

使用"转到 URL"动作可以在当前页面中设置转到的 URL。当页面中存在框架时，可以指定在目标框架中显示设定的 URL。

创建转到 URL 网页的方法如下：

STEP 01 打开素材文件，在"行为"面板中单击"添加行为"按钮，选择"转到 URL"选项，如下图所示。

STEP 02 弹出"转到 URL"对话框，单击 URL 文本框右侧的"浏览"按钮，如下图所示。

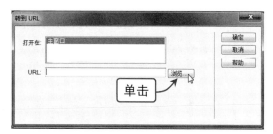

STEP 03 弹出"选择文件"对话框，选择文件，然后单击"确定"按钮，如下图所示。

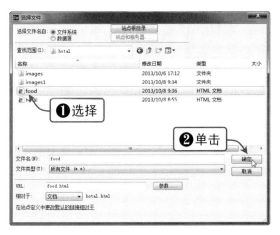

STEP 04 返回"转到 URL"对话框，即可看到已经添加的文件，单击"确定"按钮，如下图所示。

STEP 05 返回网页文档，在"行为"面板中查看添加的行为，如下图所示。

STEP 06 按【Ctrl+S】组合键保存网页，按【F12】键在浏览器中预览，查看跳转效果，如下图所示。

11.3 利用行为制作图像

设计人员利用行为可以使对象产生各种特效，下面将介绍交换图像与恢复交换图像、预载入图像及拖动 AP 元素等行为的使用方法。

11.3.1 交换图像与恢复交换图像

交换图像就是当光标经过图像时，原图像会变成另外一张图像。一个交换图像由两张图像组成，第一张图像和交换图像。如果组成图像交换的两张图像尺寸不同，Dreamweaver 会自动将第二张图像的尺寸调整为第一张图像的大小。

STEP 01 打开素材文件,在"行为"面板中单击"添加行为"按钮 +,选择"交换图像"选项,如下图所示。

STEP 02 弹出"交换图像"对话框,单击"设定原始文档为"文本框右侧的"浏览"按钮,如下图所示。

STEP 03 弹出"选择图像源文件"对话框,选择图像,然后单击"确定"按钮,如下图所示。

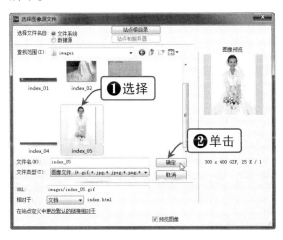

STEP 04 返回"交换图像"对话框,单击"确定"按钮,如下图所示。

STEP 05 在"行为"面板中查看添加的行为,如下图所示。

STEP 06 按【Ctrl+S】组合键保存网页文档,按【F12】键进行预览,效果如下图所示。

利用"鼠标滑开时恢复图像"动作，可以将所有被替换显示的图像恢复为原始图像。一般来说，在设置"交换图像"动作时会自动添加"交换图像恢复"动作，这样当鼠标指针离开对象时就会自动恢复为原始图像。操作过程如下：

STEP 01 选中附加了"交换图像"行为的对象，在"行为"面板中单击"添加行为"按钮 ＋，选择"恢复交换图像"选项，如下图所示。

STEP 02 弹出"恢复交换图像"对话框，在其中单击"确定"按钮，如下图所示。

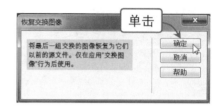

STEP 03 此时，即可在"行为"面板中查看添加的行为，如下图所示。

STEP 04 按【Ctrl+S】组合键保存网页文档，按【F12】键进行预览，效果如下图所示。

11.3.2 预先载入图像

如果网页中有过多的图片，就会影响浏览器的速度。使用"预先载入图像"动作可以把图像预先载入浏览器的缓冲区内，从而避免在下载时出现延迟。创建预先载入图像的具体操作方法如下：

STEP 01 打开素材文件，选中要附加行为的对象，在"行为"面板中单击"添加行为"按钮 ＋，选择"预先载入图像"选项，如下图所示。

STEP 02 弹出"预先载入图像"对话框，单击"图像源文件"文本框右侧的"浏览"按钮，如下图所示。

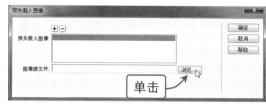

STEP 03 弹出"选择图像源文件"对话框，选择文件，然后单击"确定"按钮，如下图所示。

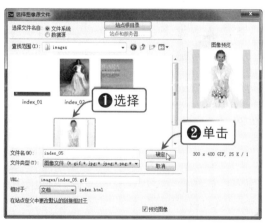

STEP 04 返回"预先载入图像"对话框，单击"确定"按钮。在"行为"面板中查看添加的行为，如下图所示。

11.4 利用行为显示文本

使用行为可以设置弹出信息、设置状态栏文本、设置容器的文本、设置文本域文本及设置框架文本等。

11.4.1 弹出信息

使用"弹出信息"动作可以在事件发生时弹出一个事先指定好的提示信息框，为浏览者提供信息，该提示信息框只有一个"确定"按钮。

素材文件　光盘:\素材\第 11 章\login

STEP 01 打开素材文件，单击文档窗口底部的<body>标签，如下图所示。

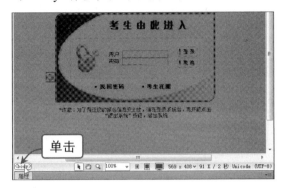

STEP 02 在"行为"面板中单击"添加行为"按钮 <kbd>+</kbd>，选择"弹出信息"选项，如下图所示。

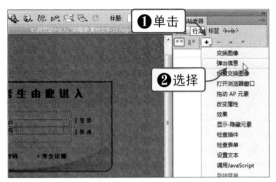

STEP 03 弹出"弹出信息"对话框，在"消息"文本框中输入所需的内容，单击"确定"按钮，如下图所示。

STEP 04 按【Ctrl+S】组合键保存网页文档，按【F12】键在浏览器中预览，效果如下图所示。

11.4.2　设置状态栏文本

使用"设置状态栏文本"行为可以设置在浏览器窗口底部的状态栏中显示消息，例如，可以使用此行为在状态栏中加入一些欢迎词或提示信息，具体操作方法如下：

STEP 01 打开素材文件，单击文档窗口底部的<body>标签，如下图所示。

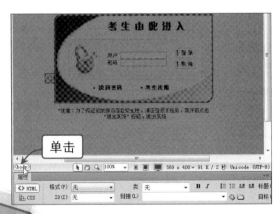

STEP 02 在"行为"面板中单击"添加行为"按钮 <kbd>+</kbd>，选择"设置文本"|"设置状态栏文本"命令，如下图所示。

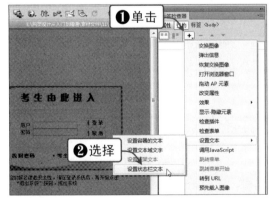

STEP 03 弹出"设置状态栏文本"对话框，在"消息"文本框中输入文本，单击"确定"按钮，如下图所示。

STEP 04 按【Ctrl+S】组合键保存网页文档，按【F12】键在浏览器中进行浏览，效果如下图所示。

11.4.3　设置文本域文字

设置文本域文字是指以用户指定的内容替换表单文本域中原有的内容，具体操作方法如下：

STEP 01 打开素材文件，选择文本域，在"行为"面板中单击"添加行为"按钮 +，选择"设置文本"|"设置文本域文字"选项，如下图所示。

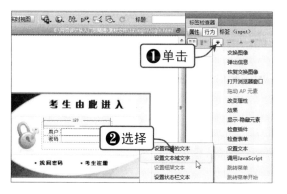

STEP 02 弹出"设置文本域文字"对话框，在"新建文本"文本框中输入所需的内容，单击"确定"按钮，如下图所示。

STEP 03 在"行为"面板中单击事件下拉按钮，在弹出的下拉列表中选择 onMouseOver 选项，如下图所示。

STEP 04 按【Ctrl+S】组合键保存网页，按【F12】键进行预览，效果如下图所示。

11.5　Spry 效果的添加

Spry 效果是视觉增强功能，可以将它们应用于使用 JavaScript 的 HTML 页面上几乎所有的元素。效果通常用于在一段时间内高亮显示信息，创建动画过渡或者以可视方式修改页面元素。可以将效果直接应用于 HTML 元素，而无须其他自定义标签。Spry 效果包括增大/收缩、挤压、显示/渐隐、晃动、滑动、遮帘、高亮颜色七种效果，下面将对其中常用的几种进行详细介绍。

11.5.1　添加增大/收缩效果

增大/收缩效果适用于以下标签：address、dd、div、dl、dt、form、p、ol、ul、applet、center、dir、img、menu 或 pre。下面以图像标签<img>为例。为图像元素添加增大/收缩效果，具体操作方法如下：

素材文件　光盘:\素材\第 11 章\Spry 效果

STEP 01 打开素材文件，选中图像，在"行为"面板中单击"添加行为"按钮 +，选择"效果"|"增大/收缩"选项，如下图所示。

STEP 02 弹出"增大/收缩"对话框，设置相关参数，单击"确定"按钮，如下图所示。

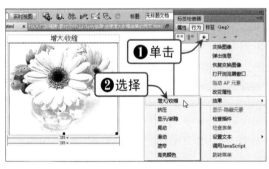

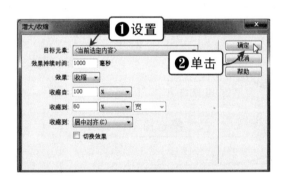

STEP 03 此时，即可在"行为"面板中看到添加的行为，效果如下图所示。

STEP 04 按【Ctrl+S】组合键保存网页，按【F12】键在浏览器中预览效果，如下图所示。

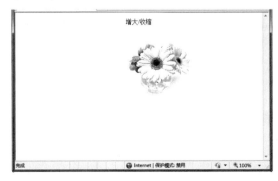

11.5.2　添加挤压效果

挤压效果适用于以下标签：address、dd、div、dl、dt、form、p、ol、ul、applet、center、dir、img、menu 或 pre。下面以图像标签<p>为例，添加挤压效果，具体操作方法如下：

STEP 01　打开素材文件，在"行为"面板中单击"添加行为"按钮 **+**，选择"效果"|"挤压"选项，如下图所示。

STEP 02　弹出"挤压"对话框，保持默认设置，单击"确定"按钮，如下图所示。

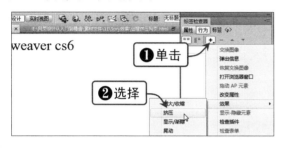

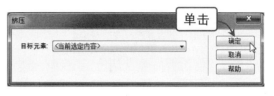

STEP 03　此时，即可在"行为"面板中看到创建的行为，如下图所示。

STEP 04　按【Ctrl+S】组合键保存网页文档，按【F12】键进行预览，效果如下图所示。

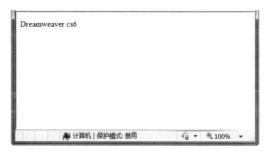

11.5.3　添加显示/渐隐效果

显示/渐隐效果适用于除 applet、body、iframe、object、tr、tbody 或 th 以外的所有标签。下面以图像标签<img>为例添加渐隐效果，具体操作方法如下：

STEP 01　打开素材文件，选中图像，在"行为"面板中单击"添加行为"按钮 **+**，选择"效果"|"显示/渐隐"选项，如下图所示。

STEP 02　弹出"显示/渐隐"对话框，设置相关参数，单击"确定"按钮，如下图所示。

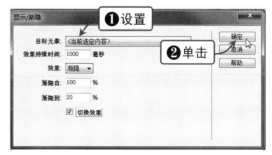

STEP 03 此时，即可在"行为"面板中看到添加的行为，如下图所示。

STEP 04 按【Ctrl+S】组合键保存网页，按【F12】键在浏览器中预览，效果如下图所示。

咨询台 新手答疑

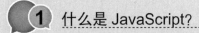

① 什么是 JavaScript?

JavaScript 可以嵌入到 HTML 中，是动态特效网页设计的最佳选择，同时也是浏览器普遍支持的网页脚本语言。JavaScript 的出现使得信息和用户之间不仅只是显示和浏览的关系，还实现了实时的、动态的、可交式的表达。

② 如何制作弹出广告窗口?

使用 Dreamweaver 行为中的"打开浏览器窗口"动作，即可制作弹出广告窗口效果。需要注意的是，网页弹出广告尽量不要过多，以免引起浏览者的反感。

③ 遮帘效果可以用于哪些元素?

遮帘效果用于模拟百叶窗，向上或向下滚动百叶窗以隐藏或显示元素。此效果仅可用于 address、dd、div、dl、dt、form、h1、h2、h3、h4、h5、h6、p、ol、ul、li、aplet、center、dir、menu 和 pre 元素。

Chapter 12

制作动态网页

动态网页可以实现网页和用户之间的交互，如用户登录/注册、信息查询和产品动态显示等都是动态页面，按照用户的要求动态显示网页内容。所有的动态页面都离不开数据库、站点服务器及动态网页编程技术的支持。本章主要从站点服务器构建、数据库创建及访问数据库集等方面介绍动态网页的制作方法。

学习要点：

- 服务器平台的搭建
- 数据库的连接
- 数据表记录的编辑
- 服务器行为的添加

12.1 服务器平台的搭建

网站制作完成后，如果测试没问题，就需要安装和配置 Web 服务器，这样用户就能在网络上进行浏览访问。Web 服务器也称为 WWW（World Wide Web）服务器，主要功能是提供网上信息浏览服务。最常用的 Web 服务器是 Apache 和 Microsoft 的 Internet 信息服务器（Internet Information Server，IIS）。

12.1.1 安装 IIS

如果系统是 Windows 2000 Server 或者 Windows 2000 Advance 版本，则无须安装 IIS，其他版本的系统则需要手动安装 IIS 管理器，具体操作方法如下：

STEP 01 选择"开始"|"控制面板"|"程序"命令，在"程序和功能"选项中单击"打开或关闭 Windows 功能"超链接，如下图所示。

STEP 02 弹出"Windows 功能"对话框，在列表框中选中以下各复选框，单击"确定"按钮，如下图所示。

STEP 03 弹出 Microsoft Windows 提示信息框，开始安装 IIS，并显示安装进度，如下图所示。

12.1.2 配置 IIS 服务器

IIS 安装完成后，必须进行相应的配置才能使用。配置 IIS 服务器的操作方法如下：

STEP 01 选择"程序"|"控制面板"|"系统和安全"|"管理工具"命令，在弹出的窗口中双击"Internet 信息服务（IIS）管理器"选项，如下图所示。

STEP 02 展开左侧"连接"面板选项，单击 Default Web Site 选项，在中间"筛选"面板中单击 ASP 模块图标，在右侧"操作"面板中单击"基本设置"超链接，如下图所示。

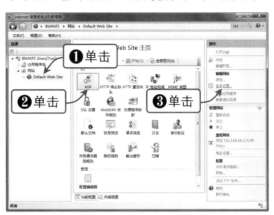

STEP 03 弹出"编辑网站"对话框，输入网站的实际存储路径。默认情况下，会将 %SystemDriver%\inepub\wwwroot 作为网站发布路径，单击"确定"按钮，如下图所示。

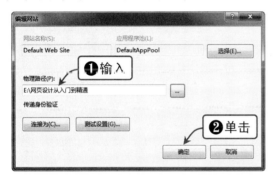

STEP 04 在中间"筛选"面板中双击 ASP 模块图标，将"启用父路径"值改为 True，单击右侧"操作"面板中的"应用"超链接，IIS 会保存更改，如下图所示。

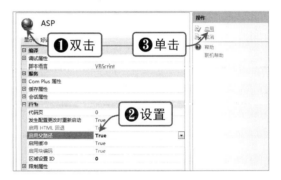

STEP 05 单击左侧"连接"面板的 Default Web Site 图标，返回上一层功能视图。在中间"筛选"面板中双击"目录浏览"选项，在"操作"面板中单击"启用"超链接，如下图所示。

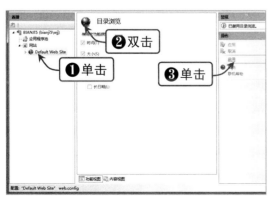

STEP 06 单击左侧 Default Web Site 图标，返回上一层功能视图。双击"默认文档"选项，在"操作"面板中单击"添加"按钮，输入网站首页，单击"确定"按钮，如下图所示。

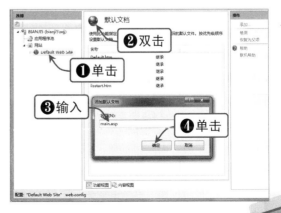

STEP 07 在左侧"连接"面板中选中 Default WebSite 选项并右击，在弹出的快捷菜单中选择"编辑绑定"命令，如下图所示。

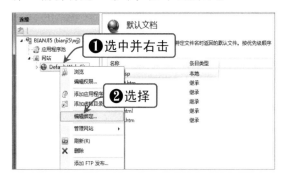

STEP 08 弹出"网站绑定"对话框，单击"添加"按钮，在弹出的对话框中输入发布网站的端口，单击"确定"按钮，如下图所示。

STEP 09 在"连接"面板中选中 Default Web Site 选项并右击，在弹出的快捷菜单中选择"管理网站"|"重新启动"命令，如下图所示。

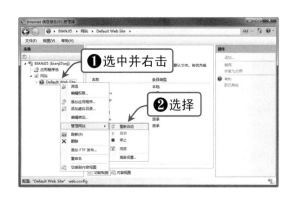

STEP 10 将 main.asp 网页复制到网站发布路径下，单击左侧"连接"面板的 Default Web Site 选项，返回上一层功能视图，在中间选择"内容视图"，如下图所示。

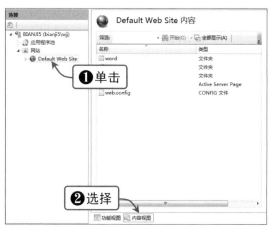

STEP 11 右击站点目录所在的文件夹，在弹出的快捷菜单中选择"属性"命令，如下图所示。

STEP 12 在弹出的对话框中选择"安全"选项卡，单击"编辑"按钮，弹出"权限"对话框，单击"添加"按钮，如下图所示。

STEP 13 弹出"选择用户或组"对话框，输入对象名称，然后单击"确定"按钮，如下图所示。

❶输入　❷单击

STEP 14 选中 Everyone 用户权限的"允许"复选框，单击"确定"按钮，如下图所示。

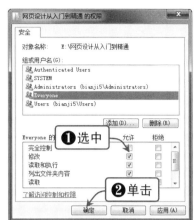

❶选中　❷单击

STEP 15 打开 IE，输入 http://localhost:8081，就会直接打开 main.asp，IIS 配置成功，如下图所示。

ASP测试页面

知识插播

动态网站需要具备以下条件：

Web 服务器（如 IIS、Apache 等）；与 Web 服务器配合工作的应用程序服务器（Dreamweaver 支持 ColdFusion、ASP 和 PHP）；数据库系统（MS Access、MySQL 和 SQLSever 等）；支持所选数据库的数据库驱动程序。

12.2 数据库的连接

数据库是存储在一起的相关数据的集合，这些数据可以是数字、文本、日期、货币或字节等。在构建动态网站时，需要将网页中涉及的大部分数据按照一定的组织形式存储在数据库中。如果更改数据库中的数据，则网站显示的内容自动更新。

12.2.1 创建数据库

Access 是 Office 套装软件的一个重要组件，使用 Access 创建的数据库扩展名为.accdb。Access 数据库的创建方法如下：

STEP 01 启动 Access 2010，在窗口中间"可用模板"中双击"空数据库"选项，如下图所示。

STEP 03 弹出"另存为"对话框，将新建表命名为"表 1"，单击"确定"按钮，如下图所示。

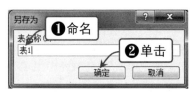

STEP 05 单击"表 1"窗体右上角的"关闭"按钮，弹出提示信息框，单击"是"按钮，如下图所示。

STEP 02 右击"表 1"选项，在弹出的快捷菜单中选择"设计视图"命令，如下图所示。

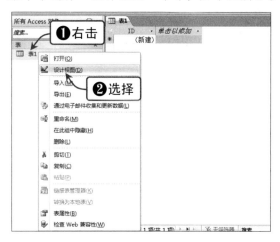

STEP 04 弹出"表 1"窗体，在其中输入字段名称和字段对应的数据类型，如下图所示。

STEP 06 右击"表 1"选项，在弹出的快捷菜单中选择"打开"命令，在空白行中手动输入字段内容，如下图所示。

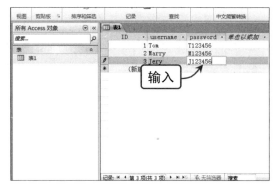

STEP 07 按【Ctrl+S】组合键保存"表 1"，单击"表 1"窗体右上角的"关闭"按钮。选择"文件"选项卡，选择"数据库另存为"命令，如下图所示。

STEP 08 弹出"另存为"对话框，输入数据库名称及路径，单击"确定"按钮，如下图所示。

知识插播

　　Access 数据库是关系型数据库，所有的数据都存储在表中，每一个表由行和列组成。每一行表示一条记录，每一列表示一个字段。

12.2.2　创建 ODBC 数据源

　　ODBC（Open Database Connectivity，开放数据库互连）是微软公司开放服务结构中有关数据库的一个组成部分，它建立了一组规范，并提供了一组对数据库访问的标准 AP。

　　创建 ODBC 数据源主要通过 ODBC 数据源管理器来完成，具体操作如下：

STEP 01 在"控制面板"窗口中选择"系统和安全"|"管理工具"|"数据源（ODBC）"命令，弹出"ODBC 数据源管理器"对话框，如下图所示。

STEP 02 在"ODBC 数据源管理器"对话框中选择"系统 DSN"选项卡，单击"添加"按钮，如下图所示。

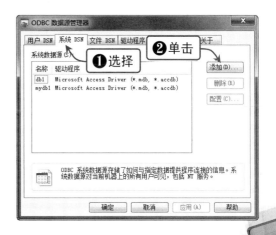

STEP 03 弹出"创建新数据源"对话框，选择 Microsoft Access Driver（*.mdb，*.accdb）选项，单击"完成"按钮，如下图所示。

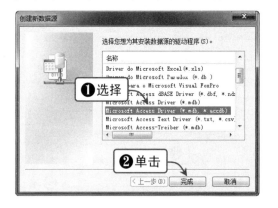

STEP 04 弹出"ODBC Microsoft Access 安装"对话框，在"数据源名"文本框中输入要创建的数据源名称，单击"选择"按钮，如下图所示。

STEP 05 弹出"选择数据库"对话框，选择数据库名，然后单击"确定"按钮，如下图所示。

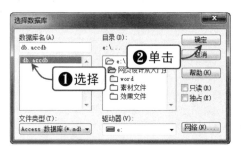

STEP 06 设置完成后单击"确定"按钮，在"系统 DSN"选项卡中即可看到创建的 ODBC 数据源，如下图所示。

12.2.3 使用 DSN 创建 ADO 连接

创建 ODBC 就是创建 DSN，DSN 指的是数据源名称，按照保存方式和作用范围可分为 3 种：用户 DSN、系统 DSN 和文件 DSN。文件 DSN 保存在单独的文件中，该文件可以在网络范围内共享；用户 DSN 保存在注册表中，只对当前用户可见；系统 DSN 保存在注册表中，对系统中的所有用户可见。

在 Dreamweaver 中创建动态网页访问数据库时，需要使用 DSN 创建 ADO 连接，ADO 是 Microsoft 开发出来的用于在 ASP 代码中访问数据库的一种技术。

使用 DSN 创建 ADO 连接的具体操作方法如下：

STEP 01 启动 Dreamweaver，选择"窗口"|"数据库"命令，如下图所示。

STEP 02 打开"数据库"面板，单击 **+** 按钮，选择"数据源名称（DSN）"选项，如下图所示。

STEP 03 弹出"数据源名称（DSN）"对话框，在"连接名称"文本框中输入 conn，选择数据源名称，单击"测试"按钮，如下图所示。

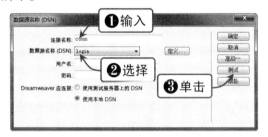

STEP 04 弹出提示信息框，显示成功创建数据库的连接，单击"确定"按钮，如下图所示。

STEP 05 此时，在"数据库"面板中即可看到新创建的连接，如右图所示。

12.3 数据表记录的编辑

数据库中的记录是不能直接显示在 ASP 网页上的，需要配合记录集。记录集是从指定数据库中检索到的数据的集合。它可以包括完整的数据库表，也可以包括表的行和列的子集。在 ASP 网页中，对数据库的各种操作是通过执行 SQL 语句完成的。

12.3.1 创建记录集

记录集主要用于数据查询，当需要在 ASP 网页中显示数据库中表的记录时，就需要创建记录集，具体操作方法如下：

素材文件　光盘:\素材\第 12 章\编辑数据表记录

STEP 01 在"绑定"面板中单击 按钮，选择"记录集（查询）"选项，如下图所示。

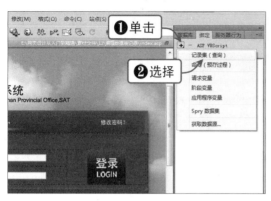

STEP 02 弹出"记录集"对话框，设置相关属性，单击"测试"按钮，如下图所示。

STEP 03 弹出"测试 SQL 指令"对话框，将记录集中检索到的全部记录显示出来，单击"确定"按钮，如下图所示。

STEP 04 返回"绑定"面板，查看创建的记录集，如下图所示。

12.3.2　插入记录

插入记录是在数据库中增加一条新记录。在 Dreamweaver CS6 中插入记录操作需要添加"插入记录"服务器行为，具体操作方法如下：

STEP 01 在"服务器行为"面板中单击 按钮，选择"插入记录"选项，如下图所示。

STEP 02 弹出"插入记录"对话框，设置相关参数，单击"确定"按钮，如下图所示。

STEP 03 此时，即可在"服务器行为"面板中查看"插入记录"行为，如下图所示。

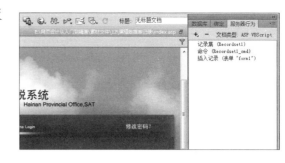

12.3.3 更新记录

更新记录是对数据库中指定记录的对应字段内容进行修改操作，如修改密码。在 Dreamweaver CS6 中更新记录操作需要添加"更新记录"服务器行为，具体操作方法如下：

STEP 01 在"服务器行为"面板中单击➕按钮，选择"更新记录"选项，如下图所示。

STEP 02 弹出"更新记录"对话框，设置相关参数，单击"确定"按钮，如下图所示。

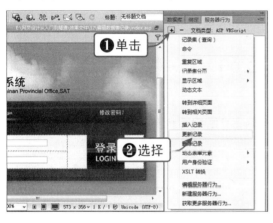

STEP 03 此时，即可在"服务器行为"面板中查看"更新记录"行为，如下图所示。

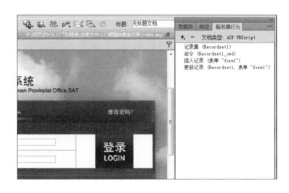

12.3.4 删除记录

删除记录是对数据表中记录进行删除，如删除某个人的登录信息。在 Dreamweaver CS6 中，删除记录操作需要添加"删除记录"服务器行为，具体操作如下：

STEP 01 在"服务器行为"面板中单击 ⊞ 按钮，选择"删除记录"选项，如下图所示。

STEP 02 弹出"删除记录"对话框，设置相关参数，单击"确定"按钮，如下图所示。

STEP 03 此时，即可在"服务器行为"面板中查看"删除记录"行为，如下图所示。

12.4 服务器行为的添加

使用 Dreamweaver CS6 的服务器行为，可以不用编写代码就能够在动态网页中添加常用的 Web 应用代码模块。

12.4.1 插入重复区域

如果要在一个页面上显示多条记录，必须指定一个包含动态内容的选择区域作为重复区域。任何选择区域都能转变为重复区域。

插入重复区域的具体操作方法如下：

> 素材文件 光盘:\素材\第 12 章\增加服务器行为

STEP 01 选中"收件人"右侧的文本域，在"服务器行为"面板中单击 ⊞ 按钮，选择"重复区域"选项，如下图所示。

STEP 02 弹出"重复区域"对话框，设置记录集和显示的记录数，单击"确定"按钮，如下图所示。

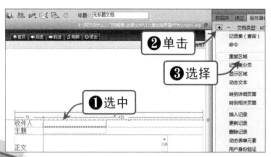

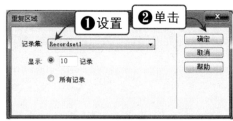

STEP 03 此时，即可创建"插入重复区域"服务器行为，如下图所示。

知识插播

　　如果想显示从数据库中取得的所有记录，则必须添加一条服务器行为，这样就会按要求连续显示多条或者所有的记录。

12.4.2　插入显示区域

　　当为网页上的某个区域创建"插入显示区域"服务器行为时，Dreamweaver 可以对该区域进行条件显示。例如，进行分页显示时，如果当前浏览的不是第一页或最后一页，就应该设置第一页和最后一页隐藏，当前浏览的是第一页或最后一页，则允许显示，这就需要为第一页和最后一页区域插入显示区域。

　　插入显示区域的具体操作方法如下：

STEP 01 选中"主题"文本域，在"服务器行为"面板中单击按钮，选择"显示区域"|"如果记录集为空则显示区域"选项，如下图所示。

STEP 02 弹出"如果记录集为空则显示区域"对话框，设置记录集，然后单击"确定"按钮，如下图所示。

STEP 03 此时，即可创建"插入显示区域"服务器行为，如下图所示。

12.4.3　记录集分页

　　如果要在网页上分页显示记录集中的查询结果，就需要创建"记录集分页"服务器行为，具体操作方法如下：

STEP 01 选择"第一条"文本，在"服务器行为"面板中单击 ➕ 按钮，选择"记录集分页"|"移至第一条记录"选项，如下图所示。

STEP 03 选择"下一条"文本，在"服务器行为"面板中单击 ➕ 按钮，选择"记录集分页"|"移至下一条记录"选项，如下图所示。

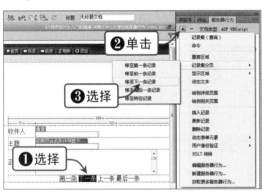

STEP 05 采用同样的方法为"上一条"和"最后一条"文本添加记录集分页，效果如下图所示。

STEP 02 弹出"移至第一条记录"对话框，设置相关参数，然后单击"确定"按钮，如下图所示。

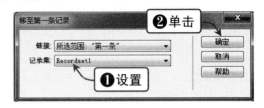

STEP 04 弹出"移至下一条记录"对话框，设置相关参数，然后单击"确定"按钮，如下图所示。

知识插播

移至特定记录：执行该命令，对所选链接或者所选区域添加超链接，单击则显示从当前页跳转到指定记录集子页的第一页内容。

12.4.4　转到详细页面

当要查看当前网页中对应产品的详细信息时，就需要创建"转到详细页面"服务器行为，该行为可以实现从当前页面传递参数到另一个页面。

创建"转到详细页面"服务器行为的具体操作方法如下：

STEP 01 选择"草稿箱"文本，在"服务器行为"面板中单击 按钮，选择"转到详细页面"选项，如下图所示。

STEP 02 弹出"转到详细页面"对话框，单击"详细信息页"文本框右侧的"浏览"按钮，如下图所示。

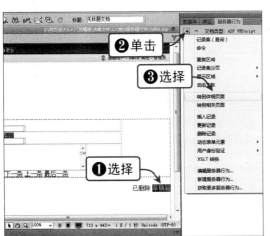

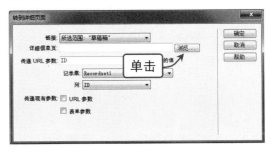

STEP 03 弹出"选择文件"对话框，选择要链接的文件，然后单击"确定"按钮，如下图所示。

STEP 04 单击"确定"按钮，即可成功创建"转到详细页面"行为。在"服务器行为"面板中查看行为，如下图所示。

咨询台 **新手答疑**

1 如何卸载 IIS?

卸载 IIS 非常简单，只要在"Windows 功能"对话框中取消选择"Internet 信息服务"选项，然后单击"确定"按钮即可，IIS 卸载完毕需要重新启动计算机保存配置。

2 创建动态网站需要具备哪些条件?

（1）Web 服务器，如 IIS、Apache 等。

（2）与 Web 服务器配合工作的应用程序服务器，如 Dreamweaver 支持的 ASP、PHP 等。

（3）数据库系统，如 Access、MySQL 和 SQL Server 等。

（4）支持所选数据库的数据库驱动程序。

3 转到详细页面和转到相关页面有什么不同?

转到详细页面是从数据库中提出指定的内容显示在特定网页上。转到相关页面是从数据库里搜索出和详细页面相关的内容显示在特定网页上。

Flash CS6 快速入门

13

　　Flash 是一款非常优秀的动画制作软件，利用它可以制作出丰富多彩的动画，创建网页交互程序，还可以将音乐、声效、动画及富有新意的界面融合在一起，制作出高品质的动画。本章将引领读者快速掌握 Flash 入门知识。

学习要点：

- Flash CS6 动画技术与特点
- Flash CS6 初始界面
- Flash CS6 工作界面
- Flash 基本操作

13.1　Flash CS6 动画技术与特点

> Flash 软件以简单易学、功能强大、适用范围广泛等特点，逐步奠定了其在多媒体互动软件中的重要地位。下面将简要介绍 Flash 动画技术与特点。

Flash 作为最优秀的二维动画制作软件之一，和它自身的鲜明特点息息相关。Flash 既吸收了传统动画制作上的技巧和精髓，又利用了计算机强大的计算能力，对动画制作流程进行了简化，从而提高了工作效率，在短短几年内就风靡全球。

Flash 动画具有以下特点：

（1）文件数据量小

Flash 动画主要使用的是矢量图，数据量只有位图的几千分之一，从而使得其文件较小，但图像细腻。

（2）融合音乐等多媒体元素

Flash 可以将音乐、动画和声音融合在一起，创作出许多令人叹为观止的动画效果。

（3）图像画面品质高

Flash 动画使用矢量图，矢量图可以无限放大，但不会影响画面图像质量。一般的位图一旦被放大，就会出现锯齿状的色块。

（4）适于网络传播

Flash 动画可以上传到网络，供浏览者欣赏和下载，其体积小、传输和下载速度快，非常适合在网络上使用。

（5）交互性强

这是 Flash 风靡全球最主要的原因之一，通过交互功能，欣赏者不仅能够欣赏动画，还能置身其中，借助鼠标触发交互功能，从而实现人机交互。

（6）制作流程简单

Flash 动画采用"流式技术"的播放形式，制作流程像流水线一样清晰简单，一目了然。

（7）功能强大

Flash 动画拥有自己的脚本语言，通过使用 ActionScript 语言能够简易地创建高度复杂的应用程序，并在应用程序中包含大型的数据集和面对对象的可重用代码集。

（8）应用领域广泛

Flash 动画不仅可以在网络上进行传播，同时也可以在电视、电影、手机上播放，大大扩展了它的应用领域。

 知识插播

Flash 是一款二维矢量动画软件，通常用于设计和编辑 Flash 文档，以及播放 Flash 文档的 Flash Player。

13.2 Flash CS6 初始界面

第一次启动 Flash CS6 时，默认显示如下图所示的初始界面。下面将详细介绍初始界面的各个组成部分及其功能。

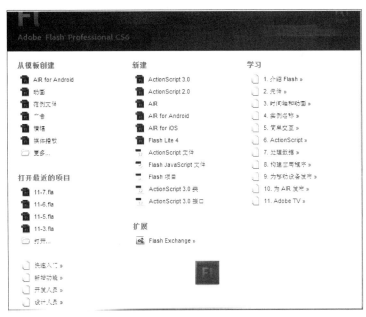

◎ **从模板创建**：在该区域中是已保存的动画文档，可以选择某一个文档作为模板进行编辑和发布，从而提高工作效率。

◎ **打开最近的项目**：在该区域中显示最近打开过的文档，以方便用户快速打开。

◎ **新建**：在该区域中可以根据需要快速新建不同类型的 Flash 文档。

◎ **扩展**：单击该选项，将在浏览器中打开 Flash Exchange 页面，该页面提供下载 Adobe 公司的扩展程序、动作文件、脚本、模板，以及其他可扩展 Adobe 应用程序功能的项目。

◎ **学习**：在该区域中选择"学习"的相关条目，可在浏览器中查看由 Adobe 公司提供的 Flash 学习课程。

◎ **相关链接**：在该区域中 Flash 提供了"快速入门"、"新增功能"、"开发人员"和"设计人员"的网页超链接，可以使用这些资源进一步了解 Flash 软件。

13.3 Flash CS6 工作界面

Flash CS6 人性化的设计方式最大限度地增加了工作区域，从而更加有利于设计人员的使用。下面将详细介绍 Flash CS6 的工作界面。

Flash CS6 的工作界面由菜单栏、工具箱、时间轴、面板和舞台等组成，如下图所示。

菜单栏

舞台

时间轴

面板

工具栏

1. 菜单栏

菜单栏由"文件"、"编辑"、"视图"、"插入"、"修改"、"文本"、"命令"、"调试"、"控制"、"窗口"和"帮助"11 个菜单组成，其中汇集了 Flash CS6 的所有命令。

（1）"文件"菜单

该菜单中包含所有与文件相关的操作，如"新建"、"打开"和"保存"等命令，如下图（左）所示。

（2）"编辑"菜单

该菜单中包含常用的"撤销"、"剪切"、"复制"、"查找"和"替换"等命令，如下图（右）所示。

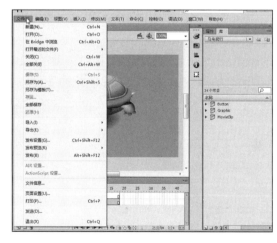

（3）"视图"菜单

视图窗口的缩放，辅助标尺、网格、辅助线的开启与关闭，与对象对齐方式等功能对应的命令均包含在该菜单中，如下图（左）所示。

（4）"插入"菜单

该菜单中主要包括有关新元件的插入，时间轴上的各种对象（图层、关键帧等）的插入，以及时间轴特效和场景的插入等命令，如下图（右）所示。

（5）"修改"菜单

该菜单主要针对 Flash 文档、元件、形状、时间轴及时间轴特效，此外还包括工作区中各元件实例的变形、排列和对齐等命令，如下图（左）所示。

（6）"文本"菜单

该菜单主要用于设置文本字体、大小和样式等，如下图（右）所示。

（7）"命令"菜单

Flash CS6 允许用户使用 JSFL 文件创建自己的命令，在该菜单中可以运行、管理这些命令或使用 Flash 默认提供的命令。

（8）"控制"菜单

该菜单中主要包含影片的测试及影片播放时的控制命令，如下图（左）所示。

（9）"调试"菜单

该菜单主要用于调试当前影片中的动作脚本。

（10）"窗口"菜单

该菜单主要用于控制各种面板、窗口的开启与关闭，如下图（右）所示。

2．"时间轴"面板

"时间轴"面板是 Flash CS6 工作界面中的浮动面板之一，是 Flash 动画制作过程中操作最为频繁的面板之一，几乎所有的动画都需要在"时间轴"面板中进行制作。"时间轴"面板主要由图层和帧两部分组成，如下图所示。

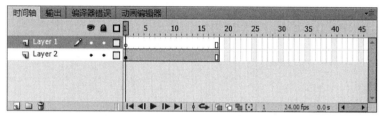

3．工具箱

使用工具箱中的工具可以绘图、上色、选择和修改，还可以更改舞台的视图。工具箱分为 4 部分，如下图所示。

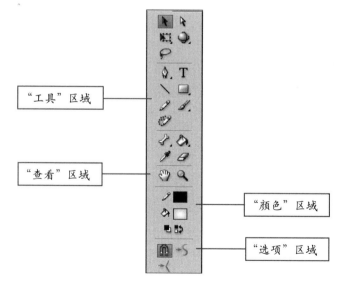

◎ "工具"区域包含绘图、上色和选择工具。

◎ "查看"区域包含在应用程序窗口内进行缩放和平移的工具。

◎ "颜色"区域包含用于笔触颜色和填充颜色的工具。

◎ "选项"区域包含用于当前所选对象的功能，功能影响工具的上色和编辑操作。

通过这些工具可以在 Flash 中进行绘图、输入文本等相应的操作，在舞台中绘制图形，如下图（左）所示，输入文本如下图（右）所示。

4．面板

在 Flash CS6 中提供了各类面板，用于观察、组织和修改 Flash 动画中的各种对象元素，如形状、颜色、文字、实例和帧等。在默认情况下，面板组停靠在工作界面的右侧。下面将详细介绍几个常用的面板。

（1）"颜色/样本"面板组

在默认情况下，"颜色"面板和"样本"面板合为一个面板组。"颜色"面板用于设置笔触颜色、填充颜色及透明度等，如下图（左）所示。"样本"面板中存放了 Flash 中所有的颜色，单击面板右侧的 按钮，在弹出的下拉菜单中可以对其进行管理，如下图（右）所示。

 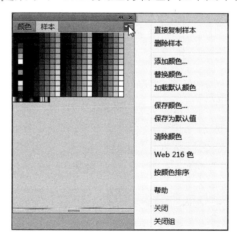

（2）"库/属性"面板组

默认情况下，"库"面板和"属性"面板合为一个面板组。"库"面板用于存储和组织在 Flash 中创建的各种元件，以及导入的文件，包括位图图形、声音文件和视频剪辑等，如下图（左）所示。

"属性"面板用于显示和修改所选对象的参数。当不选择任何对象时，"属性"面板中显示的是文档的属性，如下图（右）所示。

（3）动作"面板

"动作"面板用于编辑脚本。"动作"面板由三个窗格构成：动作工具箱、脚本导航器和脚本窗格，如下图所示。

（4）"对齐/信息/变形"面板组

在默认情况下，"对齐"面板、"信息"面板和"变形"面板组合为一个面板组。其中，"对齐"面板主要用于对齐同一个场景中选中的多个对象，如下图（左）所示；"信息"面板主要用于查看所选对象的坐标、颜色、宽度和高度，还可以对其参数进行调整，如下图（中）所示；"变形"面板用于对所选对象进行大小、旋转和倾斜等变形处理，如下图（右）所示。

若工作区中没有这些面板，在菜单栏的"窗口"菜单下都可以找到，选择其中的命令即可显示相应的面板。

除了上述面板外，Flash CS6 还有许多其他的面板，如"滤镜"面板、"参数"面板、"调试控制台"面板和"辅助功能"面板等，其功能和特点在此不再逐一介绍，在后面的章节中将会对其进行详细介绍。这些面板在"窗口"菜单中都可以找到，单击相应的命令即可将其打开。

5. 舞台和场景

舞台是 Flash 创作的工作区域，如下图所示。舞台是编辑动画内容的区域，这些内容包括矢量插图、文本框、按钮、导入的位图图形或视频剪辑等。动画在播放时仅显示舞台上的内容。

13.4　Flash 基本操作

> 下面将详细介绍在 Flash CS6 中如何进行基本操作，其中包括 Flash 文档的管理、工作区操作及程序个性化设置等。

13.4.1　Flash CS6 文档管理

下面将详细介绍如何对 Flash 文件进行管理，如新建文件、保存文件、打开文件及关闭文件等。

1. 新建文档

新建 Flash 文档是使用 Flash 进行工作的第一步，下面将介绍两种在工作中最常用的新建 Flash 文档的方法。

方法一：利用列表新建

启动 Flash CS6，显示其初始界面，从中选择合适的文档类型，即可新建相应的文档，如下图（左）所示。

方法二：利用菜单新建

如果在制作过程中需要新建一个 Flash 文档，则可以选择"文件"|"新建"命令，弹出"新建文档"对话框，选择需要新建的文档类型，然后单击"确定"按钮即可，如下图（右）所示。

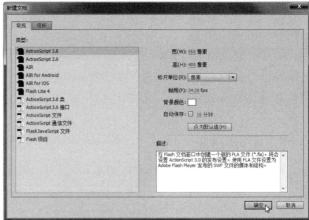

2. 保存文档

当动画制作完成后，需要对文件进行保存，通常有 4 种保存文件的方法，分别为保存文件、另存文件、另存为模板文件和全部保存文件，下面将分别对其进行介绍。

（1）保存文件

如果是第一次保存文件，则选择"文件"|"保存"命令，如下图（左）所示，弹出"另存为"对话框，其中有 6 种保存类型，如下图（右）所示。如果文件原来已经保存过，则直接选择"保存"命令或按【Ctrl+S】组合键即可。

（2）另存文件

选择"文件"|"另存为"命令，可以将已经保存的文件以另一个名称或在另一个位置进行保存。在弹出的"另存为"对话框中可以对文件进行重命名，也可以修改保存类型，如下图（左）所示。

（3）另存为模板

选择"文件"|"另存为模板"命令或按【Ctrl+Shift+S】组合键，可以将文件保存为模板，这样就可以将该文件中的格式直接应用到其他文件中，从而形成统一的文件格式。

在弹出的"另存为模板"对话框中可以填写模板名称，选择其类别，对模板进行描述，如下图（右）所示。

（4）全部保存文件

"全部保存"命令用于同时保存多个文档，若这些文档曾经保存过，选择该命令后系统会对所有打开的文档再次进行保存；若没有保存过，系统会弹出"另存为"对话框，然后再逐个对其进行保存即可。

3．打开文档

选择"文件"｜"打开"命令或按【Ctrl+O】组合键，弹出"打开"对话框。选择要打开文件的路径，选中要打开的文件，然后单击"打开"按钮即可，如下图所示。

13.4.2　工作区操作

工作区是进行 Flash 影片创作的场所，其中包括菜单、场景和面板。用户可以根据自己的需要来显示工作面板和辅助功能，创建工作区。

1．设置动画场景

新建文档后，用户需要根据制作的实际需要对文档的各项属性进行设置，以便制作动画，其工作窗口如下图所示。在窗口的右侧显示有"属性"面板，主要有 FPS（帧频）、大小、舞台（颜色）3 个选项。

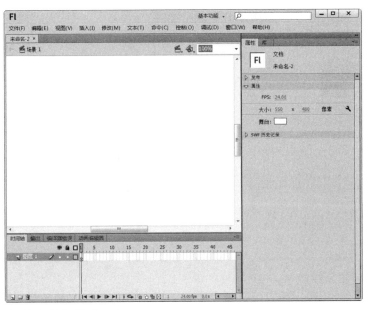

设置动画场景的具体操作方法如下：

STEP 01 选择"修改"|"文档"命令，如下图所示。

STEP 02 弹出"文档设置"对话框，在"尺寸"文本框中输入所需的尺寸，如下图所示。

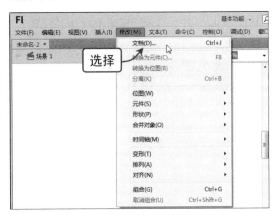

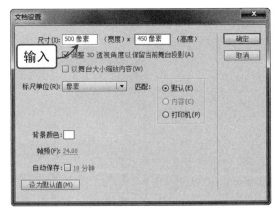

STEP 03 单击背景颜色块，在打开的面板中选择所需的颜色，如下图所示。

STEP 04 在"帧频"文本框中设置当前文档中动画的播放速度，单击"确定"按钮，如下图所示。

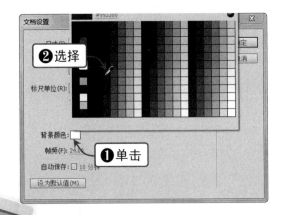

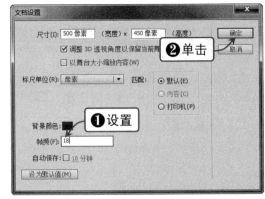

2．使用标尺、网格和辅助线

在 Flash CS6 中，标尺、网格和辅助线可以帮助用户精确地绘制对象。用户可以在文档中显示辅助线，然后使对象贴紧至辅助线；也可以显示网格，然后使对象贴紧至网格，大大提升设计师的工作效率和作品品质。

（1）使用标尺

在 Flash CS6 中，若要显示标尺，可以选择"视图"|"标尺"命令或按【Ctrl+Alt+Shift+R】组合键，此时在舞台的上方和左侧将显示标尺，如下图（左）所示。另外，在舞台的空白处右击，在弹出的快捷菜单中选择"标尺"命令，也可以将标尺显示出来，如下图（右）所示。

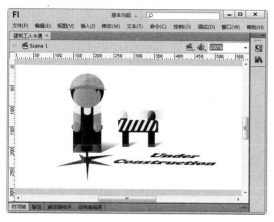 

默认情况下，标尺的度量单位为"像素"，用户可以对其进行更改，具体操作方法如下：

选择"修改"|"文档"命令或按【Ctrl+J】组合键，弹出"文档设置"对话框，在"标尺单位"下拉列表框中选择一种单位，单击"确定"按钮即可，如右图所示。

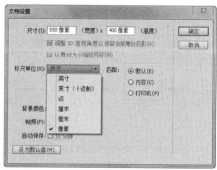

（2）使用网格线

选择"视图"|"网格"|"显示网格"命令或按【Ctrl+'】组合键，舞台中将会显示出网格线，如下图（左）所示。

另外，根据需要对网格线的颜色和大小进行修改，还可以设置"贴紧至网格"及"贴紧精确度"。选择"视图"|"网格"|"编辑网格"命令，在弹出的"网格"对话框中进行相应的设置，然后单击"确定"按钮即可，如下图（右）所示。

 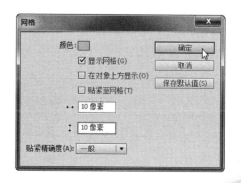

（3）使用辅助线

在显示标尺的情况下，将鼠标指针移至水平或垂直标尺上，然后单击，当指针下方出现一个小三角时，按住鼠标左键并向下或向右拖动，移至合适的位置后松开鼠标，即可绘制出一条辅助线，如下图所示。

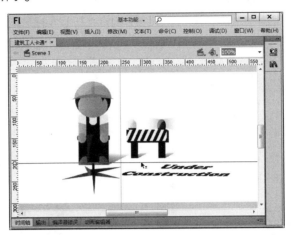

在默认情况下，辅助线是呈显示状态的。若辅助线没有显示出来，可以通过选择"视图" | "辅助线" | "显示辅助线"命令或按【Ctrl+; 】组合键使其显示出来。

13.4.3 程序个性化设置

通常情况下，Flash 会以默认的参数设置来运行。为了使其更符合用户的使用习惯，可以对其参数自行设置。

在 Flash 程序窗口中选择"编辑" | "首选参数"命令或按【Ctrl+U】组合键，弹出"首选参数"对话框，如下图（左）所示。

其中，左侧栏中列出了用户可以设置的分类，右侧栏中显示了相应分类的详细选项。默认情况下，启动 Flash 后会显示欢迎屏幕，如下图（右）所示。

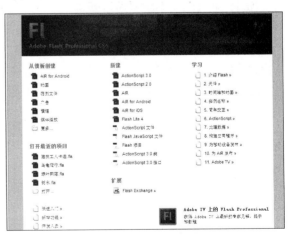

在"类别"列表中选择"常规"选项，单击"启动时"下拉按钮，在弹出的下拉列表中选择"新建文档"选项，单击"确定"按钮，如下图（左）所示。此时，启动 Flash 后将跳过欢迎屏幕，直接在打开程序后自动新建一个空白文档，如下图（右）所示。

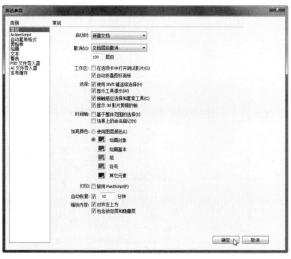

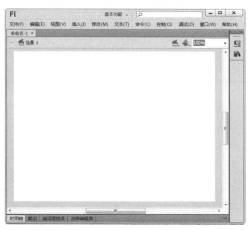

由于 Flash 的绘图功能有限，在制作动画时通常会借助其他软件进行绘图，然后将其导入 Flash 中。在导入外部文件时，可以根据使用习惯设置导入方式，具体操作方法如下：

STEP 01 在"类别"列表中选择"PSD 文件导入器"选项，设置相关参数，如下图所示。

STEP 02 单击"压缩"下拉按钮，在弹出的下拉列表中选择"有损"选项，单击"确定"按钮，如下图所示。

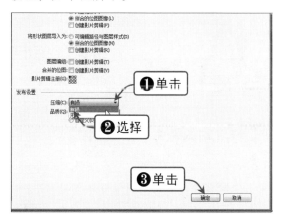

STEP 03 选择"文件" | "导入" | "导入到舞台"命令，如下图所示。

STEP 04 弹出"导入"对话框，选择要导入的 PSD 源文件，然后单击"打开"按钮，如下图所示。

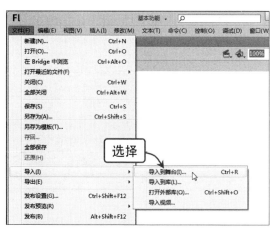

STEP 05 弹出"导入到舞台"对话框，选择需要的图层内容，设置导入后的放置方式，单击"确定"按钮，如下图所示。

STEP 06 此时，即可按照设定的方式将选择的 PSD 文件导入到 Flash 程序中，如下图所示。

咨询台 **新手答疑**

1 动画是怎样形成的?

动画是由一连串有连贯性的画面快速播放形成的。拍电影时就是把一个个画面录制到胶片上，它们也是静态的，等到快速播放电影时画面就会连续运动了。

2 Flash 动画可以输出为哪些格式?

Flash 是一款优秀的图形动画文件的格式转换工具，它可以将动画以 SWF、GIF、AI、BMP、JPG、PNG、AVI、MOV、MAV、EMF、WMF、EPS 和 AutoCAD DXF 等格式输出。同时，Flash CS6 还支持多文件格式的导入，如图像文件、声音文件、视频文件和动画文件等。

3 Flash 动画的应用场合有哪些?

使用 Flash 制作的动画可以用于很多场合，而其在互联网中的典型应用包括以下 6 个方面：网络广告、动画短片、趣味游戏、电子贺卡、音乐 MV 和动态网站。

Chapter

图像的绘制与编辑

14

本章主要讲解图形的绘制与编辑、图像的调整、对象的选择和操作、颜色配置和图像填充等内容。通过运用这些知识，可以在舞台区域中设计和创作各种基本图形。熟练掌握这些工具的运用，对后期制作动画会起到至关重要的作用。

学习要点：

- 基本工具的使用
- 图形的绘制
- 实战演练——绘制按钮

14.1 基本工具的使用

> Flash CS6 的基本工具有绘图工具、选择工具、变形工具等，要想熟练掌握 Flash
> 绘图，必须从基本工具开始学起。

14.1.1 绘图工具

Flash CS6 中的绘图工具有多个，其作用各不相同。在绘制图形时要选择合适的工具，不仅可以提高绘图的质量，还可以加快绘图的速度。下面将介绍绘图工具的使用及其设置方法。

1．线条工具

利用线条工具可以绘制不同形式的直线。在工具箱中选择线条工具，在"属性"面板中设置其样式、线宽和颜色，然后在场景中单击并拖动鼠标，即可绘制直线，如下图所示。

（1）绘制线条

下面通过实例对线条的绘制进行介绍，具体操作方法如下：

素材文件：光盘:\素材\第 14 章\绘图工具\线条工具.fla

STEP 01 打开素材文件，在工具箱中选择线条工具，打开"属性"面板，设置线条属性，如下图所示。

STEP 02 将光标定位在线条起始处，拖到线条结束处，如下图所示。

STEP 03 采用同样的方法绘制多条直线，效果如下图所示。

（2）设置线条样式

在 Flash CS6 中，允许在一条直线上套用另一条直线的颜色、宽度和线型，具体操作方法如下：

素材文件：光盘:\素材\第 14 章\绘图工具\设置线条样式.fla

STEP 01 打开素材文件，在舞台中随意绘制两条颜色、线宽和线型不同的直线 A 和 B，如下图所示。

STEP 02 选择滴管工具，在工作区中鼠标指针会变成滴管形状。当指针悬停在直线 A 上时会变成铅笔滴管形状，如下图所示。

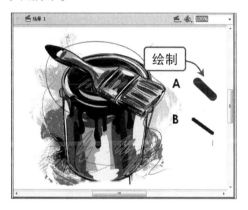

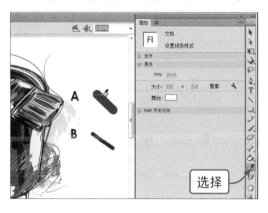

STEP 03 在直线 A 上单击，鼠标指针变成墨水瓶形状，表示直线 A 的格式已经被"吸取"，如下图所示。

STEP 04 将鼠标指针移到直线 B 上方并单击，将直线 A 的格式套用在直线 B 上，效果如下图所示。

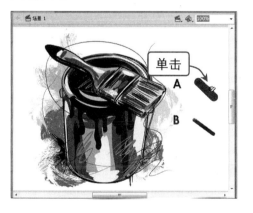

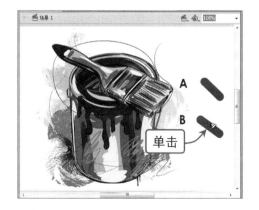

（3）设置笔触的样式

在设置笔触样式时，若选中相应的线条，则设置完成后该线条将发生相应的改变，该操作可用于编辑已有的线条。下图所示为笔触设置选项。

2．多边形工具

多边形工具包括矩形工具、椭圆工具等，主要用于绘制一些常见的规则形状。

（1）矩形工具

矩形工具可用于绘制矩形。在工具箱中选择矩形工具，即可进行绘制，绘制的图形如下图（左）所示。

在选择矩形工具后，还可以在工具箱的底部设置绘制的图形是否为对象，或是否紧贴已绘制的对象进行绘图，如下图（右）所示。

（2）椭圆工具

在工具箱中选择椭圆工具，然后在舞台中拖动鼠标，即可绘制出椭圆图形，如下图所示。可以在"属性"面板中对所绘图形的笔触进行设置，设置方法与直线属性的设置相同，在此不再赘述。

（3）基本矩形工具

使用基本矩形工具绘制的图形为对象，其基本操作方法与矩形工具相同。但使用基本矩形工具绘制图形后，可以在"属性"面板中再进行调整。

使用基本矩形工具绘制矩形，如下图（左）所示。在"属性"面板中设置该矩形的圆角，效果如下图（右）所示。

3. 铅笔工具

铅笔工具是用于绘制线条和形状的。使用铅笔工具可以轻松地绘制直线和各种各样的曲线，它的使用方法和真实铅笔的使用方法大致相同。例如，下图中的英文字母就是用铅笔工具绘制的。

选中铅笔工具后，单击工具箱中的"铅笔模式"按钮，在弹出的下拉列表中选择所需的选项，其中包括"伸直"、"平滑"和"墨水"3个选项。

伸直模式是铅笔工具中功能最强的一种模式，它具有很强的线条形状识别能力，可以对所绘线条进行自动修正，将绘制的近似直线取直，并将接近三角形、椭圆、矩形和正方形的形状转换为这些常见的几何形状，如下图（左）所示。

平滑模式可以自动平滑曲线，以减少抖动造成的误差，从而明显地减少线条中的"碎片"，达到一种半滑线条的效果，如下图（右）所示。

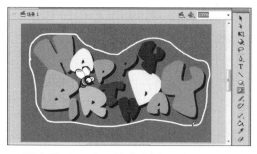

墨水模式下绘制的线条就是绘制过程中鼠标所经过的实际轨迹，此模式可以最大程度上保持实际绘出的线条形状，仅做轻微的平滑处理，如下图所示。

4. 刷子工具

使用刷子工具绘画，就像使用真正的画笔一样，可以采用各种类型的笔触生成多种特殊效果，可以在"选项"中选择相应的刷子模式，如下图所示。

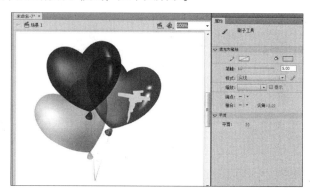

刷子工具是在影片中进行大面积上色时使用的。虽然利用颜料桶工具也可以给图形设置填充色，但它只能给封闭的图形上色，而使用刷子工具则可以给任意区域和图形进行颜色的填充。刷子工具多用于对填充目标的填充精度要求不高的场合，使用起来非常灵活。

刷子工具有以下 5 种绘画模式，效果分别如下图所示。

◎ **标准绘画**：直接在线条和填充区域上涂抹。

◎ **颜料填充**：只涂抹选择工具和套索工具选取的区域，而描边不受影响。

◎ **后面绘画**：只涂抹填充区域与边线以内的空白区域，而描边和填充区域不受影响。

◎ **颜料选择**：只涂抹填充区域，而边框不受影响。

◎ **内部绘画**：只涂抹最先被刷子工具选中的内部区域，而描边不受影响。

5．钢笔工具

利用钢笔工具可以绘制精确路径、直线或者平滑、流畅的曲线，可以生成直线或曲线，还可以调节直线的角度和长度、曲线的倾斜度。

钢笔工具不但具有铅笔工具的特点，可以绘制曲线，而且可以绘制闭合的曲线。同时，钢笔工具又可以像线条工具一样绘制出所需要的直线，还可以对绘制好的直线进行曲率调整，使之变为相应的曲线。但钢笔工具并不能完全取代线条工具和铅笔工具，毕竟它在绘制直线和各种曲线时没有线条工具和铅笔工具方便。

在绘制一些要求很高的曲线时，最好使用钢笔工具。钢笔工具还可以对路径的锚点进行调整，通过添加锚点工具、删除锚点工具及转换锚点工具对路径进行选择和修改，如下图所示。

14.1.2 选取工具

选取工具用于选择所需的对象，在 Flash 中有可以选择整个对象的选择工具，也有用于选择部分对象的部分选取工具。下面将详细介绍如何使用选取工具。

1．选择工具

在 Flash 中，利用选择工具可以选择所需的对象。选择对象是编辑或进行其他操作的第一步，只有选择对象确定操作目标后，才能进行下一步操作。

素材文件：光盘:\素材\第 14 章\选取工具\小蜜蜂.fla

STEP 01 打开素材文件，选择选择工具，在舞台中单击对象，即可选中相应的目标，如下图所示。

STEP 02 单击其他对象时，将自动取消对当前对象的选择，如下图所示。

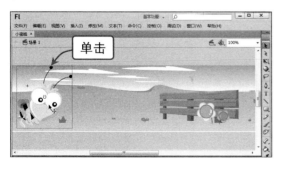

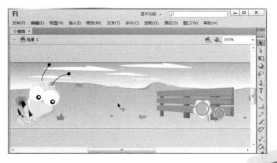

STEP 03 在选择的对象上按住鼠标左键，拖动鼠标即可移动所选的图像，如下图所示。

STEP 04 当在舞台空白位置单击时，将取消当前的所有选择，如下图所示。

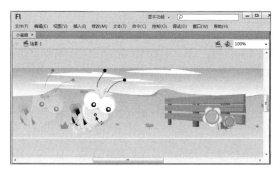
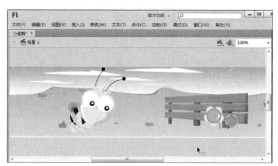

使用工具箱选项栏中的"伸直"按钮，可以对线条和图形的轮廓进行整形。伸直是指对绘制的线条和曲线产生一定的拉直调整。

使用工具箱选项栏中的"平滑"按钮，能够柔化曲线并减少曲线整体方向上的凸起或不规则变化。

下面通过使用选择工具将使用铅笔工具绘制的圆变得平滑，具体操作方法如下：

素材文件：光盘:\素材\第 14 章\选取工具\选择工具 1.fla

STEP 01 打开素材文件，选择铅笔工具，设置笔触颜色和笔触粗细，在"图层 2"中绘制一个圆，如下图所示。

STEP 02 单击"选择工具"按钮，选中绘制的圆，多次单击工具箱选项栏中的"平滑"按钮，效果如下图所示。

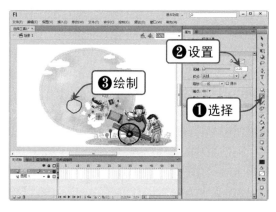
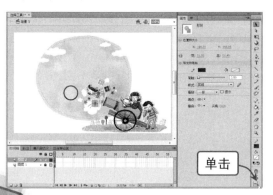

STEP 03 单击"伸直"按钮，此时的图形效果如下图所示。

知识插播

平滑模式可以自动平滑曲线，以减少抖动造成的误差，从而明显地减少线条中的"碎片"，达到一种平滑线条的效果。伸直模式是铅笔工具中功能最强大的一种模式，它具有很强的线条形状识别能力，可以对所绘线条进行自动修正，将绘制的近似直线取直。

2. 部分选取工具

部分选取工具的作用和选择工具相似，不同的是它主要用于调整路径对象的节点或节点上控制句柄的位置，从而使路径产生局部变形的效果。

部分选取工具的使用方法如下：

素材文件：光盘:\素材\第 14 章\选取工具\部分选取工具.fla

STEP 01 打开素材文件，选择部分选取工具，在空白处按住鼠标左键不放，选择相应的区域，如下图所示。

STEP 02 移动鼠标指针至控制柄上，此时指针右下角出现空白正方形手柄，拖动该控制手柄，图像轮廓会随之改变，如下图所示。

3. 套索工具

套索工具可用于选择对象，与选择工具不同的是，套索工具选择的对象可以是不规则图形，也可以是多边形的图形。

使用套索工具选择对象的方法如下：

素材文件：光盘:\素材\第 14 章\选取工具\套索工具.fla

STEP 01 打开素材文件，按【Ctrl+B】组合键，将位图图片分离成形状，如下图所示。

STEP 02 选择套索工具，在图片中按住鼠标左键并拖动进行选取，如下图所示。

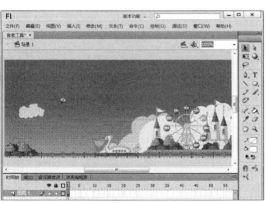

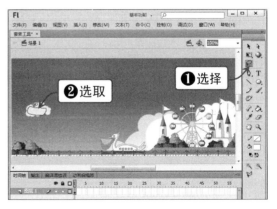

STEP 03 单击选项栏中的"魔术棒"按钮，在图像中单击，即可将鼠标指针处颜色相近的区域选中，如下图所示。

STEP 04 单击"魔术棒设置"按钮，弹出"魔术棒设置"对话框，设置参数，单击"确定"按钮，如下图所示。

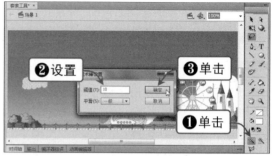

STEP 05 单击"多边形模式"按钮，可以选择由多条直线段组成的多边形区域，如下图所示。

14.1.3 颜色设置工具

填充工具主要用于为图形填充颜色。在 Flash 工具箱中，填充工具包括墨水瓶工具、颜料桶工具、滴管工具与填充变形工具，下面将分别对其使用方法进行介绍。

1. 墨水瓶工具

墨水瓶工具用于在绘图中更改线条和轮廓的颜色与样式。它不仅能够在选定图形的轮廓线上加上规定的线条，还能改变线段的粗细、颜色和线型等属性，还可以给打散后的文字和图形加上轮廓线。

使用墨水瓶工具更改图形颜色的具体操作方法如下：

素材文件：光盘:\素材\第 14 章\颜色设置工具\墨水瓶工具.fla

STEP 01 打开素材文件，选择工具箱中的墨水瓶工具，如下图所示。

STEP 02 设置填充颜色为#FFFFFF，在舞台中单击绘制的椭圆，即可改变轮廓的颜色，效果如下图所示。

使用墨水瓶工具改变线条宽度的具体操作方法如下：

STEP 01 选择铅笔工具，在"属性"面板中设置笔触大小，如下图所示。

STEP 02 选择墨水瓶工具，单击曲线，即可改变线条粗细，效果如下图所示。

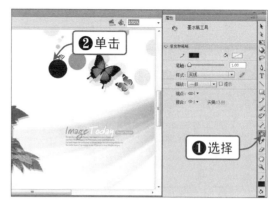

知识插播

"墨水瓶工具"只能对连续的线段进行更改，如果两条线段相交在一起，需要多次使用"墨水瓶工具"单击线段进行线段的更改。

2. 颜料桶工具

利用颜料桶工具可以填充封闭区域，它既能填充一个空白区域，又能改变已有着色区域的颜色。主要使用纯色、渐变和位图填充，甚至可以用颜料桶工具对一个未完全封闭的区域进行填充。当使用颜料桶工具时，还可以指定闭合形状轮廓中的空隙。

在工具箱中单击"锁定填充"按钮，可以锁定填充区域，其作用和刷子工具附加功能中的填充锁定功能相同。

颜料桶工具的使用方法如下：

素材文件：光盘:\素材\第14章\颜色设置工具\颜料桶工具.fla

STEP 01 打开素材文件，选择工具箱中的椭圆工具，在"图层 6"中绘制圆，如下图所示。

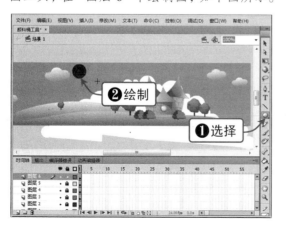

STEP 02 选择"窗口"|"颜色"命令，在打开的"颜色"面板中设置颜色类型为"径向渐变"，如下图所示。

STEP 03 调整填充颜色，单击"颜料桶工具"按钮，单击圆进行颜色填充，效果如下图所示。

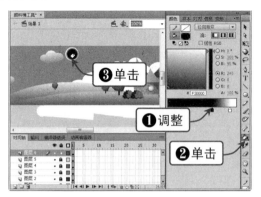

在填充图形时，有时因绘图没有封闭而不能填充图形，这时可以根据需要选择相应的封闭模式，如下图所示。

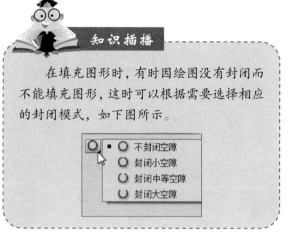

3. 滴管工具

滴管工具是吸取某种对象颜色的管状工具。单击工具箱中的滴管工具，鼠标指针就会变成滴管形状，表明此时已经激活了滴管工具，可以拾取某种颜色。

滴管工具的使用方法如下：

素材文件：光盘:\素材\第 14 章\颜色设置工具\滴管工具.fla

STEP 01 打开素材文件，选择滴管工具，将鼠标指针移到图像上，如下图所示。

STEP 02 单击要吸取的填充色部分，鼠标指针变成形状，在另一图形中单击即可填充颜色，如下图所示。

STEP 03 选择滴管工具，单击圆的边框，此时鼠标指针变成形状，如下图所示。

STEP 04 单击要更改的图形边框，即可填充边框颜色，效果如下图所示。

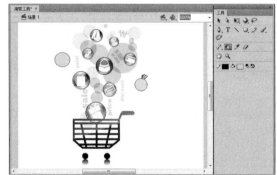

14.1.4 缩放工具

缩放工具可以用于对页面或动画场景进行放大或缩小操作，这样可以更加有效地观察图形和动画场景，具体操作方法如下：

STEP 01 选择缩放工具 🔍，单击选项栏中的"放大"按钮 🔍，此时鼠标指针变为 🔍 形状，在舞台上单击即可放大当前工作区中的图像，如下图所示。

STEP 02 单击"缩小"按钮 🔍，此时鼠标指针将变为 🔍 形状，在舞台上单击，图像将缩小为原来的一半，效果如下图所示。

14.1.5 文本工具

工具箱中的文本工具可以用于创建文本对象。在 Flash 中，文本主要有两种状态：传统文本和 TLF 文本，下面将分别对其进行介绍。

1. 传统文本

Flash 中传统文本有 3 种类型，分别为静态文本、动态文本和输入文本。

（1）创建静态文本

使用文本工具输入并设置静态文本的具体操作方法如下：

素材文件：光盘:\素材\第 14 章\文本工具\古堡月色.fla

STEP 01 打开素材文件，选择文本工具，在"属性"面板的"传统文本"下拉列表中选择"静态文本"选项，如下图所示。

STEP 02 在"图层 2"中单击绘制文本框，输入所需的文本，如下图所示。

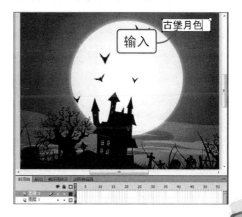

STEP 03 在"属性"面板中设置字体样式，如下图所示。

STEP 04 单击"添加滤镜"按钮 ，在弹出的下拉列表中选择"模糊"选项，效果如下图所示。

（2）创建动态文本

动态文本包含外部源（如文本文件、XML 文件及远程 Web 服务）加载的内容。动态文本足够强大，但并不完美，只允许动态显示，不允许动态输入。

创建动态文本的方法如下：

> 素材文件：光盘:\素材\第 14 章\文本工具\旭日东升.fla

STEP 01 打开素材文件，单击"文本工具"按钮 。在"属性"面板的"文本类型"下拉列表中选择"动态文本"选项，如下图所示。

STEP 02 在"图层 7"中按住鼠标左键并拖动，即可绘制动态文本框，在其中输入文本，如下图所示。

STEP 03 按【Ctrl+S】组合键测试动画，效果如下图所示。

知识插播

对于动态文本或输出文本，Flash 存储字体的名称，Flash Player 在用户系统上查找相同或相似的字体。也可以将字体轮廓嵌入到动态文本或输入文本字段中。

（3）创建输入文本

输入文本指输入的任何文本或可以编辑的动态文本。创建输入文本的具体操作方法如下：

> 素材文件：光盘:\素材\第 14 章\文本工具\圣诞快乐. fla

STEP 01 打开素材文件，选择文本工具，在"属性"面板的"文本类型"下拉列表中选择"输入文本"选项，如下图所示。

STEP 02 在舞台中按住鼠标左键并拖动，绘制输入文本框。在"属性"面板中单击"在文本周围显示边框"图标▣，效果如下图所示。

STEP 03 单击"消除锯齿"下拉按钮，在弹出的下拉列表中选择"使用设备字体"选项，如下图所示。

STEP 04 按【Ctrl+Enter】组合键，测试动画。打开发布的 SWF 文件，即可在测试窗口中输入文本，如下图所示。

2. TLF 文本

与传统文本相比，TLF 文本提供了下列增强功能：

◎更多字符样式，包括行距、连字、加亮颜色、下画线、删除线、大小写、数字格式及其他。

◎更多段落样式，包括通过栏间距支持多列、末行对齐选项、边距、缩进、段落间距和容器填充值。

◎控制更多亚洲字体属性，包括直排内横排、标点挤压、避头尾法则类型和行距模型。

◎用户可以为 TLF 文本应用 3D 旋转、色彩效果及混合模式等属性，而无须将 TLF 文本放置在影片剪辑元件中。

◎文本可按顺序排列在多个文本容器，这些容器称为串接文本容器或链接文本容器。

◎能够针对阿拉伯语和希伯来语文字创建从右到左的文本。

◎支持双向文本，其中从右到左的文本可包含从左到右文本的元素。当遇到在阿拉伯语或希伯来语文本中嵌入英语单词或阿拉伯数字等情况时，此功能必不可少。

14.2　图形的绘制

为了巩固本章所学的 Flash 绘图知识，下面将综合运用前面所学的绘图工具练习图形的绘制，分别绘制瓢虫和喇叭。

14.2.1　绘制瓢虫

下面使用 Flash 中的绘图工具绘制一只瓢虫，具体操作方法如下：

STEP 01 选择"文件"|"新建"命令，新建文档。在"属性"面板中设置舞台颜色为 #669900，如下图所示。

STEP 02 按【Ctrl+S】组合键，弹出"另存为"对话框，设置保存位置和名称，单击"保存"按钮，如下图所示。

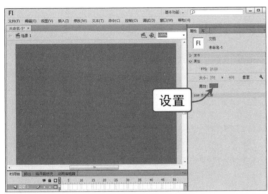

STEP 03 选择椭圆工具，在"属性"面板中设置笔触和填充颜色，在舞台中绘制瓢虫的身体，如下图所示。

STEP 04 选择直线工具，在椭圆上绘制两条直线。单击"选择工具"按钮，调整直线的弧度和长度，如下图所示。

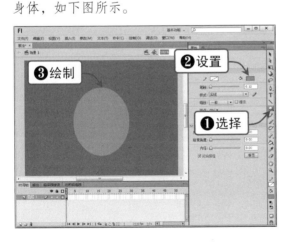

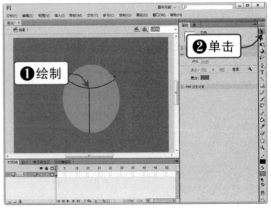

STEP 05 选择椭圆工具，设置填充颜色，在舞台中绘制大小不同的椭圆，如下图所示。

STEP 06 设置填充颜色为#FFFFFF，绘制三个椭圆。选择任意变形工具，调整椭圆形状，如下图所示。

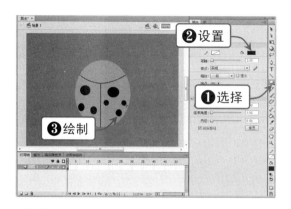

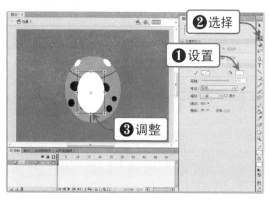

STEP 07 单击"颜料桶工具"右侧的颜色块，在弹出的调色板中设置 Alpha 为 15%，如下图所示。

STEP 08 选择钢笔工具绘制瓢虫的触角，即可完成瓢虫的绘制，效果如下图所示。

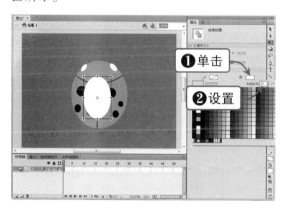

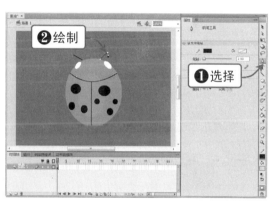

14.2.2 绘制喇叭

下面使用 Flash 中的绘图工具绘制一个喇叭图形，具体操作方法如下：

STEP 01 新建空白文档，按【Ctrl+S】组合键保存文件。设置舞台颜色为#CCCC33，如下图所示。

STEP 02 单击绘图工具箱中的"线条工具"按钮，在舞台中绘制喇叭图形，如下图所示。

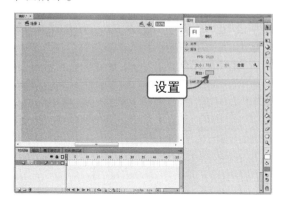

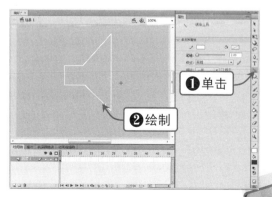

STEP 03 单击"颜料桶工具"按钮，设置填充颜色为#3333FF，在图形上单击，即可为图形填充颜色，如下图所示。

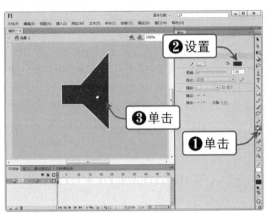

STEP 04 选择钢笔工具，在喇叭图形上绘制一个图形，如下图所示。

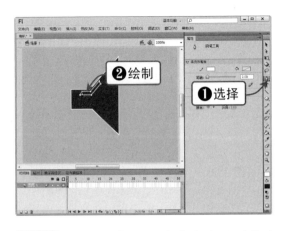

STEP 05 利用选择工具选择所绘制图形中的填充色，单击工具箱中的填充颜色块，在弹出的调色板中选择#FFFFFF，如下图所示。

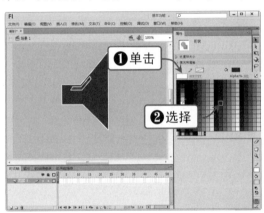

STEP 06 利用选择工具选中白色图形的边框，按【Delete】键将其删除，效果如下图所示。

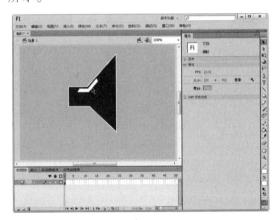

STEP 07 选择直线工具，绘制一条直线。利用选择工具将该直线调整为如下图所示的形状。

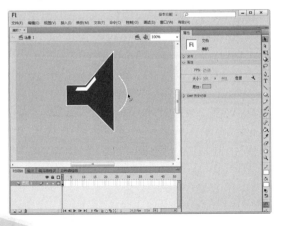

STEP 08 采用同样的方法，再绘制两条相同的曲线，效果如下图所示。

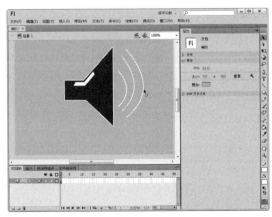

14.3 实战演练——绘制按钮

下面将综合运用本章所学的知识绘制一个网页中经常用到的按钮，以巩固绘图工具的使用，具体操作方法如下：

素材文件：光盘:\素材\第 14 章\按钮.fla

STEP 01 打开素材文件，选择矩形工具，在"图层 2"中绘制一个矩形，如下图所示。

STEP 02 在该矩形中再绘制一个矩形，用选择工具选中其中的填充色，按【Delete】键将其删除，如下图所示。

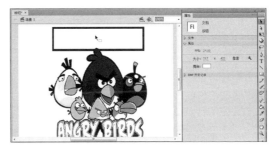

STEP 03 使用选择工具选中整个图形，选择任意变形工具，对该矩形进行变形处理，如下图所示。

STEP 04 使用选择工具选择部分中间图形，按【Delete】键将其删除，效果如下图所示。

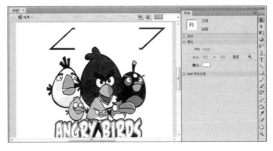

STEP 05 选择墨水瓶工具，在图形的边缘缺口处单击，即可将图形的边缘缺口闭合，效果如下图所示。

STEP 06 选择直线工具，在图形中绘制两条直线，如下图所示。

STEP 07 单击"新建图层"按钮 🔲，新建"图层 3"。选择矩形工具，绘制一个矩形，如下图所示。

STEP 08 选择任意变形工具，将绘制的矩形进行变形处理，并将两个图形进行重合放置，如下图所示。

STEP 09 选择颜料桶工具，设置填充色，在第一个图形中填充颜色，效果如下图所示。

STEP 10 选择直线工具，在"图层 3"上绘制两条直线，如下图所示。

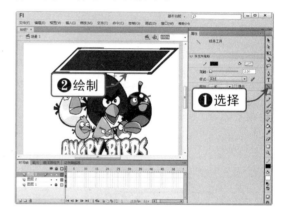

STEP 11 选择矩形工具，绘制一个小矩形，并对其进行调整，放置于直线的顶端；复制一个绘制的图形，放于另一条直线的顶端，如下图所示。

STEP 12 单击"新建图层"按钮 🔲，新建"图层 4"。选择文本工具，输入所需的文本，如下图所示。

STEP 13 复制输入的文本，并将其颜色设置为灰色。选择"修改"|"转换为元件"命令，如下图所示。

STEP 14 弹出"转换为元件"对话框，设置"类型"为"图形"，单击"确定"按钮，如下图所示。

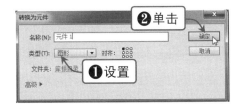

STEP 15 在"属性"面板的色彩效果中单击"样式"下拉按钮，选择 Alpha 选项，设置 Alpha 值为 50%，如下图所示。

STEP 16 将原文本移回原处，并向右下方移动，最终效果如下图所示。

咨询台 新手答疑

1 静态文本、动态文本和输入文本有何区别?

静态文本为具有确定内容和外观的、不随命令变化的文本，又称静态文本块。在 Flash 影片中将会以背景呈现在浏览者面前，不可以选择或更改。

动态文本一般被赋予了一定的变量值，通过函数运算使文本动态更新（如体育得分、投票报价或头新闻），因此能够实现动态效果，又称动态文本字段。

输入文本又称输入文本字段，允许用户为表单、调查或其他目的输入文本，相当于 Dreamweaver 中的表单文本框。

2 如何用简便的方法绘制圆角矩形的弧度?

选中矩形工具，按住鼠标左键在舞台上拖动出一个矩形，在不放开鼠标左键的情况下，按下键盘上的【↑】、【↓】方向键，可以可视化调整矩形的边角半径，从而简便地调整圆角的弧度。

3 何为使用设备字体?

在 Flash 中，可以使用称为设备字体的特殊字体作为导出字体轮廓信息的一种替代方式，但这仅适合于静态水平文本。设备字体并不嵌入 Flash SWF 文件中。

Chapter

15

使用元件、实例和库

元件是 Flash 中非常重要的组成部分，通过使用元件可以有效减少动画中绘制工作及控制文件大小。用户创建的任何元件都会自动成为当前文档库的一部分，"库"面板存储了在 Flash 文档中创建的元件及导入的文件。本章将向读者介绍 Flash 动画中元件、实例和库的使用方法。

学习要点：

● 元件的创建、编辑与使用

● 实例的创建与编辑

● "库"面板的使用

● 实战演练——制作按钮

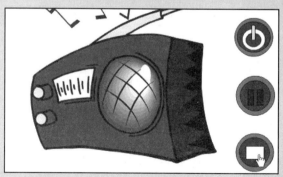

15.1 元件的创建、编辑与使用

元件是可以重复使用的图形、动画或按钮，它是 Flash 中一个非常重要的组成部分，通过使用元件可以有效地减少动画中绘制工作及控制文件大小。下面将详细介绍元件的分类、元件的创建及元件的编辑等。

15.1.1 元件的创建

元件分为影片剪辑、图形、按钮 3 种类型，每种元件类型都有自己独特的使用技巧，下面将分别介绍这 3 种元件。

1. 图形元件

图形元件可用于静态图像，并可用于创建链接到主时间轴的可重用动画片段。图形元件与主时间轴同步运行。由于没有时间轴，图形元件在 FLA 文件中的尺寸小于按钮或影片剪辑。

创建图形元件的具体操作方法如下：

素材文件 光盘:\素材\第 15 章\1. jpg

STEP 01 选择"文件"|"新建"命令，新建一个文件并将其保存。选择"文件"|"导入"|"导入到舞台"命令，如下图所示。

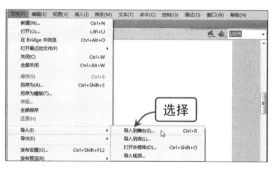

STEP 02 弹出"导入"对话框，选择要导入的图像，单击"打开"按钮，如下图所示。

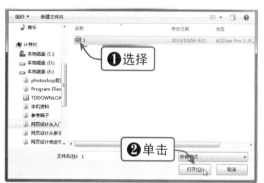

STEP 03 按【Ctrl+F8】组合键，在弹出的对话框的"类型"下拉列表中选择"图形"选项，单击"确定"按钮，如下图所示。

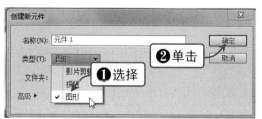

STEP 04 进入元件编辑状态，选择文本工具，绘制文本框并输入文本，如下图所示。

STEP 05 选择"窗口"|"属性"命令，打开"属性"面板，从中设置文本相关属性，如下图所示。

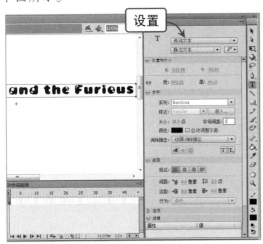

STEP 06 单击"场景 1"图标回到场景，在"库"面板中将"元件 1"拖至舞台上，效果如下图所示。

知识插播

单击"库"面板底部的"新建元件"按钮，也可以弹出"创建新元件"对话框。单击"库"面板的顶部右边的按钮，在弹出的菜单中选择"新建元件"命令，也可以弹出"创建新元件"对话框。

2．影片剪辑元件

影片剪辑元件是用于制作可以重复使用的独立于影片时间轴的动画片段。影片剪辑元件可以包括交互式控制、声音及其他影片剪辑的实例，也可以把影片剪辑实例放在按钮元件的时间轴中，以创建动画。

创建影片剪辑元件的具体操作方法如下：

素材文件 光盘:\素材\第 15 章\倒立的狗.fla

STEP 01 新建一个文件，并将其保存为 dog.fla。选择"文件"|"导入"|"导入到舞台"命令，如下图所示。

STEP 02 弹出"导入"对话框，选择要导入的图像，然后单击"打开"按钮，如下图所示。

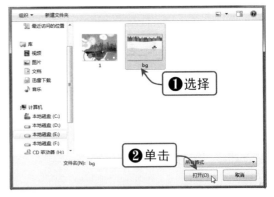

STEP 03 单击"新建图层"按钮🗔，新建"图层 2"。选择"插入"|"新建元件"命令，如下图所示。

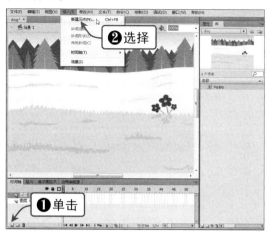

STEP 04 弹出"创建新元件"对话框，在"类型"下拉列表框中选择"影片剪辑"选项，单击"确定"按钮，如下图所示。

STEP 05 进入元件编辑状态，打开"倒立的狗 .fla"文件，选中图层中的所有帧，按【Ctrl+C】组合键进行复制，如下图所示。

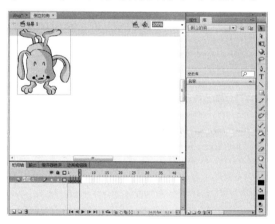

STEP 06 切换至 dog 文档，在新建图层的帧上右击，在弹出的快捷菜单中选择"粘贴帧"命令，如下图所示。

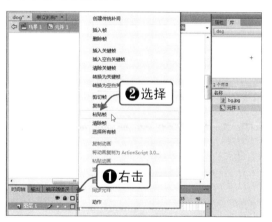

STEP 07 单击"场景 1"图标返回场景，在"库"面板中将"元件 1"拖至舞台中，如下图所示。

STEP 08 选择任意变形工具，调整"元件 1"的大小。按【Ctrl+Enter】组合键预览影片，效果如下图所示。

3．按钮元件

按钮元件实质上是一个 4 帧的交互影片剪辑，可以根据按钮出现的每一种状态显示不同的图像、相应鼠标动作和执行指定的行为，可以通过在 4 帧时间轴上创建关键帧指定不同的按钮状态。

创建按钮元件的具体操作方法如下：

STEP 01 新建一个文件，选择"插入"|"新建元件"命令，如下图所示。

STEP 02 弹出"创建新元件"对话框，在"类型"下拉列表框中选择"按钮"选项，单击"确定"按钮，如下图所示。

STEP 03 此时，即可进入元件编辑状态，如下图所示。

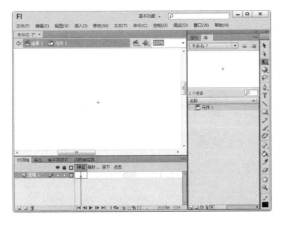

> **知识插播**
>
> 从外观上，按钮可以是任何形式。可能是一幅位图，也可以是矢量图；可以是矩形，也可以是多边形；甚至还可以是看不见的"透明按钮"。

15.1.2　元件的编辑

Flash 提供了 3 种方式来编辑元件，即在当前位置编辑元件、在新窗口中编辑元件和在元件编辑模式下编辑元件。在编辑元件时，Flash 将更新文档中该元件的所有实例。

1．在当前位置编辑元件

在当前位置编辑元件使用"在当前位置编辑"命令，可以在该元件和其他对象放在一起的舞台上编辑它，其他对象以灰色方式出现，从而将它们和正在编辑的元件区分开来。

在当前位置编辑元件的具体操作方法如下：

素材文件　光盘:\素材\第 15 章\飞镖.fla

STEP 01 在舞台上选择该元件的一个实例并右击，在弹出的快捷菜单中选择"在当前位置编辑"命令，如下图所示。

STEP 02 进入元件编辑状态，舞台中的其他对象将模糊显示，如下图所示。

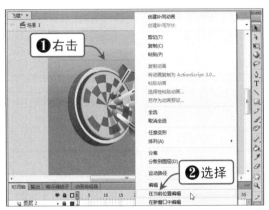

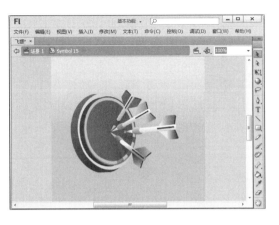

STEP 03 根据需要编辑元件，可以改变元件的大小、位置等属性，如下图所示。

STEP 04 单击"场景 1"图标返回主场景，查看最终效果，如下图所示。

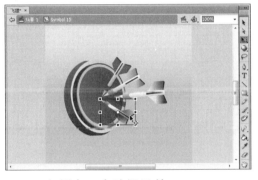

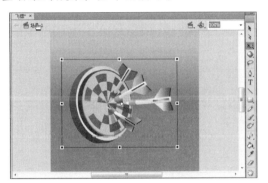

2．在新窗口中编辑元件

使用"在新窗口中编辑"命令可以在一个单独的窗口中编辑元件。在单独的窗口中编辑元件时，可以同时看到该元件与主时间轴，正在编辑的元件名称会显示在舞台上方的编辑栏中。

在新窗口中编辑元件的具体操作方法如下：

STEP 01 在舞台上选择该元件的一个实例并右击，在弹出的快捷菜单中选择"在新窗口中编辑"命令，如下图所示。

STEP 02 进入一个新窗口，根据需要编辑元件。编辑完成后单击标题栏上的"关闭"按钮，返回主场景，如下图所示。

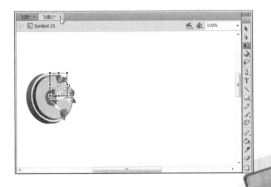

211

Chapter

15

使用元件、实例和库

3．在编辑模式下编辑元件

使用元件编辑模式可以将窗口从舞台视图更改为只显示该元件的单独视图，然后再进行编辑。正在编辑的元件名称会显示在舞台上方的编辑栏中，位于当前场景名称的右侧。

右击需要编辑的元件实例，在弹出的快捷菜单中选择"编辑"命令，即可对元件进行编辑，如下图（左）所示。

也可以在"库"面板中选中元件并右击，在弹出的快捷菜单中选择"编辑"命令，如下图（右）所示。

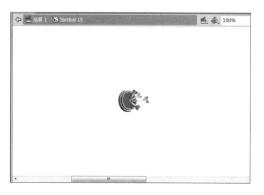
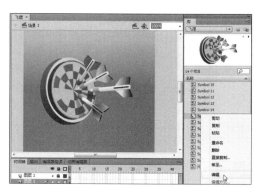

15.1.3 使用元件

制作元件的目的是为了在制作动画的过程中更方便地使用，下面将介绍如何使用库或公共库中的元件。

STEP 01 按【Ctrl+L】组合键，打开"库"面板，如下图所示。

STEP 02 使用选择工具将所需的元件拖入舞台，并进行排列，效果如下图所示。

知识播播

使用元件时，由于一个实例在浏览中仅需要下载一次，可以加快影片的播放速度。使用元件可以简化影片的编辑。

15.2 实例的创建与编辑

在创建元件后，可以在文档中的任何地方创建该元件的实例。当修改元件时，Flash 将会自动更新所有的实例。下面将详细介绍实例的创建与编辑方法。

15.2.1 创建实例

元件仅存在于"库"面板中，当将库中的元件拖入舞台后，它便成为一个实例。拖动一次便产生一个实例，拖动两次则可以产生两个实例。

在 Flash CS6 中创建实例的具体操作方法如下：

素材文件 光盘:\素材\第 15 章\风景. fla

STEP 01 打开素材文件，选择"窗口"|"库"命令，如下图所示。

STEP 02 单击"新建图层"按钮□，新建"图层 2"，如下图所示。

STEP 03 在"库"面板中将"蝴蝶"元件拖至舞台中，即可创建一个实例，如下图所示。

STEP 04 按【Ctrl+Enter】组合键测试动画，效果如下图所示。

15.2.2 编辑实例

下面将详细介绍如何对实例进行编辑操作，其中包括复制实例，设置实例颜色样式，改变实例类型，以及分离与交换实例等。

1. 设置实例颜色样式

通过"属性"面板可以为一个元件的不同实例设置不同的颜色样式，其中包括设置亮度、色调和 Alpha 值等。

设置实例颜色样式的具体操作方法如下：

素材文件 光盘：\素材\第 15 章\bird. fla

STEP 01 打开素材文件，在舞台中选择一个实例，切换至"属性"面板，如下图所所示。

STEP 02 单击"样式"下拉按钮，在弹出的下拉列表中选择"色调"选项，设置各项参数，效果如下图所示。

STEP 03 单击"样式"下拉按钮，在弹出的下拉列表中选择 Alpha 选项，设置 Alpha 值为 20%，效果如下图所示。

STEP 04 按【Ctrl+Enter】组合键测试影片，效果如下图所示。

2. 改变实例类型

修改实例类型可以对实例进行不同的编辑操作，例如，要将原为"图形"的元件实例编辑为动画，则必须先将其类型更改为"影片剪辑"。

打开"属性"面板，在元件类型下拉列表中可以选择相应的元件类型，如下图（左）所示。

3．分离实例

分离实例能使实例与元件分离，当元件发生更改后，实例并不随之改变。在舞台中选择一个实例，选择"修改"|"分离"命令，对比效果如下图（右）所示。

4．交换实例

选择舞台中的实例，在"属性"面板中单击"交换"按钮，弹出"交换元件"对话框。在其中选择某个元件，然后单击"确定"按钮，即可用该元件的实例替换舞台中选择的元件实例，如下图所示。

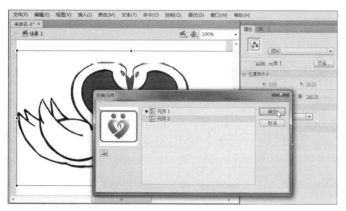

5．复制实例

若想复制实例，直接单击"交换元件"对话框底部的"直接复制元件"按钮即可，如下图所示。交换元件后，原有属性仍然保留，并对新元件实例起相同的作用。

实例的属性是和实例保存在一起的，如果对实例进行了编辑或者将实例重新连接到其他的元件，任何已修改过的实例属性将依然作用于实例本身。

15.3 "库"面板的使用

库是 Flash 中所有可重复使用对象的储存"仓库"，所有的元件一经创建就保存在库中，导入的外部资源，如位图、视频、声音文件等也都保存在"库"面板中。

库有两种，一种是动画文件本身的库，另一种是系统自带的库。动画文件本身的"库"面板中保存了动画中的所有对象，如创建的元件、导入的图像、声音和视频文件等，而系统自带的库元件不能在库中进行编辑，只能调出使用。

15.3.1 "库"面板

通过"库"面板可以对其中的各种资源进行操作，为动画的编辑带来了很大的方便。在"库"面板中可以对资源进行编组、项目排序和重命名等管理。

1. 项目编组

利用文件夹可以对库中的项目进行编组。

（1）新建文件夹

单击"库"面板底部的"新建文件夹"按钮，即可新建一个文件夹。输入文件夹名称后按【Enter】键，如下图（左）所示。

（2）删除文件夹

选中要删除的文件夹，按【Delete】键即可删除该文件夹。也可以在面板菜单中选择"删除"命令，或单击面板下方的"删除"按钮，如下图（中）所示。

（3）重命名文件夹

双击文件夹名称，输入新文件夹名，按【Enter】键即可完成对文件夹的重命名操作，如下图（右）所示。

 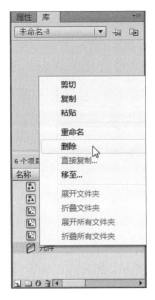 

2．项目排序

用户可以对"库"面板中的项目按照修改日期和类型进行排序。

（1）按修改日期排序

单击任意一列的标题，就会按照该列的属性进行排序。例如，单击"修改日期"标题，就会按照上一次修改时间的先后顺序进行排序，如下图（左）所示。

（2）按类型排序

单击"类型"标题，就会将库中相同类型的对象排在一起，如下图（右）所示。

3．项目重命名

在资源库列表中选中一个项目，右击图形名称，在弹出的快捷菜单中选择"重命名"命令，输入新项目名称，按【Enter】键即可。或直接双击项目名称，也可以对其进行重命名，如下图所示。

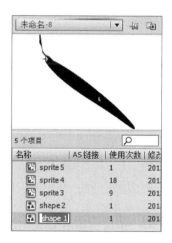

15.3.2 "公共库"面板

"公共库"面板中存放了一些程序自带的元件，在使用时可以直接调用，具体操作方法如下：

素材文件　光盘：\素材\第 15 章\play.fla

STEP 01 打开素材文件，选择"窗口"|"公用库"| Buttons 命令，如下图所示。

STEP 02 打开"外部库"面板，选择一个按钮，用鼠标将其拖至舞台上，如下图所示。

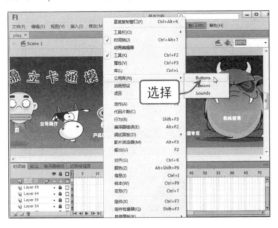

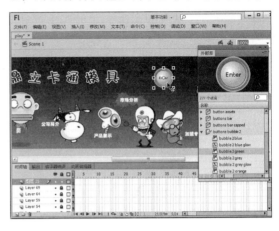

STEP 03 此时，拖入舞台中的按钮将被自动添加到该文档的库中，如下图所示。

STEP 04 双击按钮实例，进入元件编辑状态，从中可以修改图形的颜色或修改图层名称，如下图所示。

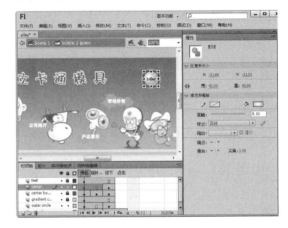

另外，还有声音公共库，声音公共库的使用方法如下：

素材文件　光盘：\素材\第 15 章\sound. fla

STEP 01 打开素材文件，选择"窗口"|"公用库"| Sounds 命令，如下图所示。

STEP 02 打开"外部库"面板，选择一个声音，将其拖至舞台上，在第 25 帧处按【F6】键插入关键帧，如下图所示。

STEP 03 在声音的波形上单击，选择"窗口"|"属性"命令，如下图所示。

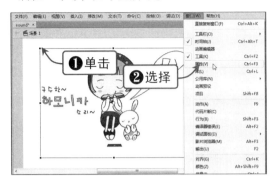

STEP 04 单击"效果"下拉按钮，在弹出的下拉列表中选择"左声道"选项，如下图所示。

STEP 05 若选择"自定义"选项，将弹出"编辑封套"对话框，根据需要进行调整，单击"确定"按钮，如下图所示。

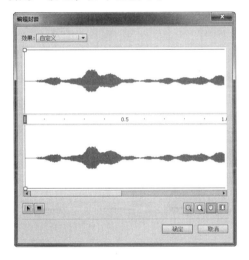

知识插播

添加声音后，用户只能在时间轴上看到相应的波形效果，而在舞台上则没有添加任何元件。

15.4 实战演练——制作按钮

下面将通过实例详细介绍如何进行元件的制作与应用，具体操作方法如下：

素材文件 光盘:\素材\第 15 章\radio.fla

STEP 01 打开素材文件，单击"新建图层"按钮，新建"图层 2"，如下图所示。

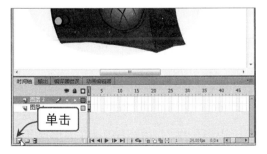

STEP 02 锁定"图层 1"，使用椭圆工具在"图层 2"中绘制两个不同颜色的圆，如下图所示。

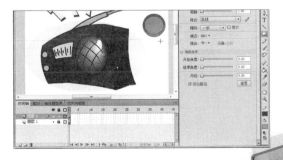

STEP 03 单击"新建图层"按钮，新建"图层 3"。在"图层 3"中绘制按钮其他部分，如下图所示。

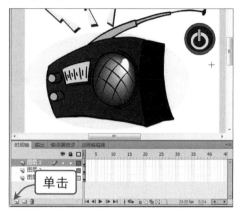

STEP 04 使用选择工具选择绘制的图形，按【F8】键，在弹出的对话框中设置名称和类型，单击"确定"按钮，如下图所示。

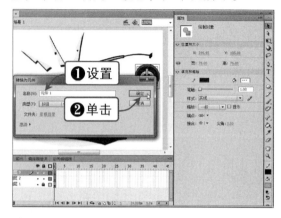

STEP 05 采用同样的方法绘制其他按钮，按【F8】键将其转换为按钮元件，如下图所示。

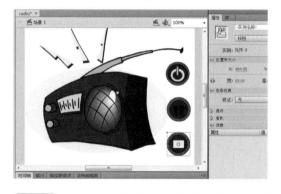

STEP 06 在"属性"面板中可以设置按钮元件的样式，如亮度、色调和 Alpha 值等，如下图所示。

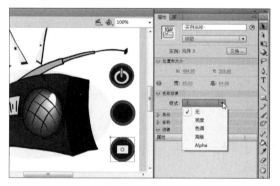

STEP 07 双击元件进入元件编辑状态，在"指针经过"帧和"按下"帧上按【F6】键插入关键帧，如下图所示。

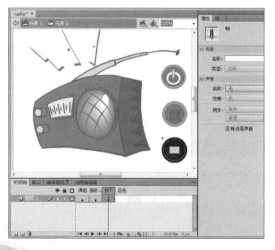

STEP 08 在"属性"面板中将"指针经过"帧处图形颜色设置为#FFFFCC，如下图所示。

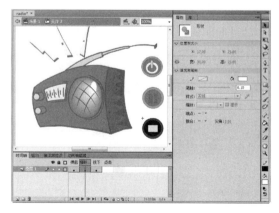

STEP 09 单击"场景 1"图标，返回主场景，
按【Ctrl+Enter】组合键进行测试，鼠标经过
按钮前如下图所示。

STEP 10 当鼠标经过按钮时，按钮效果如下
图所示。

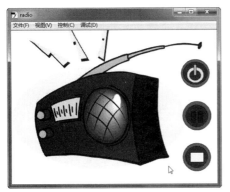 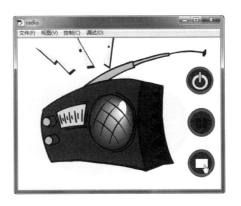

咨询台 **新手答疑**

1 在使用外部库中的文件时，为什么总会弹出一个解决冲突的对话框？

在导入另外一个文件库时，这个外部库中的对象和当前文件有重命名现象，把
这个对象拖至舞台时系统就会提示是否要覆盖原有元件，一般情况下选择覆盖，或
者对实例进行编辑，以防止操作错误。

2 如何将舞台对象转换为新元件？

选取舞台对象，选择"修改"|"转换为元件"命令，弹出"转换为元件"对话
框。在"名称"文本框中输入元件名称，在"类型"下拉列表中选择转换为元件的
类型。在"对齐"选项区域中单击周围或中心的方框，确定元件对齐点的位置，作
为元件缩放或旋转的中心。单击"确定"按钮，所选对象即被转换为元件，并被增
加到"库"面板中。

3 在当前位置编辑元件与在新窗口中编辑元件有什么区别？

在原工作区中编辑元件，舞台上其他对象都变为灰色，不可以被编辑。在元件
编辑状态中编辑内容所在的位置与元件在工作区中所在的位置是一样的。在舞台上
进行元件编辑和进行实例编辑，界面非常相似，不同的是进行元件编辑时其他对象
是灰色的，进行实例编辑时其他对象不发生变化。

Chapter

使用时间轴创建
网页动画

16

时间轴是动画的重要载体，也是控制动画播放的编辑器。无论是什么类型的动画都离不开时间轴，本章将重点介绍如何利用时间轴制作各种类型的动画，如逐帧动画、补间动画、形状补间动画、引导层动画和遮罩动画等。

学习要点：

- 时间轴与帧
- 基本动画的制作
- 其他动画的制作

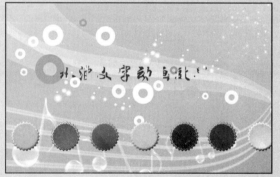

16.1　时间轴与帧

在 Flash 中，动画的内容都是通过"时间轴"面板来组织的。"时间轴"面板将动画在横向上划分为帧，在纵向上划分为图层。下面将详细介绍时间轴和帧的相关知识。

16.1.1　认识"时间轴"面板

"时间轴"面板用于组织和控制一定时间内图层和帧中的文档内容，它的主要组件是图层、帧和播放头。下图所示即为"时间轴"面板。

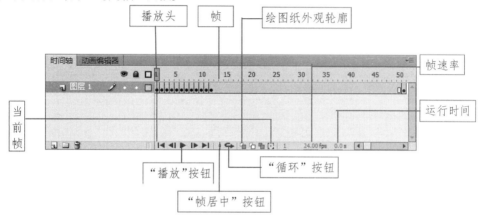

1. 播放头

"时间轴"面板中的播放头用于控制舞台上显示的内容。舞台上只能显示播放头所在帧中的内容，下图（左）显示了动画第 5 帧中的内容，下图（右）显示了动画第 10 帧中的内容。

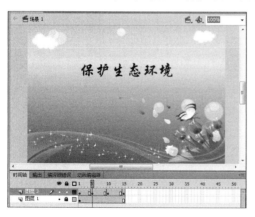

2. 移动播放头

在播放动画时，播放头在时间轴上移动，只是显示在舞台中的当前帧。使用鼠标直接拖动播放头到所需的位置，即可从该位置播放，如下图（左）所示。

3. 更改时间轴中的帧显示

单击时间轴右上角的"帧视图"按钮 ，在弹出的下拉列表中选择"预览"选项，效果如下图（右）所示。

 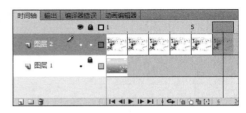

4. 设置图层属性

双击时间轴中的图层图标，在弹出的"图层属性"对话框中可以设置图层属性，如下图所示。

16.1.2 认识帧

电影是通过一张张胶片连续播放而形成的，Flash 中的帧就像电影中的胶片一样，通过连续播放来实现动画效果。帧是 Flash 中的基本单位，在"时间轴"面板中使用帧来组织和控制文档内容。

"时间轴"面板中的每一个小方格就代表一个帧，一个帧包含了动画某一时刻的画面。下图列出了几种帧的常见形式。

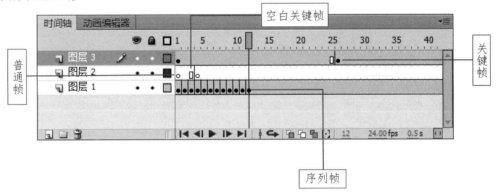

◎关键帧：关键帧是时间轴中内容发生变化的一帧。默认情况下，每个图层的第一帧是关键帧。关键帧可以是空的。若要添加关键帧，可以在"时间轴"面板上右击，在弹出的快捷菜单中选择"插入关键帧"命令，或直接按【F6】键完成添加操作。

◎普通帧：普通帧是依赖于关键帧的，在没有设置动画的前提下，普通帧与上一个关键帧中的内容相同。在一个动画中增加一些普通帧可以延长动画的播放时间。若要添加普通帧，可以在"时间轴"面板上右击，在弹出的快捷菜单中选择"插入帧"命令，或直接按【F5】键完成添加操作。

◎空白关键帧：当新建一个图层时，图层的第 1 帧默认为空白关键帧，即一个黑色轮廓的圆圈。当向该图层添加内容后，这个空心圆圈将变为一个实心圆圈，该帧即为关键帧。若要添加空白关键帧，可在"时间轴"面板上右击，在弹出的快捷菜单中选择"插入空白关键帧"命令，或直接按【F7】键完成添加操作。

◎序列帧：序列帧就是一连串的关键帧，每一帧在舞台中都有相应的内容。一般序列帧多出现在逐帧动画中。

1. 设置帧频

在设计制作 Flash 动画时，特别需要考虑帧频的问题，因为帧频会影响最终动画效果。将帧频设置得过高，就会导致处理器问题。

帧频就是动画播放的速度，以每秒所播放的帧数为度量。如果动画的帧频太慢，会使该动画看起来没有连续感；如果帧频太快，就会使该动画的细节变得模糊，从而看不清楚。

通常将在网络上传播的动画帧频设置为每秒 12 帧，但标准的运动图像速率为每秒 24 帧。在 Flash CS6 中，默认的帧频为 24fps。

若需要修改 Flash 文档的帧频，可以在新建 Flash 文档后在"属性"面板的"帧频"文本框中设置帧频，如下图（左）所示。也可以在舞台中右击，在弹出的快捷菜单中选择"文档属性"命令，在弹出的"文档设置"对话框中进行设置，如下图（右）所示。

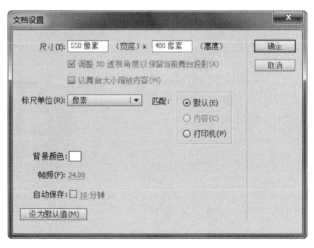

2. 编辑帧

在制作动画的过程中，经常需要对帧进行各种编辑操作。虽然帧的类型比较复杂，在动画中起到的作用也各不相同，但对帧的各种编辑操作都是一样的。

（1）复制帧

通过对帧进行复制或粘贴操作，可以实现相同动画的快速操作。复制和粘贴帧的具体操作方法如下：

素材文件 光盘:\素材\第 16 章\吃萝卜的兔子.fla、兔子.fla

STEP 01 打开素材文件，单击"新建图层"按钮，新建"图层 2"，如下图所示。

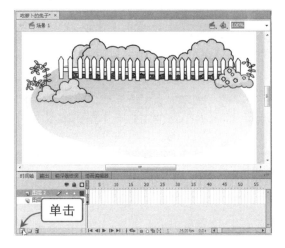

STEP 02 打开"兔子.fla"文档，选择所有帧并右击，在弹出的快捷菜单中选择"复制帧"命令，如下图所示。

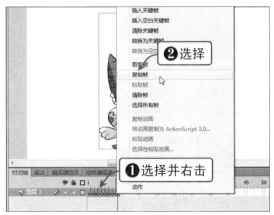

STEP 03 在"吃萝卜的兔子.fla"文档的"图层 2"中右击，在弹出的快捷菜单中选择"粘贴帧"命令，如下图所示。

STEP 04 在"图层 1"的第 9 帧处按【F5】键延长帧，按【Ctrl+Enter】组合键测试动画，效果如下图所示。

知识插播

　　复制帧的其他方法：选中要复制的帧，按【Ctrl+C】组合键复制帧；选中帧，选择"编辑"|"复制帧"命令复制帧。

（2）删除帧

　　删除不同的帧，其操作方法相同，但结果不同。下面将介绍如何删除帧，具体操作方法如下：

　　素材文件　光盘:\素材\第 16 章\show.fla

STEP 01 打开素材文件，选择"图层 4"的第 5 帧并右击，在弹出的快捷菜单中选择"删除帧"命令，如下图所示。

STEP 02 此时，即可删除当前所选的帧，如下图所示。

STEP 03 选中一个关键帧，按【Delete】键即可将关键帧中所有的内容删除，如下图所示。

知识插播

不能使用【Delete】键删除选择的帧，按【Delete】键只是将舞台上的内容删除，使选择的帧变为空白帧，而无法将时间轴中的帧删除。

（3）清除帧

在选择的帧上右击，在弹出的快捷菜单中选择"清除帧"命令，即可将帧或关键帧转换为空白关键帧，如下图（左）所示。

（4）移动帧

若要移动关键帧序列及其内容，只需将该关键帧或序列拖至所需的位置即可，如下图（右）所示。

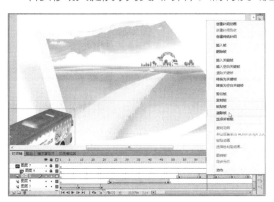

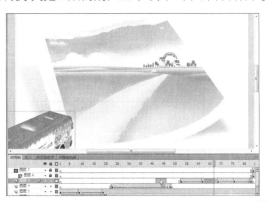

16.1.3 认识图层

新建 Flash 文档时，系统会自动新建一个图层，如下图所示。用户也可以根据需要创建新图层，新建的图层会自动排列在当前图层的上方。

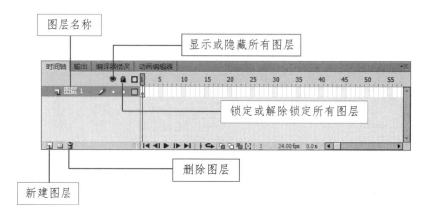

1．创建图层

系统默认创建的图层就是普通层。普通层中可以放置最基本的动画元素，如矢量对象、位图对象等。使用普通层可以将多个帧（多幅画面）按照一定的顺序播放，从而形成动画。创建图层的具体操作方法如下：

素材文件 光盘:\素材\第 16 章\pic\butterfly.jpg、flower.jpg

STEP 01 新建 Flash 文档，选择"文件"｜"导入"｜"导入到库"命令，如下图所示。

STEP 02 弹出"导入到库"对话框，选择要导入的图像，单击"打开"按钮，如下图所示。

知识插播

在"时间轴"面板中已有的图层上右击，在弹出的快捷菜单中选择"插入图层"命令，即可插入一个新的图层。

STEP 03 将图像 fowoer 拖入 "图层 1" 中，单击 "新建图层" 按钮█，新建 "图层 2"，如下图所示。

STEP 04 将图像 butterfly 拖入 "图层 2" 中，使用任意变形工具调整图像大小，如下图所示。

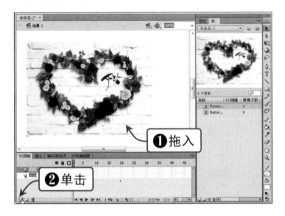

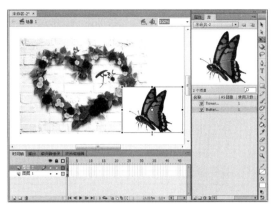

STEP 05 采用同样的方法调整 "图层 1" 中图像的大小，并移动到合适位置，效果如下图所示。

2. 编辑图层

创建图层后，可以对图层进行编辑，图层的编辑主要包括选取图层、移动图层、重命名图层、删除图层及图层的转化等操作。

（1）选取图层

如果要选择一个图层，单击这个图层即可将其选中，如下图所示。

如果要选取相邻的多个图层，在选取第一个图层后，按住【Shift】键单击要选取的最后一个图层，两个图层之间的所有层将被选取，如下图（左）所示。

如果要选取多个不相邻的图层，则在按住【Ctrl】键的同时依次单击需要选取的图层即可，如下图（右）所示。

（2）移动图层

单击需要移动的图层，按住鼠标左键拖动该层到相应的位置后松开鼠标，如下图所示。

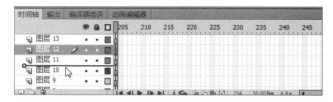

（3）重命名图层

Flash 默认的层名为"图层 1"、"图层 2"等，为了便于识别各图层放置的动画对象，可对图层进行重命名。

双击需要重命名的图层，此时图层名称以反白显示，输入新名称后按【Enter】键确认即可，如下图（左）所示。

（4）删除图层

选择需要删除的图层，单击"删除图层"按钮，即可删除该图层，如下图所示。

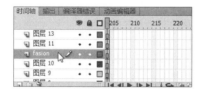

16.2 基本动画的制作

下面将介绍如何创建 Flash 基本动画，包括逐帧动画、形状补间动画、传统补间动画和补间动画。一些网站上的大型 Flash 动画都是由基本动画演变而来的，只要学习好基本动画，就能制作出不同凡响的动画。

16.2.1 Flash 动画制作流程

Flash 动画的制作如同拍摄电影一样，无论是何种规模和类型，都可以分为 4 个步骤：前期策划、创作动画、后期测试和发布动画。

1．前期策划

前期策划主要是进行一些准备工作，关系到一部动画的成败。首先要给动画设计"脚本"，其次就是搜集素材，如图像、视频、音频和文字等。另外，还要考虑到一些画面的效果，如镜头转换、色调变化、光影效果、音效及时间设定等。

2．创作动画

当前期的准备工作完成后，就可以开始动手创作动画了。首先要创建一个新文档，然后对其属性进行必要的设置。其次，要将在前期策划中准备的素材导入到舞台中，然后对动画的各个元素进行造型设计。最后，可以为动画添加一些效果，使其变得更加生动，如图形滤镜、混合和其他特殊效果等。

3．后期测试

后期测试可以说是动画的再创作，它影响着动画的最终效果，需要设计人员细心、严格地进行把关。当一部动画创作完成后，应该多次对其进行测试，以验证动画是否按预期设想进行工作，查找并解决所遇到的问题和错误。

在整个创作过程中，需要不断地进行测试。若动画需要在网络上发布，还要对其进行优化，减小动画文件的体积，以缩短动画在网上的加载时间。

4．发布动画

动画制作的最后一个阶段即为发布动画，当完成 Flash 动画的创作和编辑工作之后，需要将其进行发布，以便在网络或其他媒体中使用。通过进行发布设置，可以将动画导出为 Flash、HTML、GIF、JPEG、PNG、EXE、Macintosh 和 QuickTime 等格式。

16.2.2　制作逐帧动画

逐帧动画是 Flash 中相对比较简单的基本动画，其通常由多个连续的帧组成，通过连续表现关键帧中的对象，从而产生动画效果。下面将详细介绍逐帧动画的制作方法与技巧。

1．认识逐帧动画

逐帧动画与传统的动画片类似，每一帧中的图形都是通过手工绘制出来的。在逐帧动画中的每一帧都是关键帧，在每个关键帧中创建不同的内容，当连续播放关键帧中的图形时即可形成动画，如下图所示。逐帧动画制作起来比较麻烦，但它可以制作出所需要的任何动画。逐帧动画适合制作每一帧中的图像内容都发生变化的复杂动画。

2．创建逐帧动画

逐帧动画通常由多个连续关键帧组成，通过连续表现关键帧中的对象从而产生动画效果。下面将通过实例来详细介绍如何创建逐帧动画，具体操作方法如下：

> 素材文件 光盘\素材\第 16 章\pic\01.jpg、02.jpg、03.jpg、04.jpg

STEP 01 新建文档，选择"文件"|"导入"|"导入到库"命令，如下图所示。

STEP 02 弹出"导入到库"对话框，选择要导入的图像，单击"打开"按钮，如下图所示。

STEP 03 在"属性"面板中设置舞台大小为 500×368。将 01.jpg 从"库"面板中拖至舞台中，如下图所示。

STEP 04 在第 2 帧处按【F7】键插入空白关键帧，将 02.jpg 拖至舞台中，如下图所示。

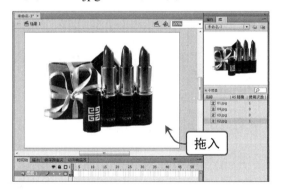

STEP 05 采用同样的方法导入其他图像，如下图所示。

STEP 06 单击"编辑多个帧"按钮，选择"图层 1"中的所有帧，选择"窗口"|"对齐"命令，如下图所示。

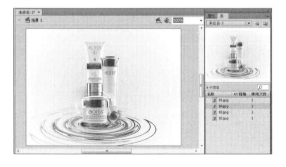
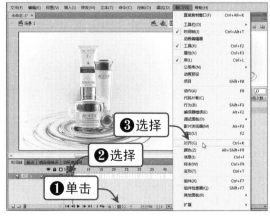

STEP 07 选中"与舞台对齐"复选框,单击"水平中齐"和"垂直中齐"按钮,如下图所示。

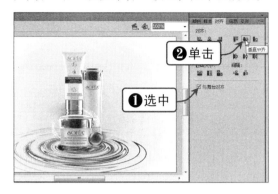

❷ 单击

垂直中齐

❶ 选中

与舞台对齐

STEP 08 在 4 个关键帧后面分别按【F5】键插入普遍帧,如下图所示。

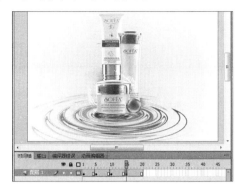

STEP 09 设置帧速率为 10.00fps ,按【Ctrl+Enter】组合键测试影片效果,如右图所示。

16.2.3 制作传统补间动画

传统补间动画的创建过程较为复杂,但它所具有的某种类型的动画控制功能是其他补间动画所不具备的。下面首先来认识传统补间动画,然后制作传统补间动画。

1. 认识传统补间动画

传统补间动画是指在 Flash 的"时间帧"面板上的一个关键帧上放置一个元件,然后在另一个关键帧改变这个元件的大小、颜色、位置和透明度等,Flash 将自动根据两者之间帧的值创建的动画。创建动作补间动画后,"时间帧"面板的背景色变为淡紫色,在起始帧和结束帧之间有一个长长的箭头,如右图所示。

构成动作补间动画的元素是元件,包括影片剪辑、图形元件、按钮、文字、位图和组合等,但不能是形状,只有把形状组合或转换成元件后才可以制作动作补间动画。

2. 创建传统补间动画

传统补间动画是利用动画对象起始帧和结束帧建立补间,创建动画的过程是先确定起始帧和结束帧位置,然后创建动画。在这个过程中,Flash 将自动完成起始帧与结束帧之间的过渡动画。

下面将通过实例来介绍如何创建传统补间动画，具体操作方法如下：

素材文件　光盘:\素材\第 16 章\传统补间动画.fla

STEP 01 打开素材文件，在"图层 1"的第 55 帧处按【F5】键延长帧，如下图所示。

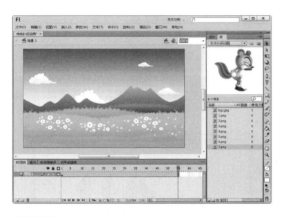

STEP 02 单击"新建图层"按钮，新建"图层 2"。将 1.png 拖至舞台中，选择"修改"|"转换为元件"命令，如下图所示。

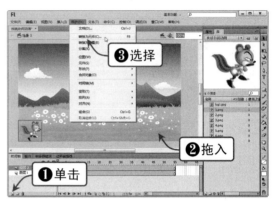

STEP 03 弹出"转换为元件"对话框，设置类型为"影片剪辑"，单击"确定"按钮，如下图所示。

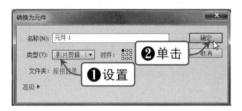

STEP 04 双击影片剪辑元件，进入元件编辑状态。在第 2 帧处按【F7】键插入空白关键帧，将 2.png 拖至舞台中，如下图所示。

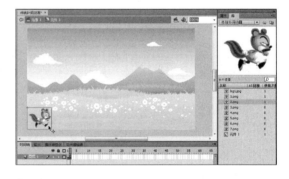

STEP 05 采用同样的方法插入其他图像，效果如下图所示。

STEP 06 单击"场景 1"图标，返回主场景。在"图层 2"的第 55 帧处按【F6】键插入关键帧，将元件从左侧移至右侧合适位置，如下图所示。

STEP 07 在两个关键帧的任意位置右击，在弹出的快捷菜单中选择"创建传统补间"命令，如下图所示。

STEP 08 选中舞台中第 55 帧处的图形，在"属性"面板中单击"样式"下拉按钮，在弹出的下拉列表中选择 Alpha 选项，如下图所示。

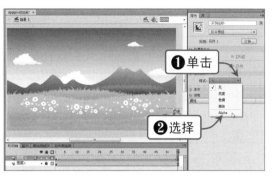

STEP 09 调整 Alpha 的值为 44%，按【Ctrl+Enter】组合键测试动画，效果如下图所示。

16.2.4 制作补间动画

补间动画只能应用于实例，是表示实例属性变化的一种动画。例如，在一个关键帧中定义一个实例的位置、大小和旋转等属性，然后在另一个关键帧中更改这些属性并创建动画。

1. 认识补间动画

在制作 Flash 动画时，在两个关键帧中间需要制作补间动画，才能实现图画的运动。补间动画是 Flash 中非常重要的表现手段之一，如右图所示。

补间是通过为一个帧中的对象属性指定一个值，并为另一个帧中的相同属性指定另一个值创建的动画。Flash 计算这两个帧之间该属性的值，还提供了可以更详细调节动画运动路径的锚点。

补间动画只能应用于元件实例和文本字段。在将补间应用于所有其他对象类型时，这些对象将包装在元件中。元件实例可以包含嵌套元件，这些元件可在自己的时间轴上进行补间。

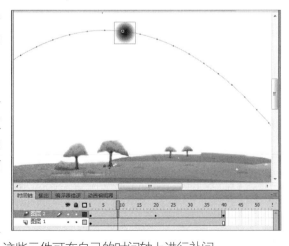

创建补间动画的过程比较人性化，符合人们的逻辑思维，首先确定起始帧位置，然后开始制作动画，最后确定结束帧的位置。

补间动画和传统补间之间的差异体现在以下几个方面：

① 传统补间使用关键帧。关键帧是其中显现对象新实例的帧。补间动画只能具有一个与之关联的对象实例，并使用属性关键帧而不是关键帧。

② 补间动画在整个补间范围上由一个目标对象组成。

③ 补间动画和传统补间都只允许对特定类型的对象进行补间。若应用补间动画，在创建补间时会将一切不允许的对象类型转换为影片剪辑，而应用传统补间会将这些对象类型转换为图形元件。

④ 补间动画会将文本视为可补间的类型，而不会将文本对象转换为影片剪辑。传统补间会将文本对象转换为图形元件。

⑤ 在补间动画范围上不允许帧脚本，传统补间允许帧脚本。

⑥ 对于传统补间，缓动可应用于补间内关键帧之间的帧组。对于补间动画，缓动可应用于补间动画范围的整个长度。若仅对补间动画的特定帧应用缓动，则需要创建自定义缓动曲线。

⑦ 利用传统补间能够在两种不同的色彩效果（如色调和 Alpha）之间创建动画，补间动画能够对每个补间应用一种色彩效果。

⑧ 只有补间动画才能保存为动画预设。在补间动画范围中，必须按住【Ctrl】键单击选择帧。

⑨ 对于补间动画，无法交换元件或设置属性关键帧中显现的图形元件的帧数。应用了这些技术的动画要求使用传统补间。

⑩ 只能使用补间动画为 3D 对象创建动画效果，无法使用传统补间为 3D 对象创建动画效果。

2．创建补间动画

下面将通过实例来介绍如何创建补间动画，具体操作方法如下：

> 素材文件　光盘：\素材\第 16 章\补间动画. fla

STEP 01 打开素材文件，选中"图层 1"的第 40 帧，按【F5】键延长帧。选中"图层 2"的第 40 帧，按【F6】键插入关键帧，如下图所示。

STEP 02 在"图层 2"的两个关键帧之间任意位置右击，在弹出的快捷菜单中选择"创建补间动画"命令，如下图所示。

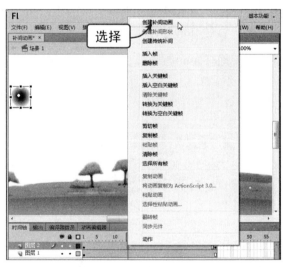

STEP 03 将实例移至合适位置,此时在舞台中出现一条表示当前实例运动轨迹的直线,如下图所示。

STEP 04 单击"选择工具"按钮，对运动轨迹进行变形调整,如下图所示。

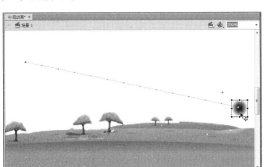

STEP 05 设 置 帧 速 率 为 10.00fps,按【Ctrl+Enter】组合键测试动画,效果如下图所示。

16.2.5 制作形状补间动画

形状补间动画是一种类似电影中动物身躯自然变成人形的变形效果,可以用于改变形状不同的两个对象,它是 Flash 动画中非常重要的表现手段之一。

1. 认识形状补间动画

形状补间动画是在"时间帧"面板上一个关键帧中绘制一个形状,然后在另一个关键帧中更改该形状或绘制另一个形状等,Flash 会自动根据两者之间帧的值或形状来创建动画,从而实现两个图形之间颜色、形状、大小和位置的相互变化,如下图所示。

在创建形状补间动画后,"时间轴"面板的背景色变为淡绿色,在起始帧和结束帧之间也有一个长长的箭头,如下图所示。构成形状补间动画的元素多为用鼠标或压感笔绘制出的形状,而不能是图形元件、按钮和文字等。如果要使用图形元件、按钮和文字,则必须先打散后才可以制作形状补间动画。

2．创建形状补间动画

在创建形状补间动画时，在起始和结束位置插入不同的对象，即可自动创建中间过程。与补间动画不同的是，在形状补间中插入到起始位置和结束位置的对象可以不一样，但必须具有分离属性。

下面将通过实例来介绍如何创建形状补间动画，具体操作方法如下：

素材文件　光盘:\素材\第 16 章\形状补间动画.fla

STEP 01 打开素材文件，单击"新建图层"按钮，新建"图层 2"，锁定"图层 1"，如下图所示。

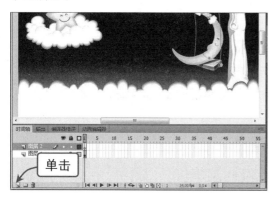

STEP 02 选择文本工具，在"属性"面板中设置属性，在舞台中绘制文本框并输入文本，调整文本框位置，如下图所示。

STEP 03 按两次【Ctrl+B】组合键，将输入的文本分离，如下图所示。

STEP 04 在"图层 1"的第 20 帧处按【F5】键延长帧，在"图层 2"的第 20 帧处按【F7】键插入空白关键帧，如下图所示。

STEP 05 选择文本工具，在"图层 2"的第20 帧处输入文本，按两次【Ctrl+B】组合键将文本分离，如下图所示。

STEP 06 在两个关键帧之间的任意帧上右击，在弹出的快捷菜单中选择"创建补间形状"命令，如下图所示。

STEP 07 按【Ctrl+Enter】组合键测试动画效果，如右图所示。

16.3 其他动画的制作

下面将介绍 Flash 中两种高级动画的制作，即遮罩动画和引导层动画。这两种动画在网站 Flash 动画设计中占据着非常重要的地位，一个 Flash 动画的创意层次主要体现在它们的制作过程中。

16.3.1 制作引导层动画

利用引导层可让对象按照事先绘制好的路径来运动，下面将介绍如何在 Flash CS6 中制作引导层动画。

1. 认识引导层动画

引导层动画是指被引导对象沿着指定路径进行运动的动画，它由引导层和被引导层组成。引导层中用于绘制对象运动的路径，被引导层中用于放置运动的对象，如下图所示。在一个运动引导层下可以创建一个或多个被引导层。

2．创建引导层动画

下面将通过创建引导层来制作"小鸟飞翔"动画，具体操作方法如下：

素材文件　光盘:\素材\第 16 章\引导层动画. fla

STEP 01 打开素材文件，单击"新建图层"按钮，新建"图层 2"，锁定"图层 1"，如下图所示。

STEP 02 将 1.png 拖至舞台中，按【F8】键，弹出"转换为元件"对话框，设置类型为"影片剪辑"，单击"确定"按钮，如下图所示。

STEP 03 双击元件进入编辑状态，选中第 2 帧，按【F7】键插入空白关键帧，将 2.png 拖至舞台中，如下图所示。

STEP 04 在两个关键帧的后面分别按【F5】键插入普通帧，如下图所示。

知识插播

引导层动画其实就是在运动补间动画的基础上添加了一条引导路径。对于形变动画来说，其实不能制作引导动画。绘制引导线注意事项：引导线不能出现中断、交叉和重叠，转折不能过多或过急，被引导对象对引导线的吸附一定要准确。

STEP 05 单击"场景1"图标,返回主场景。在"图层1"的第40帧处按【F5】键延长帧,在"图层2"的第40帧处按【F6】键插入关键帧,如下图所示。

STEP 06 将实例从右侧移至左侧合适位置,在两个关键帧的任意位置右击,在弹出的快捷菜单中选择"创建传统补间"命令,如下图所示。

STEP 07 单击"新建图层"按钮,新建"图层3"。使用铅笔工具绘制运动路径,如下图所示。

STEP 08 选中"图层2"的第1帧,将对象吸附到引导线顶端。选中第40帧,将对象吸附到引导线末端,如下图所示。

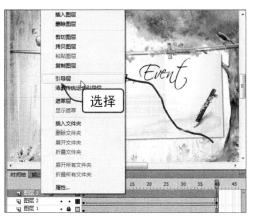

STEP 09 右击"图层3",在弹出的快捷菜单中选择"引导层"命令,如下图所示。

STEP 10 在"图层2"上按住鼠标左键并向"图层3"拖动一下,以建立引导关系,如下图所示。

STEP 11 按【Ctrl+Enter】组合键测试动画，效果如右图所示。

16.3.2 制作遮罩层动画

遮罩动画由遮罩层和被遮罩层组成。遮罩层用于放置遮罩的形状，被遮罩层用于放置要显示的图像。遮罩动画的制作原理就是透过遮罩层中的形状将被遮罩层中的图像显示出来。

1. 认识遮罩动画

遮罩动画可以获得聚光灯效果和过渡效果，使用遮罩层创建一个孔，通过这个孔可以看到下面的图层内容，如下图（左）所示。遮罩项目可以是填充的形状、文字对象、图形元件的实例或影片剪辑。将多个图层组织在一个遮罩层下，可以创建出更复杂的动画效果。

用户可以在遮罩层和被遮罩层中分别或同时创建补间形状动画、动作补间动画和引导层动画，从而使遮罩动画变成一个可以施展无限想象力的创作空间。如下图（右）所示即为遮罩图层。

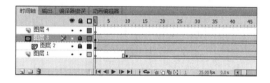

2. 创建遮罩动画

遮罩层动画，就是通过设置遮罩层及其关联图层中对象的位移、变形来产生一些特殊的动画效果，如水波、百叶窗、聚光灯、放大镜和望远镜等。遮罩层动画是由至少两个层组合起来完成的，一个层作为改变的对象，另一个层作为遮罩的对象。

> 素材文件　光盘:\素材\第 16 章\遮罩层动画.fla

STEP 01 打开素材文件，单击"新建图层"按钮，新建"图层 2"，如下图所示。

STEP 02 选择文本工具，在"属性"面板中设置相关属性，在舞台中绘制文本框并输入文本，如下图所示。

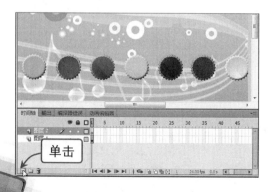
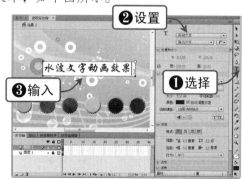

STEP 03 按【F8】键，弹出"转换为元件"对话框，设置类型为"图形"，单击"确定"按钮，如下图所示。

STEP 04 选中"图层 1"和"图层 2"的第 60 帧，按【F5】键延长帧，如下图所示。

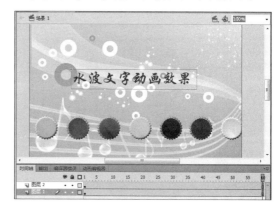

STEP 05 单击"新建图层"按钮，新建"图层 3"。单击"矩形工具"按钮，在"属性"面板中设置相关属性，如下图所示。

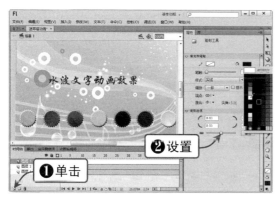

STEP 06 选中第 1 帧，在舞台中绘制多个矩形并全部选中。按【F8】键，弹出"转换为元件"对话框，设置类型为"影片剪辑"，单击"确定"按钮，如下图所示。

STEP 07 选中第 60 帧，按【F7】键插入空白关键帧。选中第 59 帧，按【F6】键插入关键帧，如下图所示。

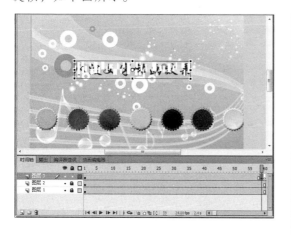

STEP 08 调整元件大小，在两个关键帧之间的任意位置右击，在弹出的快捷菜单中选择"创建传统补间"命令，如下图所示。

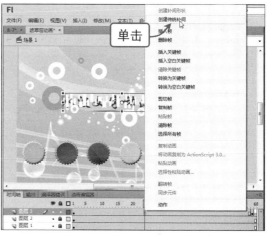

STEP 09 右击"图层 3"，在弹出的快捷菜单中选择"遮罩层"命令，如下图所示。

STEP 10 按【Ctrl+Enter】组合键测试效果，如下图所示。

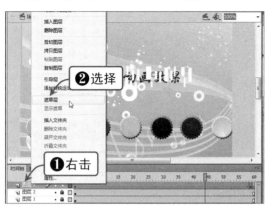

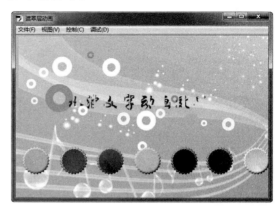

咨询台 新手答疑

1 传统补间的使用方法是什么?

若要进行补间实例、组和类型的属性的更改，可以使用传统补间。Flash CS6 可以补间实例、组和类型的位置、大小、旋转和倾斜。此外，还可以补间实例和类型的颜色、创建渐变的颜色切换或使实例淡入或淡出。

2 普通引导层和运动引导层的区别是什么?

引导层就是起引导作用的图层，分为普通引导层和运动引导层两种，普通引导层在绘制图形时起辅助作用，用于帮助对象定位；运动引导层中绘制的图形均被视为路径，使其他图层中的对象可以按照路径运动。

3 实现遮罩的原理是什么?

遮罩效果的实现至少需要两个图层，一个是遮罩层，另一个是被遮罩层；遮罩层总是在被遮罩层的上面，遮罩与被遮罩是在一起的；遮罩只显示被遮罩层的元素，其余的全部被遮住不显示。

Chapter 17

使用脚本创建交互动画

ActionScript 是 Flash 中的脚本撰写语言。使用 ActionScript 可以让应用程序以非线性方式播放，并添加无法在时间轴表示的有趣或复杂的功能。本章将介绍使用 ActionScript 脚本创建交互动画的基础知识，主要包括如何使用"动作"面板、"脚本"窗口、"代码片段"面板，以及如何进行交互动画制作等。

学习要点：

- ActionScript 简介
- 运用动作脚本制作交互动画

17.1　ActionScript 简介

> Flash 动画的魅力就在于其巧妙的脚本控制和灵活的交互设置，这也是它在动画制作方面能够占据主导地位的原因之一。ActionScript 3.0 的脚本编写功能超越了 ActionScript 的早期版本。它旨在方便创建拥有大型数据集和面向对象的可重用代码库的高度复杂应用程序。

17.1.1　ActionScript 3.0 概述

与之前的 ActionScript 版本相比，ActionScript 3.0 版本要求开发人员对面向对象的编程概念有更深入的了解。它完全符合 ECMAScript 规范，提供了更出色的 XML 处理、一个改进的事件模型，以及一个用于处理屏幕元素的改进的体系结构。例如，3.0 以前的版本可以将代码写在实例上，而 3.0 则取消了这种书写方式，其只允许将代码写在关键帧上，可以在专门的文档中编辑。

尽管 Flash Player 运行编译后的 ActionScript 2.0 代码比 ActionScript 3.0 代码的速度慢，但 ActionScript 2.0 对于许多计算量不大的项目仍然十分有用，例如，面向设计的内容。ActionScript 2.0 也基于 ECMAScript 规范，但并不完全遵循该规范。

在 Flash CS6 中为了照顾不同的用户，设计者可以根据自己的编程习惯创建所需的文档，如在启动界面中选择合适的文档，如下图（左）所示。

除了启动界面外，还可以在文档的"属性"面板中选择所需的脚本，如下图（右）所示。

17.1.2　使用"动作"面板

脚本主要书写在"动作"面板中。用户可以根据实际动画的需要，通过该面板为关键帧书写相应的代码，以控制实例或调用外部脚本文件。

选择"窗口"|"动作"命令或按【F9】键，即可打开"动作"面板，如下图所示。

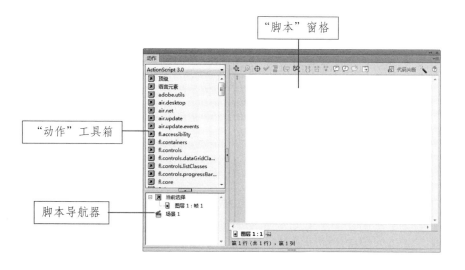

"脚本"窗格

"动作"工具箱

脚本导航器

1. 使用"动作"工具箱

"动作"工具箱将项目分类，还提供按字母顺序排列的索引。要将 ActionScript 元素插入到"脚本"窗格中，可以双击该元素，或直接将其拖至"脚本"窗格中，如下图所示。

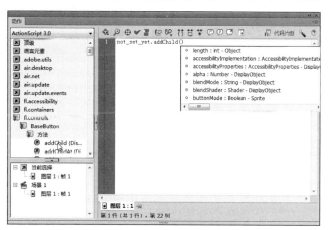

2. 使用"脚本"窗格

"脚本"窗格用于输入脚本代码。使用"动作"面板和"脚本"窗口的工具栏可以查看代码帮助功能，这些功能有助于简化在 ActionScript 中进行的编码工作。

◎ **将新项目添加到脚本中** ⊕：显示语言元素，这些元素也显示在"动作"工具箱中。选择要添加到脚本中的项目即可。

◎ **查找** ⌕：查找并替换脚本中的文本。

◎ **插入目标路径** ⊕：（仅限"动作"面板）帮助用户为脚本中的某个动作设置绝对或相对目标路径。

◎ **语法检查** ✔：检查当前脚本中的语法错误，语法错误将列在输出面板中。

◎ **自动套用格式** ▤：设置脚本的格式，以实现正确的编码语法和更好的可读性。

◎ **显示代码提示** ⊡：如果已经关闭了自动代码提示，可以使用"显示代码提示"来显示正在处理的代码行的代码提示。

◎ **调试选项** ⊗：（仅限"动作"面板）设置和删除断点，以便在调试时可以逐行单击脚本中的每一行。只能对 ActionScript 文件使用调试选项，而不能对 ActionScript Communication 或 Flash JavaScript 文件使用这些选项。

◎ **折叠成对大括号** 🖰：对出现在当前包含插入点的成对大括号或小括号间的代码进行折叠。

◎ **折叠所选** 🖰：折叠当前所选的代码块。

◎ **展开全部** 🖰：展开当前脚本中所有折叠的代码。

◎ **应用块注释** 🖰：将注释标记添加到所选代码块的开头和结尾。

◎ **应用行注释** 🖰：在插入点处或所选多行代码中每一行的开头处添加单行注释标记。

◎ **删除注释** 🖰：从当前行或当前选择内容的所有行中删除注释标记。

◎ **显示/隐藏工具箱** 🖰：显示或隐藏"动作"工具箱。

◎ **帮助** ⑦：显示"脚本"窗格中所选 ActionScript 元素的参考信息。例如，如果单击 trace 语句，再单击"帮助"按钮，"帮助"面板中将显示 trace 的参考信息。

◎ **面板菜单** ▾☰：包含适用于"动作"面板的命令和首选参数。例如，可以设置行号和自动换行，设置 ActionScript 首选参数及导入或导出脚本。

3. 设置 ActionScript 首选参数

选择"编辑"|"首选参数"命令，打开"首选参数"对话框，选择"类别"列表中的 ActionScript 选项，如下图所示。

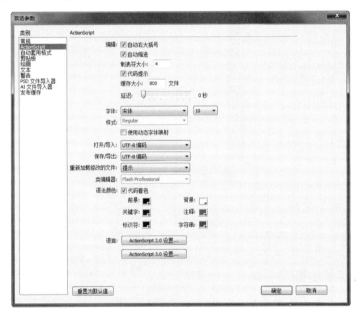

17.1.3　使用"脚本"窗口

除了使用"动作"面板为动画添加代码的方法外，还可以通过建立专门的 ActionScript 文档为其添加代码。需要注意的是，当在脚本文档中输入代码后，该脚本文档并不能直接发挥作用，还需要在相应的关键帧中将其调用。

素材文件　光盘:\素材\第 17 章\新年快乐

STEP 01 选择"文件"|"新建"命令，在弹出的对话框中选择"ActionScript 文件"选项，如下图所示。

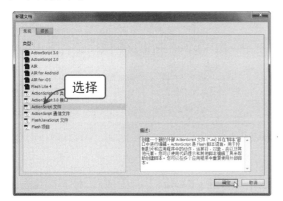

STEP 02 输入脚本代码，选择"文件"|"保存"命令进行保存，如下图所示。

STEP 03 弹出"另存为"对话框，设置保存位置和文件名，单击"保存"按钮，如下图所示。

STEP 04 打开素材文件"新年快乐.fla"，单击"新建图层"按钮，新建"图层 4"，如下图所示。

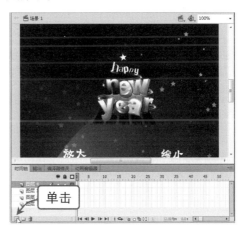

STEP 05 按【F9】键，打开"动作"面板，输入代码 include "lick.as"，单击"关闭"按钮，如下图所示。

STEP 06 按【Ctrl+Enter】组合键测试动画，单击"放大"按钮查看动画效果，如下图所示。

STEP 07 单击"缩小"按钮查看动画效果，如右图所示。

17.1.4 使用"代码片段"面板

使用"代码片断"面板可以使非程序设计师也能够轻易且快速地开始使用简单的 ActionScript 3.0。它可以使 ActionScript 3.0 程序代码添加到 FLA 文档中，进而实现常见功能。

1．准备事项

在使用"代码片断"面板前，应了解其基本规则：

许多代码片断都要求打开"动作"面板，并对代码中的几项进行自定义。每个片断都包含对此任务的具体说明。

所有代码片断都是 ActionScript 3.0，它与 ActionScript 2.0 不兼容。

有些片断会影响对象的行为，允许它被单击或导致它移动或消失，可以将这些代码片段应用到舞台上的对象。

当播放头进入包含该代码片断的帧时会引起某个动作发生，可以将这些片断应用到时间轴的帧上。

当应用代码片断时，代码将会添加到时间轴中"动作"图层的当前帧。如果尚未创建动作图层，Flash 将在时间轴的顶部图层上面添加一个"动作"图层。

为了使 ActionScript 能够控制舞台上的对象，必须在"属性"面板中为该对象指派实例名称。

每个代码片断都有描述片断功能的工具提示。

2．添加代码片断

本例将为动画创建一个按钮，使用代码片段为按钮添加动作脚本来实现加载外部声音并进行播放和停止控制，完成后的效果如下图所示。

素材文件　光盘:\素材\第 17 章\声音控制.fla

STEP 01 打开素材文件，单击"新建图层"按钮，新建"图层 2"。选择"窗口"|"库"|Buttons 命令，如下图所示。

STEP 02 在"外部库"面板中展开 playback rounded 文件夹，将播放控制按钮拖入舞台，如下图所示。

STEP 03 在"属性"面板中输入实例名称 btnplay。选中按钮实例，选择"窗口"|"代码片断"命令，如下图所示。

STEP 04 在"代码片断"面板中展开"音频和视频"文件夹，双击"单击以播放/停止声音"命令，如下图所示。

STEP 05 打开"动作"面板，在脚本窗口中自动输入脚本。将所需的声音文件 URL 地址替换为 Sleep Away.mp3，单击"关闭"按钮，如下图所示。

STEP 06 按【Ctrl+Enter】组合键测试。单击播放控制按钮即可播放音乐，再次单击该按钮即可停止播放，如下图所示。

17.2 运用动作脚本制作交互动画

下面将通过实例来说明 Flash 中内置基本语句的使用，以及手动编写 ActionScript 脚本的方法。

17.2.1 跳转到其他网页动画

ActionScript 2.0 中链接网页的 getURL() 方法在 ActionScript 3.0 中变成 navigate ToURL()。下面将创建跳转到其他网页的效果（如下图所示），具体操作方法如下：

素材文件　　光盘:\素材\第 17 章\跳转到其他网页动画.fla

STEP 01 打开素材文件，单击"新建图层"按钮，新建"图层 2"，如下图所示。

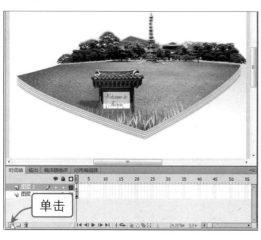

STEP 02 选择矩形工具，在"属性"面板中设置矩形边角半径，绘制一个圆角矩形，如下图所示。

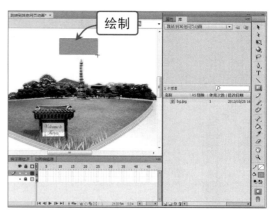

STEP 03 按【F8】键，弹出"转换为元件"对话框，设置类型为"按钮"，单击"确定"按钮，如下图所示。

STEP 04 双击"元件1"，进入元件编辑状态。选择文本工具，绘制文本框并输入文本，如下图所示。

STEP 05 选中"指针经过"帧，按【F6】键插入关键帧，在"属性"面板中设置文本颜色为#CC6600。在"点击"帧按【F5】键延长帧，如下图所示。

STEP 06 单击"场景1"图标，返回主场景。单击"新建图层"按钮，新建"图层3"，将其命名为actions，如下图所示。

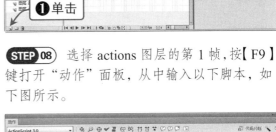

STEP 07 选中制作的按钮，在"属性"面板中设置实例名称为button，如下图所示。

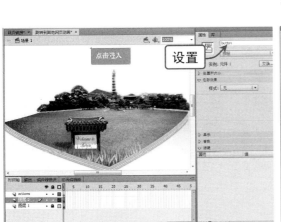

STEP 08 选择actions图层的第1帧，按【F9】键打开"动作"面板，从中输入以下脚本，如下图所示。

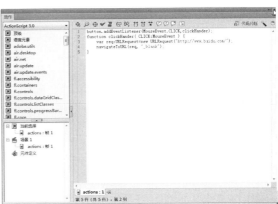

STEP 09 按【Ctrl+Enter】组合键测试动画，单击"点击进入"按钮，如下图所示。

STEP 10 此时，即可打开所设置打开的网页，如下图所示。

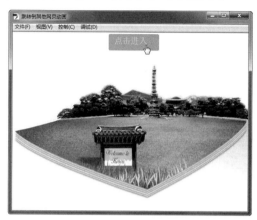

17.2.2 键盘事件

按下键盘的某个键可以响应事件，下面将制作一个控制实例运动来进行说明，具体操作方法如下：

素材文件　光盘:\素材\第17章\键盘事件.fla

STEP 01 打开素材文件，将car.jpg拖至"图层 2"并调整其大小。选择"修改"|"转换为元件"命令，如下图所示。

STEP 02 弹出"转换为元件"对话框，设置类型为"影片剪辑"，单击"确定"按钮，如下图所示。

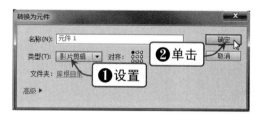

知识插播

本例中应用到键盘事件对象的keyCode属性，每一个键都对应唯一的编码。要获得键盘上的按键操作，需要设置焦点为键盘。可以使用 stage 对象的 focus 属性设置，其格式为 stage.focus=实例名。

STEP 03 在"属性"面板中设置实例名称为 car。单击"新建图层"按钮，并重命名为 actions。选择"窗口"|"动作"命令，如下图所示。

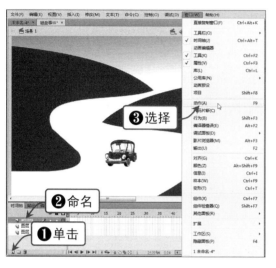

STEP 04 打开"动作"面板，输入语句 "stage.focus=this;"，定义焦点为当前场景，如下图所示。

STEP 05 使用 AddEventListener 定义事件为键盘事件 KeyboardEvent，如下图所示。

STEP 06 定义事件响应函数 keydown，用 evt 接收事件对象，如下图所示。

STEP 07 添加 if 语句，判断按下的是否为向左或向右方向键，单击"关闭"按钮，如下图所示。

STEP 08 按【Ctrl+Enter】组合键进行测试，按左右方向键即可向左或向右移动，如下图所示。

咨询台 **新手答疑**

1 ActionScript 和 JavaScript 的区别是什么?

　　ActionScript 不支持浏览器相关的对象，如 Document、Anchor 和 Window 等；ActionScript 不支持全部的 JavaScript 的预定义对象；ActionScript 不支持 JavaScript 的函数构造。

2 ActionScript 中的运算符都有哪些?

　　ActionScript 运算符包括数值运算符、关系运算符、赋值运算符、逻辑运算符、等于运算符和位运算符。

3 Flash CS6 中包含的 Action 命令有哪些?

　　常见的 Action 命令有全局函数、ActionScript 2.0 类、全局属性、运算符、语句、编译器指令、常数、否决的。

Chapter

Photoshop 网页图像
处理基础

18

　　随着网页中图像的大量使用，Photoshop 作为一款便利、专业的图像处理软件，在网页制作中的作用举足轻重。Photoshop CS6 的工作界面提供了一个可充分表现自我的设计空间，在方便了操作的同时也提高了工作效率。本章将重点介绍 Photoshop CS6 网页图像处理方面的基础知识，读者应该熟练掌握。

学习要点：

- 初识 Photoshop CS6
- 网页图像的基本操作
- 网页图像大小的调整
- 网页图像的变换与变形
- 网页图像色彩的调整

18.1 初识 Photoshop CS6

Photoshop 是一款专业的图形图像处理软件，而 Photoshop CS6 作为 Photoshop 系列软件的最新版本，在继承旧版软件的基础上做了改进。尤其是用户界面，它打破了传统的软件界面，采用了全新的设计方案，从而最大限度地利用了操作界面。

18.1.1 Photoshop CS6 工作界面

启动 Photoshop CS6，从中打开一个图像文件。此时，即可看到 Photoshop CS6 的工作界面，如下图所示。

◎ **菜单栏**：包含 9 个菜单命令，利用这些菜单命令可以完成对图像的编辑、调整色彩和添加滤镜特效等操作。

◎ **属性栏**：属性栏位于菜单栏的下方，主要用于修改各种工具的参数属性。在工具箱中选取要使用的工具，然后根据需要在属性栏中进行参数设置，最后使用该工具对图像进行编辑和修改。

◎ **工具箱**：包含了多个工具，利用这些工具可以完成对图像的各种编辑操作。

◎ **工作区**：显示当前打开的图像。

◎ **状态栏**：可以提供当前文件的显示比例、文档大小和当前工具等信息。

◎ **面板组**：面板是 Photoshop 中一种非常重要的辅助工具，其主要功能是帮助用户查看和编辑图像，默认位于工作界面的右侧。

18.1.2 网页图像基本知识

在网页中，并非所有的图像格式都适合使用，也不是所有的颜色模式都适用于网页。下面将介绍图像的基本知识，以及网页图像的选择方法。

1. 位图和矢量图

位图和矢量图是图像处理中最常用的两个基本概念，下面将分别对其进行介绍。

（1）位图

位图又称光栅图，它是由许多像小方块一样的像素所组成的图像。使用位图能够制作出色彩和色调变化丰富的图像。位图与分辨率有着直接的关系，分辨率高的位图清晰度较高，但若将位图放大到一定倍数，就会出现细节丢失的状况，如下图所示。

位图放大前后的对比

（2）矢量图

矢量图可以很容易地进行放大、缩小及旋转操作，且它所占的存储空间较小。矢量图与分辨率无关，它可以任意地放大，并且清晰度不变，如下图所示。

矢量图放大前后的对比

2. 颜色模式

颜色模式主要是指图像的颜色构成方式。由于不同用途的图像颜色构成不同，如计算机中显示的图像为 RGB 模式，而打印输入的图像需要用 CMYK 模式。

由于计算机成像中的色彩是由光组成的，因此该类图像的颜色模式为 RGB（红、绿、蓝）。这 3 种色彩之间的相互叠加得到各种各样的色彩，RGB 模式的图像称为三通道颜色。该模式图像的颜色比较亮丽，如下图所示。

　　在印刷或打印的图片中，主要通过颜料配比来控制实现色彩，该类图像相对来说比较暗淡一些，如下图所示，称为 CMYK 模式。在实际生活中很少使用 CMYK 颜色模式，用 CMYK 模式编辑图像虽然能够避免色彩的损失，但运算速度较慢，并且占用的存储空间很大。

18.2　网页图像的基本操作

　　新建文件、打开文件、保存文件等都是有效地管理文件而必须掌握的基本操作。下面将介绍网页图像设计处理过程中将会涉及的一些文件操作。

18.2.1　新建文件

　　选择"文件"|"新建"命令，在弹出的"新建"对话框中设置新建文件的名称、宽度、高度、分辨率、颜色模式和背景内容等属性，如下图（左）所示。

　　如果需要对创建的文件进行颜色配置和像素长宽比的设置，可以单击"高级"按钮，在出现的"颜色配置文件"和"像素长宽比"下拉列表框中选择相应的选项，从而更精确地设置新建文件的属性，如下图（右）所示。

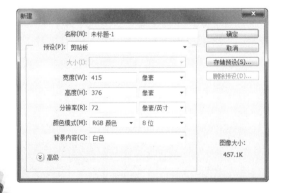
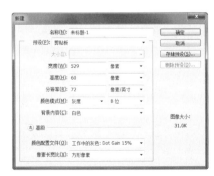

按【Ctrl+N】组合键，也可以快速打开"新建"对话框。对于一些比较常用的文档参数，可以将其保存为预设，以方便使用。

18.2.2 打开文件

选择"文件"|"打开"命令，弹出"打开"对话框，从中选择要打开的文件，单击"打开"按钮或直接双击该文件，即可将其打开，如下图所示。

按【Ctrl+O】组合键，或者在工作界面上双击，也可以打开"打开"对话框。

18.2.3 保存文件

如果是一个新建的、从未保存过的文档，要使用"存储为"命令进行存储，可选择"文件"|"存储为"命令，将弹出"存储为"对话框，如右图所示。

如果是打开一个已经保存过的文件进行编辑，想要保存这次进行的操作，可以选择"文件"|"存储"命令，此时将直接保存所做的修改，而不再弹出对话框。

18.3 网页图像大小的调整

调整图像大小、修改画布大小、设置图像旋转，以及对图像进行裁切等都是调整网页图像的基本操作，下面将分别对其进行介绍。

18.3.1 调整图像的大小

在使用 Photoshop 编辑网页图像时，选择"图像"|"图像大小"命令或按【Alt+Ctrl+I】组合键，将弹出"图像大小"对话框，如右图所示。

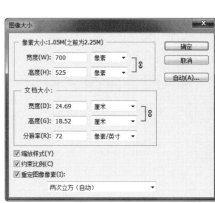

◎ **像素大小**：通过改变"宽度"和"高度"的数值，可以调整图像的大小。

◎ **文档大小**：通过改变"宽度"、"高度"和"分辨率"的数值，可以调整图像文件的大小。

◎ **自动**：单击该按钮，将弹出"自动分辨率"对话框，在其中可以选择一种自动调整打印分辨率的样式。

◎ **缩放样式**：选中该复选框，表示在调整图像大小时按比例缩放图像。

◎ **约束比例**：选中该复选框，将会限制长宽比，即在"宽度"和"高度"选项的后面出现一个⑧图标，表示改变其中某一选项设置时，另一选项会按比例发生相应的变化。

◎ **重定图像像素**：取消选择该复选框，"像素大小"选项区域为固定值，不会再发生变化。

18.3.2 调整画布的大小

画布大小是指当前图像周围工作空间的大小。选择"图像"|"画布大小"命令或按【Alt+Ctrl+C】组合键，均可弹出"画布大小"对话框。

调整画布大小的方法如下：

素材文件　光盘:\素材文件\第 18 章\运动鞋.jpg

STEP 01 按【Ctrl+O】组合键，打开素材图像"运动鞋.jpg"，如下图所示。

STEP 02 选择"图像"|"画布大小"命令，弹出"画布大小"对话框，如下图所示。

STEP 03 在"画布大小"对话框中设置各项参数，单击"确定"按钮，如下图所示。

STEP 04 此时，画布上方的高度增加了 15 毫米，如下图所示。

STEP 05 再次选择"图像"|"画布大小"命令，设置各项参数，单击"确定"按钮，如下图所示。

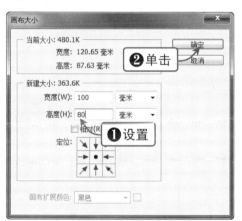

STEP 06 在弹出的提示信息框中单击"继续"按钮，则对图像进行剪切，如下图所示。

18.3.3 裁剪网页图像

使用 Photoshop 的图像裁剪功能可以保留需要编辑的图像区域，并删除图像中多余的部分，下面将详细介绍裁剪图像的各种方法。

1．使用裁剪工具裁剪图像

在 Photoshop 中，使用裁剪工具裁剪图像是最常用和方便的方法。选择工具箱中的裁剪工具，其工具选项栏如下图所示。

选择裁剪工具后，将鼠标指针移到图像中，按住鼠标左键并拖动，此时图像中将出现一个带有 8 个控制柄的裁剪框。在裁剪框内双击或按直接按【Enter】键，即可完成裁剪操作，如下图所示。

2. 使用"裁剪"命令裁剪图像

除了使用裁剪工具裁切图像外，还可以使用菜单栏中的"裁剪"命令裁切图像。在使用"裁剪"命令之前，要先在图像中创建一个选区，选区内即为要保留的图像部分。此时选择"图像"|"裁剪"命令，就可以根据选区的上、下、左、右的界限来裁剪图像。无论创建的选区是什么形状，裁剪后的图像均为矩形，如下图所示。

3. 使用"裁切"命令裁剪图像

创建选区后，选择"图像"|"裁切"命令，将弹出"裁切"对话框，如下图所示。

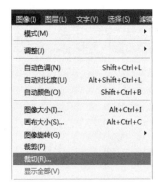

◎ **基于**：该选项区用于选择一种裁剪方式，基于颜色进行裁剪。若选中"透明像素"单选按钮，则修整掉图像边缘的透明区域，留下包含非透明像素的图像；若选中"左上角像素颜色"单选按钮，则从图像中移去左上角像素颜色的区域；若选中"右下角像素颜色"单选按钮，则从图像中移去右下角像素颜色的区域。

◎ **裁切**：该选项区用于选择裁切的区域，包括"顶"、"底"、"左"和"右"4个复选框。如果选中所有的复选框，则会裁剪图像四周的空白区域。

18.4 网页图像的变换与变形

在制作网页的过程中，经常需要对网页图像进行变换或变形，在 Photoshop 中可以轻松实现，下面将分别对其进行介绍。

18.4.1 变换图像

选择"编辑"|"变换"菜单中的子命令，可以对图像进行各种变形操作，如图像的缩放、旋转、斜切和透视等。这些操作在实际进行创作时经常用到，读者要熟练掌握其应用方法，如下图所示。

原图像

缩放图像

斜切图像

扭曲图像

18.4.2 内容识别比例缩放

使用内容识别功能，在调整图像大小时能智能地保留重要区域，使其不发生变形。选择"编辑"|"内容识别比例"命令，此时的工具选项栏如下图所示。

X: 800.00 像   Y: 600.00 像   W: 100.00%   H: 100.00%   数量: 100%   保护: 无

单击属性栏中的"保护肤色"按钮，在变换时会自动对人物肤色部分进行保护，如下图所示。可以看出，窗口中的图像画面变窄了，但受保护的人物肤色部分却没有发生变形。

原图像

单击"保护肤色"按钮

变形效果

18.5 网页图像色彩的调整

在设计网页过程中，图像的色彩与色调调整在图像处理中是一项非常重要的内容。在 Photoshop CS6 中提供了多种工具和命令，以便用户进行图像色彩的调整，使图像看上去更具有艺术感，从而增加作品的可观赏性。下面将详细介绍在 Photoshop 中常用的调整图像色彩的方法。

18.5.1 使用"色阶"命令调整图像

"色阶"命令对于调整图像色调是使用频率非常高的命令之一，它可以通过调整图像的暗调、中间调和高光的强度级别来校正图像的色调范围和色彩平衡。

选择"图像"|"调整"|"色阶"命令或按【Ctrl+L】组合键，弹出"色阶"对话框，其中，重要选项的含义如下：

◎ **输入色阶**：在此文本框中输入数值或拖动黑、白、灰滑块，可以调整图像的高光、中间调和阴影，提高图像的对比度。向右拖动黑色或灰色滑块，可以使图像变暗；向左拖动白色或灰色滑块，可以使图像变亮。

◎ **输出色阶**：通过"输出色阶"可以调整图像的亮度，将黑色滑块向右侧拖动时，图像会变得更亮；将右侧的白色滑块向左拖动时，可以将图像亮度调暗。

下面将通过实例来介绍该命令的使用方法，具体操作方法如下：

素材文件 光盘：素材文件\第 18 章\夏日.jpg

STEP 01 按【Ctrl+O】组合键，打开素材图像"夏日.jpg"，如下图所示。

STEP 02 选择"图像"|"调整"|"色阶"命令，弹出"色阶"对话框，如下图所示。

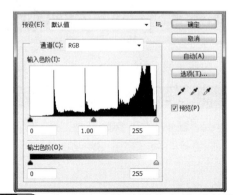

STEP 03 拖动"输入色阶"选项区域中的滑

STEP 04 此时即可得到调整色阶后的图像

2 单击

块，单击"确定"按钮，如下图所示。　　　效果，如下图所示。

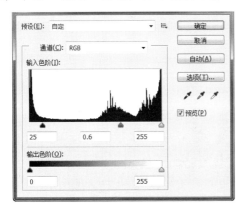

18.5.2　使用"曲线"命令调整图像

　　"曲线"命令也是 Photoshop 中较常用的色调调整命令之一，它可以在暗调到高光色调范围内对图像中多个不同点的色调进行调整。下面将通过实例来介绍该命令的使用方法，具体操作方法如下：

素材文件　光盘：素材文件/第 18 章/水晶.jpg

STEP 01　按【Ctrl+O】组合键，打开素材图像"水晶.jpg"，如下图所示。

STEP 02　选择"图像"|"调整"|"曲线"命令，弹出"曲线"对话框，如下图所示。

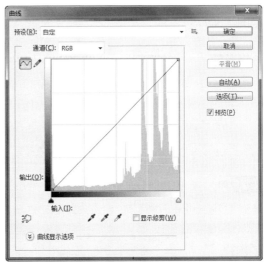

知识插播

　　"曲线"命令与"色阶"命令不同的是："曲线"命令可以调整 0~255 之间的任意点，而"色阶"命令是对高光、暗调和中间调 3 个变量进行调整。

STEP 03 设置"通道"为"蓝"，拖动曲线调整其形状，单击"确定"按钮，如下图所示。

STEP 04 此时，即可查看调整色调后的图像效果，如下图所示。

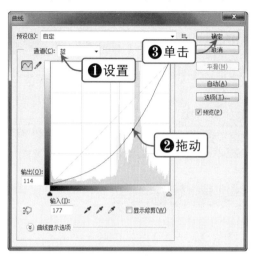

18.5.3 使用"亮度/对比度"命令调整图像

使用"亮度/对比度"命令是对图像的色调范围进行调整的较简单的方法。与"曲线"和"色阶"命令不同，"亮度/对比度"命令是一次性调整图像中的所有像素。

选择"图像"|"调整"|"亮度/对比度"命令，弹出"亮度/对比度"对话框。其中，各选项的含义如下：

◎ **亮度**：当数值为负时，表示降低图像的亮度；当数值为正时，表示增加图像的亮度；当数值为 0 时，图像无变化。可以拖动滑块进行调整，也可以直接输入数值。

◎ **对比度**：当数值为负时，表示降低图像的对比度；当数值为正时，表示增加图像的对比度；当数值为 0 时，图像无变化。可以拖动滑块进行调整，也可以直接输入数值。

下面将通过实例来介绍该命令的使用方法，具体操作方法如下：

素材文件 光盘：素材文件\第 18 章\热气球.jpg

STEP 01 按【Ctrl+O】组合键，打开素材图像"热气球.jpg"，如下图所示。

STEP 02 选择"图像"|"调整"|"亮度/对比度"命令，弹出"亮度/对比度"对话框，如下图所示。

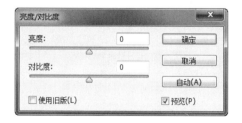

STEP 03 在"亮度/对比度"对话框中设置"亮度"为-70,"对比度"为100,单击"确定"按钮,如下图所示。

STEP 04 此时即可得到调整亮度和对比度后的图像效果,如下图所示。

18.5.4 使用"色彩平衡"命令调整图像

"色彩平衡"命令是通过调整各种色彩的色阶平衡来校正图像中出现的偏色现象,更改图像的总体颜色混合。

选择"图像"|"调整"|"色彩平衡"命令或按【Ctrl+B】组合键,弹出"色彩平衡"对话框。其中,各选项的含义如下:

◎ **色彩平衡**:在该选项区中有"青色"和"红色"、"洋红"和"绿色"、"黄色"和"蓝色"3对互补的颜色可供调节。将滑块向主要增加的颜色方向拖动,即可增加该颜色,减少其互补颜色,也可以在"色阶"文本框中输入数值进行调节。

色调平衡:用于设置色调范围,主要通过"阴影"、"中间调"和"高光"3个单选按钮进行设置。选中"保持明度"复选框,则可以在调整颜色平衡过程中保持图像的整体亮度不变。

下面将通过实例来介绍该命令的使用方法,具体操作方法如下:

素材文件 光盘:素材文件\第18章\荷叶.jpg

STEP 01 按【Ctrl+O】组合键,打开素材图像"荷叶.jpg",如下图所示。

STEP 02 选择"图像"|"调整"|"色彩平衡"命令,弹出"色彩平衡"对话框,如下图所示。

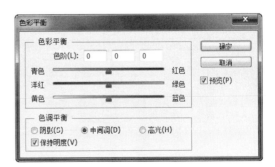

STEP 03 在"色彩平衡"对话框中设置各项参数值，单击"确定"按钮，如下图所示。

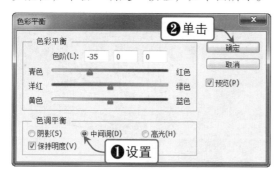

STEP 04 此时，即可查看调整色彩平衡后的图像效果，如下图所示。

18.5.5 使用"色相/饱和度"命令调整图像

利用"色相/饱和度"命令可以改变图像的颜色，为黑白照片上色，或调整单个颜色成分的色相、饱和度和明度等。下面将通过实例来介绍该命令的使用方法，具体操作方法如下：

素材文件 光盘：素材文件\第18章\蒲公英.jpg

STEP 01 按【Ctrl+O】组合键，打开素材图像"蒲公英.jpg"，如下图所示。

STEP 02 选择"图像"|"调整"|"色相/饱和度"命令，弹出"色相/饱和度"对话框，设置"色相"为50，如下图所示。

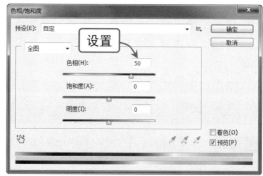

STEP 03 此时，即可改变图像的整体色调，效果如下图所示。

STEP 04 若设置"饱和度"选项的数值为50，如下图所示。

STEP 05 此时图像的整体颜色深度发生变化，效果如下图所示。

STEP 06 若设置"明度"选项的数值为-50，如下图所示。

STEP 07 此时图像的整体颜色亮度变暗，效果如下图所示。

STEP 08 若在"色相/饱和度"对话框右下方选中"着色"复选框，如下图所示。

STEP 09 此时即可制作出单色调图片效果，如下图所示。

咨询台 新手答疑

1 如何通过"变化"命令调整图像颜色和亮度?

若要将颜色添加到图像，则单击相应的颜色缩览图。若要减去颜色，单击其相反颜色的缩览图。例如，若要减去青色，只需单击"加深红色"即可；若要调整亮度，只需单击对话框右侧的缩览图即可。

2 在网页设计过程中，适合使用的图像格式有哪几种?

在网页设计制作过程中，为了不影响网速，便于用户快速地流量网页，应尽量使用文件较小的图像格式。GIF 是 Web 上最常用的图像格式，JPEG 是 Web 上仅次于 GIF 的常用图像格式，PNG 格式是 Web 图像中最通用的格式。

3 Web 上常用图像格式中支持透明背景图的是哪些?

GIF 可以用来存储各种图像文件。GIF 格式文件非常小，支持动态图、透明图和交织图。PNG 格式是一种无损压缩格式，最多可以支持 32 位颜色，支持透明图但不支持动画图。

Chapter

图像的选取与编辑

19

网页图像的处理往往是以对图像选取为基础，然后才能在所选区域上进行编辑操作，因此如何精确地创建选区在图像处理中起着非常重要的作用。本章将详细介绍如何在 Photoshop 中创建选区，以及如何对选区进行编辑操作。

学习要点：

- 选区的创建
- 选区的编辑

19.1　选区的创建

选区是 Photoshop 中最重要、最常用的辅助工具。在创建选区后，将出现一个由黑白色浮动线条组成的区域，所有的操作将限定在这个范围内，从而起到定界的作用。利用 Photoshop 编辑网页图像时，很多操作是针对局部区域进行的，所以在编辑时经常会涉及选区。选区的创建方法有多种，在操作时可以根据具体情况选择最便捷的方法进行创建。

19.1.1　使用选框工具组创建选区

选框工具组主要用于创建规则的图像选区，它主要由矩形选框工具、椭圆选框工具、单行选框工具及单列选框工具组成，如右图所示。

在工具箱中选择工具后，在窗口上方会出现该工具的工具属性栏，在编辑图像之前应先对其进行设置。

◎ **矩形选框工具**：用于创建矩形选区。

◎ **椭圆选框工具**：用于创建椭圆形选区。

◎ **单行选框工具**：用于创建横向距离为 1 像素的选区。

◎ **单列选框工具**：用于创建纵向距离为 1 像素的选区。

下面将以矩形选框工具为例介绍如何进行相关设置，矩形选框工具的属性栏如下图所示。

◎ **羽化**：设置羽化值后，可以使创建的选区的边缘更加柔和。

◎ **消除锯齿**：选中工具属性栏中的"消除锯齿"复选框，在创建选区时可以使选区边缘变得比较平滑，但"消除锯齿"复选框只有在选择椭圆选框工具时才可以使用。

◎ **样式**：该下拉列表框中有 3 个选项，分别是"正常"、"固定比例"和"固定大小"。

◎ **正常**：选择该选项后，将不能对样式进行任何设置。

◎ **固定比例**：选择该选项后，可以在右侧的宽度和高度文本框中设置长宽比例。当设置长宽比例为 1∶1 时，可以创建正方形选区。

◎ **固定大小**：选择该选项后，可以在右侧的宽度和高度文本框中设置长、宽值。当设置长、宽值分别为 800px 和 700px 时，在图像窗口中单击即可创建长宽值固定的选区。

选框工具的具体使用方法如下：

素材文件　光盘：素材文件\第 19 章\书.jpg

STEP 01 按【Ctrl+O】组合键，打开素材图像"书.jpg"，如下图所示。

STEP 02 选择矩形选框工具▣，按住鼠标左键并拖动创建矩形选区，如下图所示。

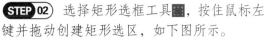

STEP 03 单击"添加到选区"按钮▣，创建的新选区将与上一个选区相加，如下图所示。

STEP 04 单击"从选区减去"按钮▣，在图像上绘制一个新的选区，如下图所示。

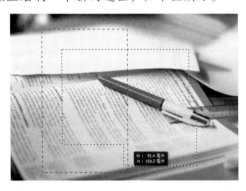

STEP 05 此时会在原有选区中减去新选区的相交部分，得到新的选区效果，如下图所示。

STEP 06 按【Ctrl+Shift+I】组合键反选选区，得到原选区之外部分的选择范围，如下图所示。

19.1.2　使用套索工具组创建选区

　　套索工具组主要用于创建不规则的图像选区，它由套索工具、多边形套索工具及磁性套索工具组成，如右图所示。

　◎ **套索工具**：选择的区域形状与鼠标拖动轨迹相同。

　◎ **多边形套索工具**：单击的点连接形成多边形选区。

　◎ **磁性套索工具**：具有识别边缘的功能，用鼠标随着物体的轮廓单击会形成吸附于轮廓的选区，从而选出所需的部分。

在磁性套索工具的属性栏中除了有套索工具和多边形套索工具的属性外，还多出了其他几个参数，如下图所示。其中：

◎ **宽度**：设置与边的距离，以区分路径，取值范围为1~40像素。

◎ **对比度**：设置边缘对比度，以区分路径，取值范围为 1%~100%，数值越大，边界定位也就越精确。

◎ **频率**：设置锚点添加到路径中的密度，即用于设置定义边界时的锚点数，取值范围为0~100，数值越大，产生的锚点也就越多。

◎ ⬛：用于设置绘图板的笔刷压力，单击此按钮，套索的宽度会变细。

下面将介绍如何利用磁性套索工具创建选区，具体操作方法如下：

素材文件　光盘：素材文件\第19章\木瓜.jpg

STEP 01 按【Ctrl+O】组合键，打开素材图像"木瓜.jpg"，如下图所示。

STEP 02 选择磁性套索工具⬛，单击图像中的木瓜边缘，并沿着外边缘拖动，如下图所示。

STEP 03 当鼠标指针回到起始点后单击，即可完成选区的创建，如下图所示。

STEP 04 按【Ctrl+Shift+U】组合键去色，将选区内的图像颜色去掉，如下图所示。

19.1.3　使用快速选择工具创建选区

使用快速选择工具可以利用画笔笔尖快速绘制选区，其属性栏如下图所示。

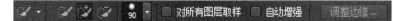

276

◎ **画笔面板** : 单击"画笔"右侧的下拉按钮，可以打开"画笔"面板，在此面板中可以对画笔的参数进行设置。

◎ **对所有图层取样**: 该复选框的作用是从复合图层中进行颜色取样。选中该复选框时，表示可以在所有可见图层中选取颜色相近的区域；取消选择该复选框时，只可以在当前图层中选取颜色相近的区域。

◎ **自动增强**: 选中该复选框，可以减小选区边缘粗糙度，使选区边缘更平滑。

下面将介绍如何利用快速选择工具创建选区，具体操作方法如下：

素材文件　光盘：素材文件\第 19 章\甲壳虫.jpg

STEP 01 按【Ctrl+O】组合键，打开素材图像"甲壳虫.jpg"，如下图所示。

STEP 02 选择快速选择工具 ，在要创建选区的地方按住鼠标左键并拖动，即可粗略地创建选区，如下图所示。

STEP 03 选择"添加到选区"按钮 和"从选区减去"按钮 ，调整所选区域，如下图所示。

STEP 04 选择"图像"|"自动颜色"命令，按【Ctrl+D】组合键取消选区，如下图所示。

19.1.4　使用魔棒工具创建选区

使用魔棒工具可以选择颜色一致的区域，其属性栏如下图所示。它区别于快速选择工具属性栏的两个参数是"容差"和"连续"。

| | 取样大小： | 取样点 | 容差： 50 | ☑ 消除锯齿 | ☐ 连续 | ☐ 对所有图层取样 | 调整边缘… |

◎ **容差**：用于设置颜色的选取范围，容差值的大小决定了选取范围的大小。容差值越大，则选取范围也就越大，其数值介于 0~255 之间。

◎ **连续**：该复选框决定了是否将不相连但颜色相近的像素一起选中，选中该复选框，可以选择位置相连而且颜色相近的区域；取消选择该复选框，则可以选择所有颜色相近但位置不一定相连的区域。

下面将介绍如何利用魔棒工具创建选区，具体操作方法如下：

素材文件 光盘：素材文件\第 19 章\割绳子.jpg

STEP 01 按【Ctrl+O】组合键，打开素材图像"割绳子.jpg"，如下图所示。

STEP 02 选择魔棒工具，设置"容差"值为 10，在动物身上单击创建选区，如下图所示。

STEP 03 选择"图像"|"调整"|"色相/饱和度"命令，在弹出的对话框中设置参数，单击"确定"按钮，如下图所示。

STEP 04 按【Ctrl+D】组合键取消选区，即可得到调整后的图像效果，如下图所示。

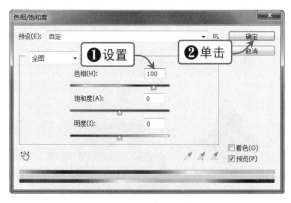

19.1.5 使用"色彩范围"命令创建选区

"色彩范围"命令是一个利用图像中的颜色变化关系来创建选区的命令，下面将介绍使用该命令创建选区的方法，具体操作方法如下：

素材文件 光盘：素材文件\第 19 章\叶子.jpg

STEP 01 按【Ctrl+O】组合键，打开素材图像"叶子.jpg"，如下图所示。

STEP 02 选择"选择"|"色彩范围"命令，弹出"色彩范围"对话框，如下图所示。

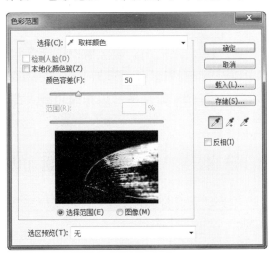

STEP 03 此时鼠标指针变为吸管形状，将其移至图像窗口中，单击叶子部分吸取颜色，如下图所示。

STEP 04 通过调整对话框中的"颜色容差"值，也可以添加颜色到选区，单击"确定"按钮，如下图所示。

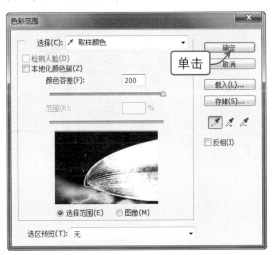

STEP 05 此时，即可在图像中生成选区，如下图所示。

STEP 06 选择"图像"|"自动色调"命令，按【Ctrl+D】组合键取消选区，如下图所示。

19.2 选区的编辑

创建选区之后，为了使编辑图像时更为精确，还需要对选区进行编辑。选区的编辑主要包括选区的移动、选区的隐藏和显示、选区的扩展和收缩、选区的变换、选区的描边，以及选区的存储和载入等。

19.2.1 移动与隐藏选区

在处理网页图像的过程中，可以根据自己的需要移动选区，还可以隐藏或显示选区，下面将分别对其进行介绍。

1. 移动选区

在图像窗口中创建一个椭圆形选区，如下图（左）所示。将鼠标指针移至选区内部，按住鼠标左键并拖动，即可移动所创建的选区，如下图（右）所示。

2. 隐藏或显示选区

为了更好地对图像进行编辑，有时需要动态地对选区进行显示或隐藏。在图像窗口中创建一个矩形选区，如下图（左）所示。选择"视图"|"显示"|"选区边缘"命令，即可隐藏选区，如下图（右）所示。

 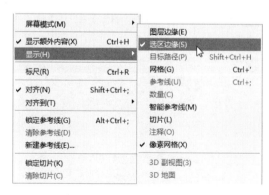

19.2.2　修改选区

创建选区后，选择"选择"|"修改"命令，利用弹出的子菜单命令可以对选区进行平滑、扩展和收缩等修改操作，以满足各种操作的需要。

1．修改边界

边界具有创建双重选区的作用，当在图像中创建一个选区后，选择"选择"|"修改"|"边界"命令，将弹出"边界选区"对话框。其中，"宽度"用于控制从当前选区向外扩展的大小，扩展后的选区减去原来的选区，得到的就是边界的宽度。"宽度"的取值范围在 1～200 之间，数值越大，边缘的宽度越宽，选中的图像也就越模糊，如下图所示。

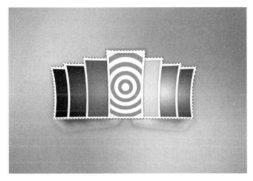 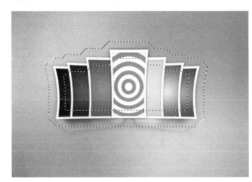

2．平滑选区

使用"平滑"命令可以使当前选区边缘的杂点被清除掉，使边缘更加平滑。选择"选择"|"修改"|"平滑"命令，弹出"平滑选区"对话框，在"取样半径"文本框中可以输入范围为 1～200 之间的数值，数值越大，选区就越平滑。

3．扩展选区

使用"扩展"命令可以扩大当前的选区，选择"选择"|"修改"|"扩展"命令，将弹出"扩展选区"对话框。在"扩展量"文本框中可以输入选区向外扩展的范围，数值越大，选区向外扩展的范围也就越大，如下图所示。

4．收缩选区

使用"收缩"命令可以向内收缩当前的选区，将选区缩小。选择"选择"|"修改"|"收缩"命令，弹出"收缩选区"对话框，在"收缩量"文本框中可以输入选区向内收缩的范围，数值越大，选区向内收缩的范围也就越大。

5. 羽化选区

使用"羽化"命令能对图像的边缘起到柔化、过渡的作用。选择"选择"|"修改"|"羽化"命令，弹出"羽化选区"对话框，在"羽化半径"文本框中可以设置羽化值的大小，数值越大，边缘的柔化效果就越明显。

19.2.3 变换选区

变换选区就是对选区进行移动、旋转和缩放等变形操作，其只影响选区，而对图像本身没有任何影响。

创建选区后，选择"选择"|"变换选区"命令，在创建的选区中就会显示出变换控制框，如下图所示。

在变换控制框每条边的中间和四个角上都有一个正方形的小格，当将鼠标指针放在变换控制框边上的某个小方格上时，指针将变成直箭头图标，此时拖动鼠标可以进行选区的缩放操作，如下图所示。

知识插播

在缩放变换控制框时，按住【Shift】键，可以对变换控制框进行等比例缩放。按住【Alt+Shift】组合键，可以使变换控制框沿中心点等比例缩放。

将鼠标指针放在控制点的外侧，当指针变成 形状时，按住鼠标左键并拖动，即可旋转选区，如下图所示。

知识插播

在旋转选区时，按住【Shift】键，可以将选区按15°的倍数进行旋转。

若想对选区进行扭曲操作，则可以按住【Ctrl】键，拖动控制框的某个控制点，如下图所示。变换完选区或图像后，双击或按【Enter】键，即可取消变换控制框，得到变换后的图像结果。

19.2.4 填充与描边选区

创建选区后，填充和描边选区也是处理网页图像过程中常用的操作方法，下面将分别对其进行详细介绍。

1. 填充选区

创建选区后，可以对选区或图层进行填充。选择“编辑”|“填充”命令，即可打开“填充”对话框。在“使用”下拉列表中可以选择填充颜色，也可以选择一个自定图案。下图所示为填充白色后的效果。

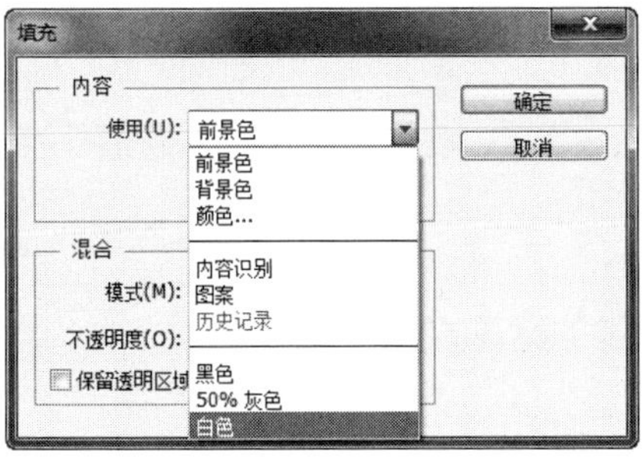

设置好前景色后，按【Alt+Delete】组合键也可以填充选区，按【Ctrl+D】组合键则可以取消选区。

2．描边选区

创建选区后即可对选区进行描边操作，选择"编辑"|"描边"命令，在弹出的对话框中对参数进行设置，如右图所示。

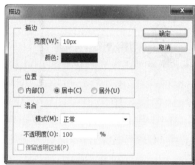

- ◎ 宽度：用于设置描边的宽度。
- ◎ 颜色：用于设置描边的颜色。
- ◎ 位置：用于设置描边的位置。其中，"内部"表示在选区的边框以内描边，"居中"表示以选区的边框为中心进行描边，"居外"表示在选区的边框以外描边。
- ◎ 模式：用于设置描边颜色的混合模式。
- ◎ 不透明度：用于设置描边颜色的不透明度。

19.2.5　存储与载入选区

在使用 Photoshop 编辑网页图像的过程中，为了防止操作失误而造成选区丢失，或以后想重复使用，可以将选区长久保存，在需要的时候直接载入即可。

1．存储选区

选择"选择"|"存储选区"命令，将弹出"存储选区"对话框，即可将选区存储起来，如下图所示。

创建选区　　　　　　　　　　存储选区　　　　　　　　　　存储效果

在"存储选区"对话框中各选项的含义如下：

- ◎ 文档：用于选择保存选区的文档。可以选择当前文档、新建文档或当前打开的与当前文档的尺寸大小相同的其他图像。
- ◎ 通道：选择保存选区的目标通道。Photoshop 默认新建一个 Alpha 通道保存选区，也可以从下拉列表框中选择其他现有的通道。
- ◎ 名称：可以设置新建的 Alpha 通道的名称。
- ◎ 操作：可以设置保存的选区与原通道中选区的运算方式。

2．载入选区

存储选区后，选择"选择"|"载入选区"命令，可以将选区载入到图像中。选择该命令，可以打开"载入选区"对话框，如下图所示。其中，选中"反相"复选框，则将载入选区并进行反选。

咨询台 新手答疑

1 **在 Photoshop CS6 中创建选区有哪几种方法？**

利用选框工具组、套索工具组、魔棒工具组和"色彩范围"命令均可创建选区。

2 **使用选框工具或椭圆选框工具时有哪些技巧？**

使用矩形选框工具或椭圆选框工具绘制选区的同时，若按住【Shift】键，可以绘制正方形或圆形选区；若按住【Alt】键，则可以绘制一个以起点为中心的矩形或椭圆形选区；若按住【Alt+Shift】组合键，则可以绘制一个以起点为中心的正方形或圆形选区。

3 **移动选区时有哪些技巧？**

移动选区的同时若按住【Shift】键，则可以将选区沿水平、垂直或45°角的方向移动；若同时按住【Ctrl】键，则可以移动选区中的图像；使用键盘上的【↑】、【↓】、【←】、【→】4个方向键，可以微调选区的位置。

Chapter 20

使用图层与图层蒙版

图层是 Photoshop 中非常重要的概念，它可以让用户在不影响图像中其他元素的情况下单独处理其中的某一部分。本章将详细介绍图层的概念及其应用，其中包括图层的基本操作、图层样式的应用及图层蒙版的应用等知识，以便更快速地处理网页图像。

学习要点：

- 图层的基本操作
- 图层样式的应用
- 图层蒙版的应用
- 实战演练——制作音乐水晶按钮

20.1 图层的基本操作

图层的基本操作包括新建图层、复制图层、删除图层、隐藏图层、显示图层、链接图层、合并图层及锁定图层等。这些操作一般都在"图层"面板中或通过"图层"菜单中的相应命令来完成，下面将进行详细介绍。

1. 新建图层

普通图层是 Photoshop 中常用的图层，在"图层"面板下方单击"创建新图层"按钮 🔳，即可在当前所选图层的上方创建一个新的图层，并会自动选择新建的图层，如下图所示。

知识插播

按【Ctrl+Shift+N】组合键，也可新建图层。按住【Ctrl】键的同时单击"创建新图层"按钮 🔳，即可在当前图层的下方新建一个图层。

2. 复制图层

当需要对同一幅图像进行不同的操作时，可以对该图像所在的图层进行复制，然后进行下一步的操作。在"图层"面板中选中要复制的图层，将选中的图层拖到"创建新图层"按钮 🔳 上或按【Ctrl+J】组合键，即可复制该图层。

3. 删除图层

如果有不需要的图层，则在"图层"面板中选中要删除的图层，将其拖到"删除图层"按钮 🗑 上或直接按【Delete】键，即可删除该图层。

4. 隐藏或显示图层

在编辑图像的过程中，有时需要对部分图层进行隐藏，以便观察当前的图像效果。单击图层缩览图前面的"指示图层可见性"图标 👁，使其变为 ◾，即可隐藏选中图层中的图像。再次单击 ◾ 图标，即可重新显示图层内容。

5．链接图层

在编辑图像的过程中，有时需要对图像中的多个图层进行整体操作，这时可以将需要操作的多个图层进行链接。

按住【Ctrl】键的同时在"图层"面板中单击需要链接的图层，然后单击"图层"面板下方的"链接图层"按钮 🔗，当选中的图层名称后面出现 🔗 图标时，表示选中的所有图层链接在了一起。再次单击"链接图层"图标 🔗，即可取消图层的链接。

6．锁定图层

锁定图层后可以防止在完成的图层上进行错误的操作，从而影响图层的效果。

（1）锁定透明像素

单击"锁定透明像素"按钮 ▨，当前图层上原本透明的部分被保护起来，不允许被编辑，以后所有的操作只对不透明图像起作用。

（2）锁定图像像素

单击"锁定图像像素"按钮 🖌，当前图层被锁定，不管是透明区域还是图像区域，都不允许填充颜色或进行色彩编辑。此时，如果将绘图工具移到图像窗口中会出现 🚫 图标，表示该功能对锁定图层像素无效。

（3）锁定位置

单击"锁定位置"按钮 ✛，则当前图层像素将被锁定，不允许被移动或进行各种变形操作，但可以对该图层进行填充和描边等其他绘图操作。

（4）锁定全部

单击"锁定全部"按钮 🔒，当前图层的所有编辑都将被锁定，不允许对图层图像进行任何操作，此时只能改变图层的叠放顺序。

7．合并图层

如果要合并两个或多个图层，按【Ctrl+E】组合键或单击"图层"面板中的 ▤ 按钮，在弹出的下拉菜单中选择"合并图层"命令，即可将选择的图层合并为一个图层，并以上面图层的名称显示，如下图所示。

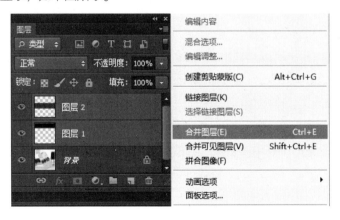

20.2 图层样式的应用

在 Photoshop 中提供了各种各样的图层样式，如投影、内/外发光、斜面和浮雕、叠加和描边等，利用这些图层样式可以轻松地创作出各种材质效果。下面将详细介绍如何运用图层样式。

1. 斜面和浮雕

"斜面和浮雕"样式可以使图层内容产生类似于浮雕的立体效果，在"图层样式"对话框中选择"斜面和浮雕"选项，将打开斜面和浮雕参数设置选项，如下图所示。

其中，主要参数的含义如下：

◎ **方法**：用于设置进行浮雕的方法，分别为平滑、雕刻清晰和雕刻柔和。

◎ **深度**：用于设置斜面的深度，较大的深度值可增加阴影部分的作用范围。参数值越大，图像效果越深，反之越浅。

◎ **光泽等高线**：用于定义不规则、不均匀的高光和阴影。它不影响图层效果，与其他选项卡中的等高线不同。

◎ **高光模式**：用于设定高光部分的颜色，不透明度与原始图像的作用模式。

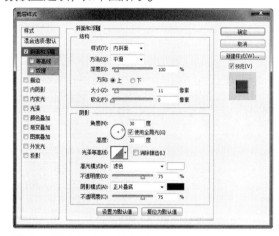

◎ **阴影模式**：用于设置立体化后阴影的混合模式，单击其右侧的色块可以设置阴影的颜色。

在"图层样式"对话框的"斜面和浮雕"选项下方还有两个选项，分别为"等高线"选项和"纹理"选项。选择"等高线"选项，将打开等高线参数设置选项卡。其中：

◎ **等高线**：用于设置立体对象的分布方式。

◎ **范围**：用于设置等高线相对于该立体对象的位置。

在"图层样式"对话框中选择"纹理"选项，将显示纹理参数设置选项，其中：

◎ **图案**：用于设置或选择合适的材质。

◎ **贴紧原点**：单击该按钮，可以使图案返回到原来的位置。

◎ **缩放**：用于图案的扩大或缩小操作，以适合要求。

◎ **深度**：用于设置立体对象的对比效果的强度。

下面将通过实例介绍"斜面和浮雕"图层样式的应用方法，具体操作方法如下：

素材文件　光盘：素材文件\第 20 章\字体.psd

STEP 01 打开光盘中的素材文件"字体.psd"，如下图所示。

STEP 02 单击"添加图层样式"按钮 *fx*，选择"斜面/浮雕"选项，此时的图像效果如下图所示。

STEP 03 在"样式"下拉列表中选择"外斜面"选项，此时在图层内容的外边缘创建斜面，如下图所示。

STEP 04 选择"浮雕效果"选项，可以模拟使图层内容相对于下层图层呈浮雕状的效果，如下图所示。

STEP 05 选择"枕状浮雕"选项，可以模拟将图层内容边缘压入下层图层中的效果，如下图所示。

STEP 06 选择"描边浮雕"，必须选中"描边"图层样式才可以产生效果，如下图所示。

2. 光泽

"光泽"图层样式可以模拟内放射的效果，通常用于创建金属表面效果的光泽外观，如下图所示。它的选项虽然不多，但很难准确把握，微小的设置差别可能会导致截然不同的效果。可以将光泽效果理解为光线照射下的反光度比较高的波浪形表面（比如水面）显示出来的效果。

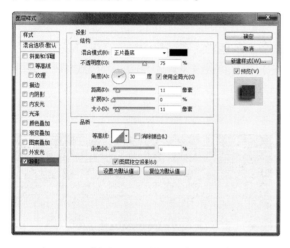

3. 投影、外发光和内发光

在"图层样式"对话框中选中"投影"选项，将显示投影参数设置选项，可以为图层内容添加类似影子的效果，如下图所示。

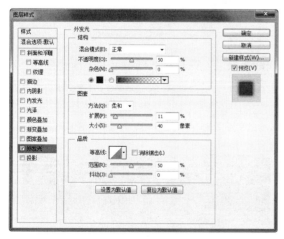

在"图层样式"对话框中选择"外发光"选项，将显示外发光参数设置选项，可以为图像添加从图像外边缘发光的效果，如下图所示。

在"图层样式"对话框中选择"内发光"选项，将显示内发光参数设置选项，可以添加从图像内边缘发光的效果，如下图所示。

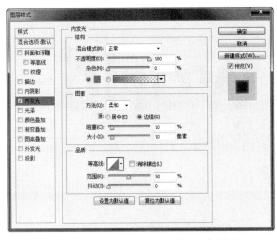

4．颜色叠加、渐变叠加与图案叠加

使用"颜色叠加"样式可以在当前图像上添加单一的色彩。在其对话框中选中"颜色叠加"选项，将显示颜色叠加参数设置选项，如下图（左）所示。通过设置颜色的混合模式和不透明度可以控制叠加的效果，如下图（右）所示。

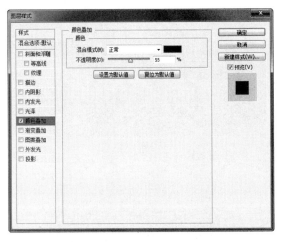

使用"渐变叠加"样式可以在当前图像上添加渐变颜色。在其对话框中选中"渐变叠加"选项，将显示渐变叠加参数设置选项，如下图（左）所示。可以通过改变"样式"来控制渐变叠加的类型，如下图（右）所示。

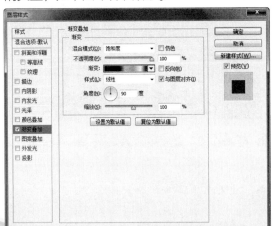

使用"图案叠加"样式可以在当前图像上添加图案填充。在其对话框中选中"图案叠加"选项，将显示图案叠加参数设置选项，如下图（左）所示。通过改变"缩放"值可以调图案的大小，数值越大，图案就越大，如下图（右）所示。

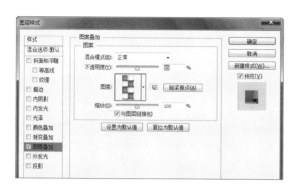

20.3 图层蒙版的应用

蒙版是一种图像屏蔽方式，它可以将图像的某部分保护起来，当要在图像的某些区域进行操作时，蒙版能隔离和保护图像特定的区域不受影响。

20.3.1 图层蒙版的作用

图层蒙版是 Photoshop 提供的用黑白图像来控制图像显示与隐藏的一种图层功能，它是一个 8 位灰度图像，黑色表示图层的透明部分，白色表示图层的不透明部分，灰色表示图层的半透明部分。编辑图层蒙版实际上就是对蒙版中的黑、白、灰三个色彩区域进行编辑，从而控制其作用图层的不同区域是否被隐藏或显示。

下面将通过实例来说明使用蒙版可以控制图层显示或隐藏，具体操作方法如下：

素材文件 光盘：素材文件\第 20 章\青蛙.psd

STEP 01 打开素材图像"青蛙.psd"，单击"添加图层蒙版"按钮 ◉ ，为"图层 1"添加图层蒙版，如下图所示。

STEP 02 选择矩形选框工具 ▭ ，绘制一个矩形选区。设置前景色为黑色，按【Alt+Delete】组合键填充选区，图像显示效果如下图所示。

STEP 03 置前景色为白色，按【Alt+Delete】组合键填充选区，图像显示效果如下图所示。

STEP 04 选择渐变工具，设置渐变色为"黑白渐变"，单击线性渐变按钮，在选区内编辑渐变色，显示效果如下图所示。

20.3.2 认识"蒙版"属性面板

选择"窗口"|"蒙版"命令，即可打开"蒙版"面板，如右图所示。其中，主要参数的含义如下：

◎ "添加像素蒙版"按钮：单击该按钮，即可针对当前图层添加像素蒙版。

◎ "添加矢量蒙版"按钮：单击该按钮，即可针对当前图层添加矢量蒙版。

◎ 浓度：该选项用于设置蒙版的浓度，即蒙版的应用深度。数值越小，蒙版效果就越淡。当设置为0%时，蒙版效果即可被完全隐蔽。

◎ 羽化：通过设置"羽化"选项，可以调整蒙版边缘的羽化效果。设置的参数越大，蒙版边缘模糊区域就越大，即羽化区域越大，如下图所示。

羽化值为 0 像素

羽化值为 30 像素

◎ 调整："调整"选项区域中的 3 个按钮主要用于对像素蒙版进行编辑。当为图层创建了像素蒙版后，可以通过"蒙版边缘"按钮对蒙版的边缘进行编辑；通过"颜色范围"按钮可以选择需要调整的蒙版的颜色区域；通过"反相"按钮可以将蒙版区域进行反相处理。

在快速按钮区域中有 4 个按钮，其各自的作用如下：

◎ "从蒙版中载入选区" 按钮 ▦：单击该按钮，即可将蒙版区域载入为选区。

◎ "应用蒙版" 按钮 ⬚：当创建蒙版后确认效果不再更改时，单击该按钮，即可将蒙版效果应用到当前图层中。

◎ "停用/启用蒙版" 按钮 ⬩：单击该按钮，可以暂时隐藏图像中的蒙版效果，再次单击即可显示蒙版。

◎ "删除蒙版" 按钮 🗑：选择不需要的蒙版图层，单击该按钮，即可将该图层中的蒙版删除。

20.4 实战演练——制作音乐水晶按钮

下面将综合运用本章所学的图层知识制作音乐水晶按钮，具体操作方法如下：

STEP 01 选择 "文件" | "新建" 命令，在弹出的对话框中设置各项参数，单击 "确定" 按钮，如下图所示。

STEP 02 按【Ctrl+J】组合键复制 "背景" 图层，得到 "图层 1"。双击该图层，弹出 "图层样式" 对话框，如下图所示。

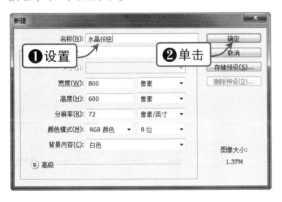

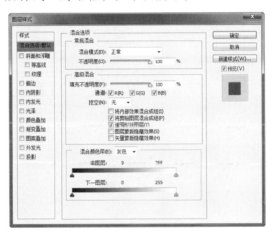

STEP 03 选中 "渐变叠加" 复选框，设置各项参数，渐变色依次为 #a3d1f3、#3467c0、#447bcb、#1f3b7c，单击 "确定" 按钮，如下图所示。

STEP 04 此时，即可查看为图像添加图层样式后的效果，如下图所示。

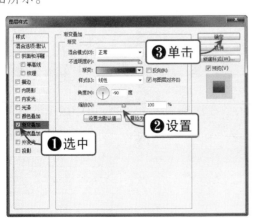

STEP 05 选择椭圆工具 ，在属性栏中设置工具模式为"形状"，填充为"白色"，在图像上绘制一个椭圆形，如下图所示。

STEP 06 设置"椭圆 1"图层的图层混合模式为"柔光"，如下图所示。

STEP 07 双击"椭圆 2"图层，在弹出的对话框中选中"斜面和浮雕"选项，设置各项参数，如下图所示。

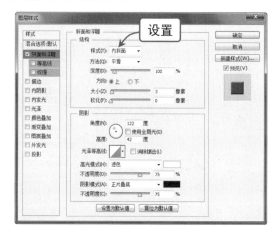

STEP 08 双击"椭圆 2"图层，在弹出的对话框中选中"斜面和浮雕"选项，设置各项参数，如下图所示。

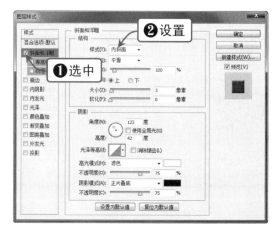

STEP 09 选中"渐变叠加"选项，设置各项参数，其中渐变色为#7d9ac4、#acbdd0，单击"确定"按钮，如下图所示。

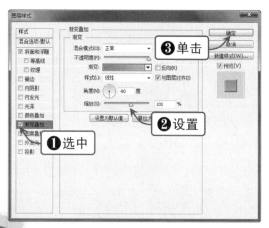

STEP 10 此时，即可查看为圆形添加图层样式后的效果，如下图所示。

STEP 11 新建一个图层，按住【Ctrl】键单击"椭圆 2"的图层缩览图载入选区，如下图所示。

STEP 12 选择"选择"|"修改"|"收缩"命令，在弹出的对话框中设置收缩量为 8 像素，单击"确定"按钮，如下图所示。

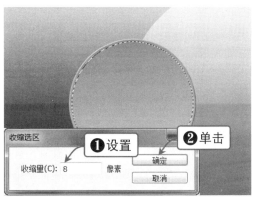

STEP 13 按【Alt+Delete】组合键填充前景色，按【Ctrl+D】组合键取消选区，如下图所示。

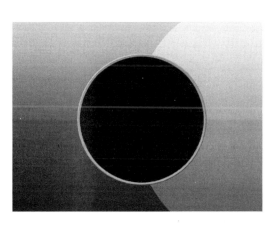

STEP 14 双击该图层，在弹出的对话框中添加"内发光"图层样式，设置颜色为#19409a，如下图所示。

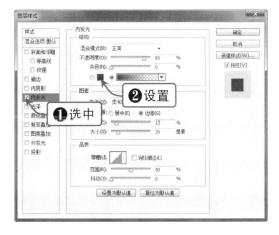

STEP 15 选中"渐变叠加"选项，设置各项参数，其中渐变色为#3873b5 到白色，单击"确定"按钮，如下图所示。

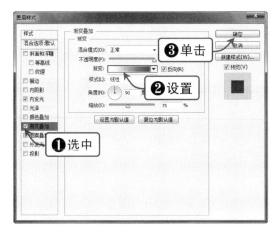

STEP 16 此时，即可查看为图像添加图层样式后的效果，如下图所示。

STEP 17 选择自定形状工具，在属性栏中设置填充颜色为#204478，绘制一个音符形状，如下图所示。

STEP 18 双击"形状 1"图层，在弹出的对话框中选中"斜面和浮雕"选项，设置各项参数，单击"确定"按钮，如下图所示。

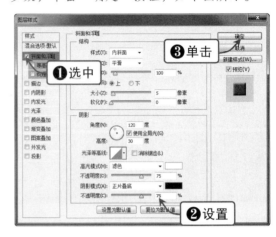

STEP 19 新建一个图层，选择钢笔工具，绘制一条路径。按【Ctrl+Enter】组合键，将路径转换为选区，如下图所示。

STEP 20 将选区填充为白色，双击"图层 3"，在弹出的对话框中设置添加"渐变叠加"图层样式，单击"确定"按钮，如下图所示。

STEP 21 此时，即可查看为图像添加图层样式后的效果，如下图所示。

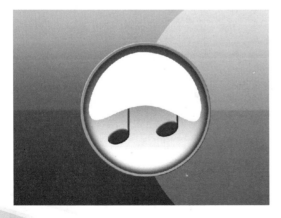

STEP 22 设置"图层 3"的"填充"为 0%，即可得到水晶按钮的最终效果，如下图所示。

咨询台 新手答疑

1 若在图层上添加一个蒙版，当要单独移动蒙版时应该如何操作?

　　首先要解除图层与蒙版之间的链接，再选择蒙版，然后选择移动工具即可移动蒙版。

2 如何禁用某一个链接的图层?

　　如果要临时禁用某一个链接的图层，可以按住【Shift】键的同时单击链接图层名称后面的链接图标，这时链接图标上将出现一个红色的叉号，说明临时取消了该图层的链接。

3 图层混合模式有什么作用?

　　图层混合模式是 Photoshop 提供的两个图层或多个图层之间相互融合的方法，使用不同的方法得到的混合效果也不同。当需要对两个图层进行融合，并希望通过融合图层制作出具有特殊的图像效果时，即可使用图层混合模式。

Chapter 21

网页图像的绘制与修饰

在 Photoshop 中提供了多种绘图工具和修饰工具，其中包括画笔工具、铅笔工具、渐变工具、仿制图章工具和模糊工具等。在传统的手工绘画逐渐转向计算机绘画的今天，熟练使用各种绘图与填充工具，可以创作出更加出色的网页设计作品。

学习要点：

- 图像的绘制
- 图像的修饰
- 综合实战——绘制蓬松心形云彩效果

21.1 图像的绘制

Photoshop 不仅是一个优秀的图像处理工具，同时也是一个良好的图像绘制工具。使用 Photoshop 可以摆脱纸和笔，直接在计算机中进行绘画，从而给图像的后期处理带来极大的方便。

21.1.1 画笔工具组

画笔工具组包括画笔工具、铅笔工具、颜色替换工具和混合器画笔工具。下面将详细介绍 Photoshop CS6 工具箱中画笔工具的使用方法。

1. 画笔和铅笔工具的使用

在使用画笔工具之前，一般需要在其属性栏中对画笔进行相关设置，画笔属性栏如下图所示。

◎ **工具预设**：该选项主要用于对画笔进行相关设置，如选择已有的工具预设等。

◎ **画笔预设**：该选项主要用于设置笔刷的大小、硬度及样式。

◎ **设置绘图模式**：可以实现多种特效，系统共提供了二十多种混合模式，不同的绘图模式能够产生不同的效果。

◎ **不透明度**：决定了所绘图案的显示程度，当设置为 100% 时，将完全覆盖背景图像；当设置为 0% 时，将完全显示背景图像。

◎ **流量设置**：决定了画笔在绘画时的压力，数值越大，绘制出的颜色就越深。

◎ **喷枪**：在绘制图像的过程中，单击此按钮即可启用喷枪模式，绘制颜色时会随着鼠标指针停留的时间而向外扩展。

2. 颜色替换工具

利用颜色替换工具可以在保持图像纹理及阴影不变的情况下快速改变图像中任意位置的颜色，其属性栏如下图所示。

◎ **模式**：该下拉列表中包含"色相"、"饱和度"、"颜色"和"明度"4 个选项，选择的模式不同，绘制出的效果也不同。

◎ **容差**：调整容差可以设置替换颜色的范围，数值越大，则可替换的颜色单位也就越大，其数值介于 1%~100% 之间。

◎ **消除锯齿**：选中该复选框，可以在进行颜色替换时使边缘更加平滑。

下面将介绍颜色替换工具的使用方法，具体操作如下：

素材文件 光盘：素材文件\第 21 章\女孩.jpg

STEP 01 打开"光盘：素材文件\第 21 章\女孩.jpg"，如下图所示。

STEP 02 选择"选择"|"色彩范围"命令，弹出对话框，在女孩上衣部分单击取样，设置颜色容差值，单击"确定"按钮，如下图所示。

STEP 03 此时，即可得到女孩上衣的精确选区，如下图所示。

STEP 04 按【Ctrl+J】组合键复制选区内的图像，得到"图层 1"，如下图所示。

STEP 05 选择颜色替换工具，设置前景色，如下图所示。

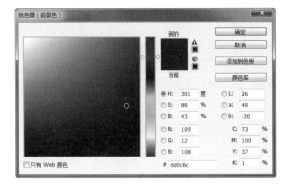

STEP 06 在复制的图像上用颜色替换工具进行涂抹，查看替换衣服颜色效果，如下图所示。

3．混合画笔工具

混合器画笔工具是 Photoshop CS6 绘图工具组中新增的一个工具，利用混合器画笔工具可以轻松地绘制出漂亮的图案。混合器画笔工具的属性栏如下图所示。

◎ **画笔预设**：在属性栏中单击此按钮，在弹出的下拉面板中可以对画笔的大小、硬度和样式进行设置。选择不同的画笔样式，将绘制出不同效果的图案。

◎ ：单击该按钮，表示每次描边后载入画笔，即决定了每一笔涂抹结束后是否对画笔进行更新。

◎ ：单击该按钮，表示每次描边后清除画笔，即决定了每一笔涂抹结束后是否对画笔进行清除。

◎ ：单击该选项右侧的 按钮，在弹出的下拉列表中可以选择混合模式。

◎ **潮湿**：用于设置从画布中拾取的油彩量。

◎ **载入**：用于控制画笔上的油彩量。

◎ **混合**：用于设置颜色的混合比例。

◎ **流量**：用于控制画笔在绘画时的压力。

21.1.2 填充工具组

在编辑图像的过程中，经常需要为某一区或某一图层进行填充，此时就用到了填充工具。填充工具主要包括渐变工具和油漆桶工具，下面将分别对其进行介绍。

1．渐变工具

使用选择渐变工具可以创建不同颜色间的混合过渡效果，其属性栏如下图所示。

◎ **渐变条**：单击渐变条右侧的 按钮，弹出渐变拾色器面板，可以选择 Photoshop 预设的渐变，如右图所示。

◎ **渐变类型**：用于设置线性、径向、角度等多种渐变类型，填充出不同的渐变效果。

◎ **模式**：用于设置背景颜色和渐变颜色之间的混合模式。

◎ **不透明度**：用于设置渐变颜色的不透明度，参数越小，颜色就越透明。

◎ **反向**：选中该复选框，可以设置将渐变颜色进行翻转。

◎ **仿色**：选中该复选框，可以柔和地渐变渐变色颜色色阶。

◎ **透明区域**：选中该复选框，可以打开渐变图案的透明度设置。

2．油漆桶工具

油漆桶工具用于在特定颜色和与其相近的颜色区域填充前景色和指定图案，常用于颜色比较简单的图像，其工具属性栏如下图所示。

◎ **填充**：有"前景"和"图案"两种填充方式。选择"图案"选项，可以在其后面的下拉列表框中选择不同的图案进行填充。

◎ **模式**：用于设置颜色或图案与底图的混合模式。

◎ **不透明度**：用于设置填充颜色的不透明度。

◎ **容差**：用于设置油漆桶每次填充的范围，该数值越大，填充的范围也就越大。

◎ **消除锯齿**：选中此复选框，可以使填充图形的边缘保持平滑。

◎ **连续的**：选中此复选框，被填充的区域只填充与鼠标单击点相邻的像素；取消选择该复选框，则填充区域是所有和鼠标单击点像素相似的像素。

◎ **所有图层**：选中该复选框，不管当前在哪个图层上操作，都将对所有图层起作用。

21.1.3 擦除工具组

橡皮擦工具组中共提供了 3 种擦除工具：橡皮擦工具、背景橡皮擦工具和魔术橡皮擦工具，后两种橡皮擦工具主要用于抠图。

1. 橡皮擦工具

使用橡皮擦工具可以擦除图像，该工具的属性栏如下图所示。

◎ **模式**：用于设置橡皮擦的擦除效果，包括"画笔"、"铅笔"和"块"3 个选项，如下图所示。

画笔模式　　　　铅笔模式　　　　块模式

◎ **不透明度**：用于设置橡皮擦的不透明度，数值越大，擦除效果就越明显。

◎ **抹到历史记录**：选中该复选框，使用橡皮擦工具进行擦除时可以将擦除的图像恢复到某一擦除前的状态。

2. 背景橡皮擦工具

利用背景橡皮擦工具可以擦除选定的区域，并以透明色填充。若要精确地擦除图像，可以先选择背景橡皮擦工具，然后在其属性栏中进行具体设置，如下图所示。

在背景橡皮擦工具属性栏中，各个选项的含义如下：

◎ **限制**：利用该下拉列表框可以设置擦除限制类型，其中包含"连续"、"不连续"和"查找边缘" 3 个选项。

◎ **取样按钮组**：利用该按钮组可以设置取样方式。默认按下的是"取样：连续"

按钮 ，在擦除时连续取样；如果按下"取样：一次"按钮 ，表示仅取样单击时指针所在位置的颜色，并将该颜色设置为基准颜色；若按下"取样：背景色板"按钮 ，则表示将背景色设置为基准颜色。

◎ 容差：用于设置擦除颜色的范围，其数值越小，被擦除的图像颜色与取样颜色越接近。

◎ 保护前景色：选中该复选框，可以防止具有前景色的图像区域被擦除。

3．魔术橡皮擦工具

魔术橡皮擦工具 与魔棒工具 类似，具有自动分析功能，可以说是魔棒工具与橡皮擦工具的组合，其工具属性栏如下图所示。

下面将介绍颜色替换工具的使用方法，具体操作如下：

素材文件　光盘：素材文件\第 21 章\购物.jpg

STEP 01 打开"光盘：素材文件\第 21 章\购物.jpg"，如下图所示。

STEP 02 选择魔术橡皮擦工具 ，在图像背景中多次单击，将蓝色擦除成透明色。同时，背景图层会转换为普通图层，如下图所示。

21.2　图像的修饰

在 Photoshop 中提供了多种图像修饰工具，其中包括图章工具、修补工具、红眼工具和模糊工具等，可以帮助用户快速处理网页图像中的污点和瑕疵，快速得到完美的图像。

21.2.1　图章工具组

图章工具组中包括仿制图章工具和图案图章工具，下面将详细介绍 Photoshop CS6 工具箱中图章工具组的使用方法。

1．仿制图章工具

在 Photoshop CS6 中，使用仿制图章工具可以将一幅图像的全部或局部复制到同一幅图像或另一幅图像中，以去除网页图像中的缺陷，如下图所示。

在工具箱中选择仿制图章工具 ，其属性栏如下图所示。

其中，几个重要参数的含义如下：

◎ ：单击该按钮，即可打开"仿制源"面板。在此面板中可以定义多个采样点，并且可以切换使用，如右图所示。

◎ 对齐：选中该复选框，每次操作只允许复制一幅原图像；取消选择该复选框，可以在同一幅图像或另一幅图像当中复制多个原图像。

◎ 样本：该下拉列表中包含 3 个选项，即"当前图层"、"当前和下方图层"和"所有图层"。选择"当前图层"选项，只在当前图层进行取样；选择"当前和下方图层"选项，则在当前图层及下方图层中的可见部分进行取样；选择"所有图层"选项，将从所有可见图层中进行取样。

◎ ：该按钮只有在选择"当前和下方图层"或"所有图层"样式时才有效，单击该按钮，将从调整图层以外的可见图层中取样。

2．图案图章工具

使用图案图章工具可以将系统自带的图案或自己创建的图案复制到图像中。选择工具箱中的图案图章工具，其工具选项栏如下图所示。

在该属性栏中，部分选项的含义如下：

◎ ：单击该按钮，在弹出的图案下拉列表中选择一种系统默认或自定义的图案，单击窗口中的图像，即可将图案复制到图像中。

◎ 印象派效果：选中该复选框后，在复制图像时将产生类似于印象派艺术画效果的图案。

21.2.2 修复工具组

在 Photoshop CS6 中，修复工具是经常使用的一组工具，使用它可以轻松地去除图像中的一些瑕疵。修复工具组中包括污点修复画笔工具、修复画笔工具、修补工具及红眼工具，下面将分别对其进行详细介绍。

1．污点修复画笔工具

污点修复画笔工具 主要用于去除照片中的污点，如面部疤痕、黑痣等。使用污点修复画笔工具时不需要设置参考点，在修复某一位置时会自动在该修复位置的周围取样，并且与修复位置的图像融合，从而达到理想的处理效果。

在工具箱中选择污点修复画笔工具 ，其属性栏如下图所示。

其中，几个重要参数的含义如下：

◎ **近似匹配**：选中该单选按钮，表示将使用周围图像来近似匹配要修复的图像区域。

◎ **创建纹理**：选中该单选按钮，表示将使用选区中的所有像素创建一个用于修复该区域的纹理。

◎ **内容识别**：选中该单选按钮，在修复某一区域时会自动分析周围图像的特点，然后通过拼接的方式将选区中的图像进行修复。

选择污点修复画笔工具 ，在其属性栏选中"内容识别"单选按钮，在人物脸上有黑痣的地方的单击，即可将其去除，如下图所示。

2．修复画笔工具

在使用修复画笔工具 时，首先要选取参考点，对于需要修饰大片区域，或需要不断地控制取样来源时，可以选择修复画笔工具。修复画笔工具的属性栏如下图所示。

在属性栏中有几个比较重要的参数，其含义如下：

◎ **取样**：将源设置为"取样"时，将以图像区域中的部分图像作为复制对象进行修复。

◎ **图案**：将源设置为"图案"时，可以使用相应的图案作为复制对象进行修复。

◎ **对齐**：选中该复选框，在不同区域复制图像时参考点都将随之发生变化；取消选择该复选框，在复制图像时将以同一参考点对齐，即使在图像的不同区域进行图像的复制时，复制出来的仍然是同一幅图像。

下面将介绍如何使用修复画笔工具为人物去除鱼尾纹，具体操作方法如下：

素材文件 光盘：素材文件\第 21 章\细纹.jpg

STEP 01 打开"光盘：素材文件\第 21 章\细纹.jpg"，如下图所示。

STEP 02 选择修复画笔工具，在属性拦选中"取样"单选按钮，按住【Alt】键在人物左眼角周围没有皱纹的皮肤上单击，设置参考点，如下图所示。

STEP 03 在眼袋细纹上反复单击或拖动鼠标进行涂抹，即可修复左眼细纹，如下图所示。

STEP 04 采用同样的方法，在右眼周围取样并修复细纹，即可得到最终的修复效果，如下图所示。

3. 修补工具

修补工具的工作原理是通过匹配样本图像和原图像的形状、光照及纹理等属性来修复图像。修补工具的属性栏如下图所示。

◎ **源**：当设置修补为"源"时，在修补时如果将源图像选区拖至目标区域，则源区域的图像将被替换为目标区域的图像。

◎ **目标**：选中该单选按钮，可将选定区域设置为目标区域，用其覆盖需要修补的区域。

◎ **透明**：选中该复选框，可将图像中差异比较大的形状图像或颜色修补到目标区域中。

◎ **使用图案**：创建选区后该选项被激活，可以使用图案对选区进行图案修复。

4．内容感知移动工具

内容感知移动工具是 Photoshop CS6 新增的工具，它可以将选中的对象移动或扩展到图像的其他区域，然后重组和混合对象，从而产生出色的视觉效果。

内容感知移动工具的属性栏如下图所示。

> 模式：移动   适应：松散   □对所有图层取样

其中，几个重要参数的含义如下：

◎ **模式**：用于选择图像重新混合的模式，包括"移动"和"扩展"。

◎ **适应**：用于设置选择区域保留的严格程度。

◎ **对所有图层取样**：当文档中包含多个图层时，选中该复选框，可以对所有图层中的图像进行取样。

下面将介绍如何使用内容感知移动工具修复照片，具体操作方法如下：

> 素材文件 光盘：素材文件\第 21 章\硬币.jpg

STEP 01 打开素材图像"硬币.jpg"，如下图所示。

STEP 02 选择内容感知移动工具，在汽车周围拖动鼠标创建选区，如下图所示。

STEP 03 在属性栏模式为"移动"的情况下，将选区拖动到其他区域，软件会自动根据周围环境情况填充空出的区域，如下图所示。

STEP 04 在属性栏模式为"扩展"的情况下，选取的区域内容将移动复制到另外的地方，如下图所示。

5．红眼工具

使用红眼工具 ＋◉ 可以轻松地去除人物照片中的红眼。在工具箱中选择红眼工具，在其属性栏中可以设置瞳孔放大的比例及变暗量的比例，其属性栏如下图所示。

＋◉ ▾ | 瞳孔大小： 50% ▾ | 变暗量： 50% ▾

21.2.3 模糊、锐化、涂抹工具

在处理网页图像时，也经常需要用到模糊工具、锐化工具和涂抹工具，下面将分别介绍这 3 种工具的使用方法。

1．模糊工具

使用模糊工具 ◖ 可以柔化硬边缘，在处理时减少图像细节，并使图像变得模糊。在属性栏中设置强度比例，可以控制模糊工具的强度。

2．锐化工具

使用锐化工具 △ 可以增加图像色彩反差，通过增强边缘对比度使图像更加清晰。在属性栏中设置强度比例，可以控制锐化工具的强度。

3．涂抹工具

使用涂抹工具 ◪ 可以拾取描边开始位置的颜色，并沿拖动方向将颜色展开，从而使图像产生类似于在未干的画面上用手指涂抹的效果。

在涂抹工具属性栏选中"手指绘画"复选框，可在使用涂抹工具涂抹时产生类似于手指涂抹颜料的效果；取消选择该复选框，则在涂抹时只移动图像中颜色的位置，而不附加任何其他的颜色效果。

下面将通过实例对模糊、锐化、涂抹工具的使用方法进行介绍，具体操作如下：

素材文件 光盘：素材文件\第 21 章\绿色.jpg

STEP 01 打开"光盘：素材文件\第 21 章\绿色.jpg"，如下图所示。

STEP 02 使用模糊工具 ◖ 对图像中的花朵进行模糊处理，如下图所示。

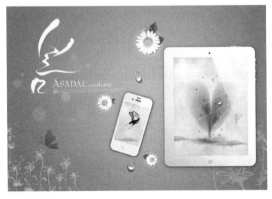

STEP 03 使用锐化工具▲对图像中的手机、电脑和花纹进行绘制，锐化效果如下图所示。

STEP 04 使用涂抹工具❄对图像中的文字进行绘制，效果如下图所示。

21.2.4 减淡、加深、海绵工具

在处理网页图像时，还经常需要用到减淡工具、加深工具和海绵工具，下面将分别介绍这3种工具的使用方法。

1. 减淡工具

使用减淡工具🔍可以改变图像的曝光度，从而使图像变亮。在工具箱中选择减淡工具，其属性栏如下图所示。

其中，几个重要参数的含义如下：

◎ **范围**：设置提高亮度区域的范围，包含"阴影"、"中间调"和"高光"3个选项。选择不同的选项，减淡工具会针对不同的区域进行调整。

◎ **曝光度**：用于设置涂抹后亮度提高的程度，数值越大，亮度提高的程度就越大。

◎ **保护色调**：可以保护图像的色调不受影响。

2. 加深工具

使用加深工具🖐同样可以改变图像的曝光度，从而使图像变暗。在工具箱中选择加深工具，其属性栏与减淡工具相同，如下图所示。

3. 海绵工具

使用海绵工具🧽在图像上进行涂抹，可以调整涂抹区域的色彩饱和度，其工具属性栏如下图所示。

海绵工具可以精确地更改区域的色彩饱和度，使图像中特定区域色调变深或变浅。利用海绵工具选项栏中的"饱和"模式选项可以提高饱和度，利用"降低饱和度"模式选项可以降低饱和度。

下面将通过实例对减淡、加深、海绵工具的使用方法进行介绍，具体操作如下：

素材文件 光盘：素材文件\第 21 章\鞋子.jpg

STEP 01 打开"光盘：素材文件\第 21 章\鞋子.jpg"，如下图所示。

STEP 02 选择加深工具，对天空背景进行绘制，加深效果如下图所示。

STEP 03 选择减淡工具，对沙滩部分进行绘制，突出图像主体，如下图所示。

STEP 04 选择海绵工具，在属性栏中设置模式为"饱和"，在鞋上进行涂抹，增加颜色饱和度，如下图所示。

知识插播

使用减淡工具用高光模式减淡时，被减淡的地方饱和度会很高。比如，红色用高光模式减淡时会变橙色，橙色用高光模式减淡时会变黄色。

使用减淡工具用暗调模式减淡时，被减淡的地方饱和度会很低，用一个颜色反复地涂刷以后会变成白色，而不掺杂其他的颜色。

使用加深工具用暗调模式加深时，被加深的地方饱和度会很高。

21.3 实战演练——绘制蓬松心形云彩效果

下面将综合运用本章所学知识，绘制一种蓬松的心形云彩效果。在制作前需要先打开画笔预设面板，设置想要的纹理及一些选项参数，然后用画笔工具绘制心形图案。

素材文件 光盘：素材文件\第 21 章\天空.psd

STEP 01 打开"光盘：素材文件\第 21 章\天空.psd"，如下图所示。

STEP 02 单击"创建新图层"按钮，新建"图层 2"。选择画笔工具，按【F5】键打开"画笔"面板，设置各项参数，如下图所示。

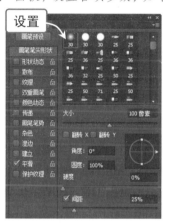

STEP 03 选中"形状动态"、"散布"和"纹理"复选框，在"纹理"选项中设置各项参数，如下图所示。

STEP 04 选中"传递"选项，设置各项参数值，如下图所示。

STEP 05 关闭"画笔"面板，设置前景色为白色，在图像上绘制一个心形，如下图所示。

STEP 06 将"图层 2"拖到"图层 1"下方，单击"创建新图层"按钮▣，新建"图层 3"，如下图所示。

STEP 07 设置画笔大小为 45 像素，继续在画面右上角绘制一个心形云彩，如下图所示。

STEP 08 按【Ctrl+T】组合键调出变换框，调整图像的角度和位置，即可得到蓬松心形云彩的最终效果，如下图所示。

咨询台 **新手答疑**

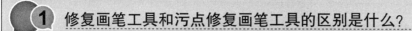

1 修复画笔工具和污点修复画笔工具的区别是什么?

使用修复画笔工具 ✐ 可以对图像中的污点、划痕等进行修复。相比而言，污点修复画笔工具 ✐ 适用于修复数量较少的斑点或杂物，而修复画笔工具 ✐ 则可以修复斑点过多且过于复杂，无法根据周围像素来修正的图像。

2 背景色橡皮擦工具与魔术橡皮擦工具的区别是什么?

背景色橡皮擦工具 ✐ 与橡皮擦工具 ✐ 的使用方法基本相似，使用背景色橡皮擦工具可以将颜色擦掉，变成没有颜色的透明部分。使用魔术橡皮擦工具 ✐ 可以根据颜色近似程度来确定将图像擦成透明的程度。背景色橡皮擦工具 ✐ 属性栏中的"容差"选项是用于控制擦除颜色范围的。

3 什么是双重画笔?

使用"双重画笔"选项可以在原笔刷中填充另外一种笔刷效果，其参数和以上介绍的很多参数相同，例如，"直径"选项用于控制叠加笔刷的大小，"间距"选项用于控制叠加笔刷的间距，"散布"选项用于控制叠加笔刷偏离绘制线条的距离，"数量"选项用于控制叠加笔刷的数量。

Chapter 22

路径与文字的应用

路径和文字工具在网页设计中的应用非常广泛。掌握路径工具就可以在 Photoshop 中创建精确的矢量图形，并可以绘制出各种复杂的图形；利用文字工具不仅可以传达信息，还能起到画龙点睛的作用。本章将详细介绍路径创建工具、路径的编辑与应用及文字工具的编辑与应用等知识。

学习要点：

- 路径工具
- 文字工具
- 综合实战——制作渐变潮流文字

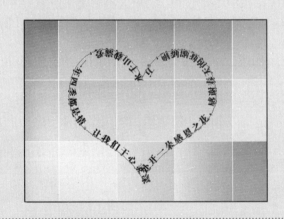

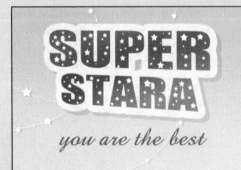

22.1　路径工具

路径工具组中包括钢笔工具 ，、自由钢笔工具 ，、添加锚点工具 ，、删除锚点工具 ，，以及转换点工具 ，，下面将分别对其进行详细介绍。

22.1.1　路径创建工具

钢笔工具 是绘制路径的基本工具，使用钢笔工具 可以绘制出各种各样的路径。下面将详细介绍如何使用钢笔工具绘制直线和曲线。

1. 钢笔工具

选择钢笔工具 ，其属性栏如下图所示。

其中，重要参数的含义如下：

◎ 橡皮带：选中该复选框，在绘制路径时可以预先看到将要绘制的路径线段，从而判断出路径的走向。

◎ 自动添加/删除：选中该复选框，可以让用户在单击线段时添加锚点，或在单击锚点时删除锚点。

（1）用钢笔工具绘制直线

选择钢笔工具 ，在其属性栏中选择"路径"工具模式，然后在图像中单击，确定起始锚点。在图像其他位置单击确定其他锚点，当鼠标指针移至起始锚点位置时，指针将变为 形状，单击即可闭合路径，如下图所示。

（2）用钢笔工具绘制曲线

选择钢笔工具 ，在其属性栏中选择"路径"工具模式，然后在图像中单击确定起始锚点。将鼠标指针移至适当的位置，按住鼠标左键并拖动，以调整控制线的方向和弯曲程度，使绘制的路径与心形边缘重合。按住鼠标左键并拖动，继续沿心形轮廓进行绘制，当指针回到起始锚点时，单击并调整控制点来完成路径的闭合。

若要创建 C 形曲线，可向前一条方向线的相反方向拖动，如下图（左）所示，然后松开鼠标即可。

若要创建 S 形曲线，可按照与前一条方向线相同的方向进行拖动，然后松开鼠标，如下图（右）所示。

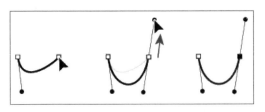 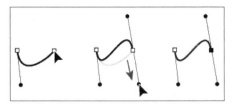

2. 自由钢笔工具

使用自由钢笔工具可以随意绘图，就像用铅笔在纸上绘图一样。在绘制路径的过程中，软件会自动为路径添加锚点。

在工具箱中选择自由钢笔工具，其属性栏如下图所示。

选择自由钢笔工具，移动鼠标指针到图像窗口中，按住鼠标左键并拖动，松开鼠标后即可创建一条路径。在绘制路径的过程中，系统会自动根据曲线的走向添加适当的锚点和设置曲线的平滑度。

如果要控制最终路径对鼠标移动的灵敏度，可以在"曲线拟合"文本框中输入介于 0.5~10 像素之间的数值。此数值越高，创建的路径锚点越少，路径就越简单。

选中"磁性的"复选框，则自由钢笔工具就具有了磁性套索工具的磁性功能。在单击确定路径的起始点后，沿着图像边缘移动鼠标，系统会自动根据颜色反差创建路径。

3. 形状工具

形状工具可以用于绘制各种形状的图形和路径。形状工具组中包括矩形工具、圆角矩形工具、椭圆工具、多边形工具、直线工具和自定形状工具，下面将以矩形工具为例进行详细介绍。

在工具箱中选择矩形工具，其属性栏如下图所示。

◎ **不受约束**：选中此单选按钮，按住鼠标左键并拖动，即可绘制任意大小的矩形；按住【Shift】键的同时按住鼠标左键并拖动，即可绘制正方形；按住【Alt】键的同时按住鼠标左键并拖动，即可绘制以鼠标单击点为中心的任意大小的矩形；按住【Alt+Shift】组合键的同时按住

鼠标左键并拖动，即可绘制以鼠标单击点为中心的正方形。

　　◎ **方形**：选中该单选按钮，在文档窗口中按住鼠标左键并拖动，即可绘制任意大小的正方形。

　　◎ **固定大小**：选中该单选按钮，即可激活其后面的宽度和高度文本框，在其中输入相应的数值，即可绘制指定大小的矩形。

　　◎ **比例**：选中该单选按钮，即可激活其后面的水平比例和垂直比例文本框，在其中输入相应的数值，即可绘制比例固定的矩形。

　　◎ **从中心**：选中该复选框，在文档窗口中绘制矩形时将以单击点为中心绘制矩形。

　　◎ **对齐边缘**：选中该复选框，在文档中绘制矩形时可使矩形边缘对齐图像像素的边缘。

22.1.2　编辑路径

在选择和编辑路径时，经常会用到选择路径工具。选择路径工具包括路径选择工具 和直接选择工具 。

1．路径的选择和移动

选择路径选择工具 ，然后在路径的任意位置单击，即可选中整条路经；选择直接选择工具 ，然后在要选择的路径的两个锚点之间单击，即可选中该路径段，此时两个锚点上的调整柄就会呈现出来。

2．转换锚点

在路径中，锚点和方向线决定了路径的形状。锚点共有 4 种类型，分别为直线锚点、平滑锚点、拐点锚点和复合锚点。改变锚点的类型，可以改变路径的形状。

　　◎ **直线锚点**：直线锚点没有调整柄，用于连接两个直线段。

　　◎ **平滑锚点**：平滑锚点有两个调整柄，且调整柄在一条直线上。

　　◎ **拐点锚点**：拐点锚点有两个调整柄，但调整柄不在一条直线上。

　　◎ **复合锚点**：复合锚点只有一个调整柄。

下图所示为 4 种锚点的示意图。

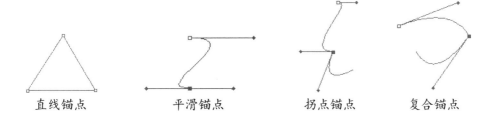

直线锚点　　　　　　平滑锚点　　　　　　拐点锚点　　　　　　复合锚点

22.1.3　应用路径

路径的应用主要包括路径和选区之间的转换，以及路径的描边与填充，下面将详细介绍如何应用路径。

1. 路径与选区的转换

在 Photoshop 中，路径与选区是可以相互转换的。要将当前选择的路径转换为选区，可以单击"路径"面板底部的"将路径作为选区载入"按钮，或直接按【Ctrl+Enter】组合键，如下图所示。

选区同样也可以转换为路径。在创建选区后，单击"路径"面板右上角的按钮，在弹出的下拉菜单中选择"创建工作路径"命令，弹出"建立工作路径"对话框。在"容差"文本框中设置路径的平滑度，然后单击"确定"按钮即可得到路径，如右图所示。

2. 路径的描边与填充

在对路径进行描边时，首先需要选择描边工具，并对该工具进行相应的参数设置。在"路径"面板中选择要描边的路径层，然后单击"路径"面板底部的"用画笔描边路径"按钮，即可为路径描边，如下图所示。

在"路径"面板中选择要描边的路径层，然后单击"路径"面板底部的"用前景色填充路径"按钮，即可将路径填充为前景色，如下图所示。

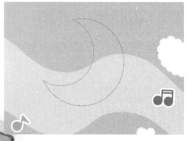

22.2　文字工具

Photoshop CS6 的工具箱中提供了 4 种文字工具，分别为横排文字工具、直排文字工具、横排文字蒙版工具和直排文字蒙版工具。

22.2.1　创建文字

在文字工具组中各文字工具的属性栏是相同的，下面以横排文字工具🅃为例进行介绍。选择横排文字工具🅃，在图像中单击，此时出现文字工具属性栏，从中可以设置字体、字号等选项，如下图所示。

1．创建点文字

选择横排文字工具🅃，将鼠标指针移至图像窗口中的合适位置单击，出现闪烁的光标后，"图层"面板中将自动增加一个文本图层。输入所需的文字，此时文字下方会有一条横线。按【Ctrl+Enter】组合键确认操作，"图层"面板中文字图层的名称也会发生改变，如下图所示。

2．创建段落文字

所谓段落文字，是指用文字工具拖出一个定界框，然后在这个定界框中输入文字。段落文字具有自动换行、可调整文字区域大小等特点。在处理文字较多的文本时，可以创建段落文字。

选择横排文字工具🅃，将鼠标指针移至图像窗口中，按住鼠标左键并拖动，当达到所需的位置后松开鼠标，即可绘制一个文本框，如下图（左）所示。此时在文本框中将出现闪烁的光标，在其中输入文字，如下图（右）所示。输入完毕后，单击属性栏中的✔按钮或按【Ctrl+Enter】组合键，即可确认操作。

3．创建路径文字

选择钢笔工具 ，然后在图像窗口中绘制一条路径。选择横排文字工具 ，设置合适的字体和字号。将鼠标指针移至路径起始点处，这时指针变成 形状，单击确定文本插入点，将出现一个闪烁的光标，如下图（左）所示。输入文字，如下图（右）所示，然后单击工具箱中的其他工具确认操作。

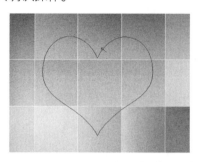

22.2.2 "字符"面板

若要设置文字的字体、字号和颜色等属性，除了可以利用文字工具属性栏外，还可以利用"字符"面板。单击文字工具属性栏中的 按钮，即可打开"字符"面板，如下图所示。

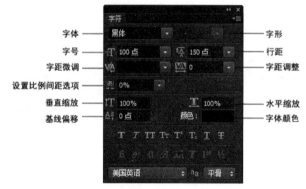

"字符"面板主要用于设置文字的字体、字号、字形以及字间距和行间距等，其中设置字体、字形、字体大小、字体颜色和消除锯齿选项与文字工具属性栏中相应选项的功能相同。其他选项的含义如下：

◎ 60点 ：用于设置所选文字的行与行之间的距离。

◎ 100% ：用于设置所选字符的垂直缩放比例。

◎ 100% ：用于设置所选字符的水平缩放比例。

◎ 0% ：用于设置两个字符间的字距比例，数值越大，字距越小。

◎ -100 ：用于设置所选字符之间的距离，数值越大，字符之间的距离越大。

◎ 0 ：用于微调两个字符的间距。在输入文本状态时，将光标置于两个字符之间，在该组合框中选择或输入一个数值，即可微调这两个字符的间距，取值范围为-100～200。

◎ 0点 ：用于设置所选字符与其基线的距离，为正值的上移，为负值的下移。

◎ T T TT Tr T¹ T₁ T ᴛ ：分别用于设置字体的仿粗体、仿斜体、全部大写字母、小型大写字母、上标、下标、下画线和删除线。选择文字后，单击相应的按钮即可，如下图所示。

Who are you?

正常效果

Who are you?

下画线

WHO ARE YOU?

全部大写字母

Who ar^e you?

上标

22.2.3 "段落"面板

所谓段落文字，是指用文字工具拖出一个定界框，然后在这个定界框中输入文字。段落文字具有自动换行、可调整文字区域大小等特点，在处理文字较多的文本时，可以创建段落文字。选择"窗口"|"段落"命令，可以调出"段落"面板，使用"段落"面板可以编辑段落文字，如下图所示。

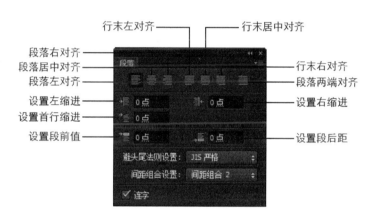

◎ **▉▉▉ ▉▉▉ ▉**：用于设置文本的对齐方式，从左至右依次为"左对齐文本"按钮▉、"居中对齐文本"按钮▉、"右对齐文本"按钮▉、"最后一行左对齐"按钮▉、"最后一行居中对齐"按钮▉、"最后一行右对齐"按钮▉和"全部对齐"按钮▉。

◎ **▉ 0点**：用于设置段落的左缩进。对于直排文字，该选项可控制从段落顶端的缩进。

◎ **▉ 0点**：用于设置段落的右缩进。对于直排文字，该选项可控制从段落底部的缩进。

◎ **▉ 0点**：在"段落"面板中可以对段落文字的首行缩进单独进行设置，直接在该文本框中输入缩进量即可。

◎ **▉ 0点**：若想在段前添加空格，则在该文本框中输入点数，即可对段前位置进行设置。

◎ **▉ 0点**：若想在段后添加空格，则在该文本框中输入点数，即可对段后位置进行设置。

22.2.4 编辑文字

在网页中创建文字后，还需要对其进行各种编辑操作。下面将介绍如何创建文字选区和变形文字，如何将文字转换为路径，以及如何将文字转换为普通图层。

1．创建文字选区

如果需要创建文字选区，可以使用横排文字蒙版工具 ![] 和直排文字蒙版工具 ![]。创建文字选区前，要先在属性栏中设置字体和字号（因为形成选区后就不能重新设置字体），然后在图像中单击确定光标位置，接着输入文字，确认操作后即可得到选区，如下图所示。

2．创建变形文字

利用文字的变形命令可以扭曲文字生成扇形、弧形、拱形和波浪等各种形态的文字效果。对文字应用变形后，还可以随时更改文字的变形样式，以改变文字的变形效果，如下图所示。

3．将文字转换为路径

选择创建好的文字图层，选择"图层"|"文字"|"创建工作路径"命令，即可将文字转换为路径，如下图所示。

> **知识插播**
>
> 在"图层"面板中选择要转换为路径的文字图层并右击，在弹出的快捷菜单中选择"创建工作路径"命令，也可以创建工作路径。将文字转换为路径后，即可对路径进行编辑操作。

4. 将文字转换为普通图层

文字图层和普通图层不同，对它只能进行文字属性的设置。要想对文字图层使用"滤镜"命令和工具箱中的工具进行编辑，需要将文字图层转换为普通图层，即将文字图层栅格化。

选择文字图层，选择"文字"|"栅格化文字图层"命令，即可将文字图层转换为普通图层，如下图所示。

知识插播

在"图层"面板中的文字图层上右击，在弹出的快捷菜单中选择"栅格化文字"命令，也可以将文字图层栅格化。将文字图层转换为普通图层后，就不能对文字属性进行设置了。

22.3 实战演练——制作渐变潮流文字

下面将综合利用本章所学的知识制作渐变潮流文字效果，具体操作方法如下：

STEP 01 选择"文件"|"新建"命令，在弹出的对话框中设置参数，单击"确定"按钮，如下图所示。

STEP 02 选择渐变工具，设置渐变色为RGB（192、207、204）到RGB（226、229、222），单击"确定"按钮，如下图所示。

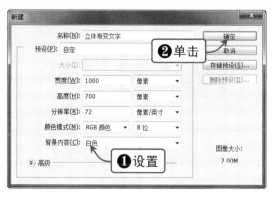

STEP 03 在背景图层上从上到下绘制渐变色，如下图所示。

STEP 05 设置前景色为白色，选择画笔工具，设置画笔"大小"为 1 像素。打开"路径"面板，单击"用画笔描边路径"按钮，按【Ctrl+H】组合键隐藏路径，如下图所示。

STEP 07 选择横排文字工具，在图像上输入文字，并在"字符"面板中设置各项参数，如下图所示。

STEP 04 单击"创建新图层"按钮，新建"图层 1"。选择钢笔工具，绘制一条曲线路径，如下图所示。

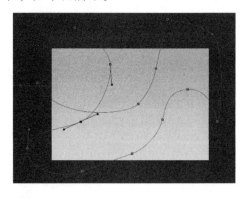

STEP 06 单击"添加图层样式"按钮，在弹出的对话框中选中"投影"选项，设置各项参数，单击"确定"按钮，如下图所示。

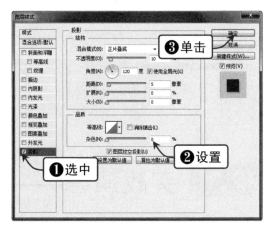

STEP 08 单击"添加图层样式"按钮，在弹出的下拉列表中选中"渐变叠加"选项，打开"渐变编辑器"对话框，设置渐变色，单击"确定"按钮，如下图所示。

STEP 09 继续在"渐变叠加"选项中设置各项参数，如下图所示。

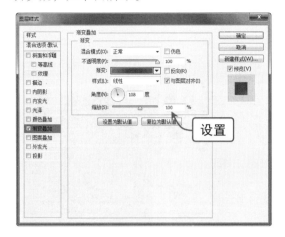

STEP 10 选中"描边"选项，设置各项参数值，单击"确定"按钮，如下图所示。

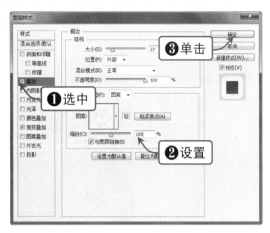

STEP 11 选择自定形状工具，在属性栏中设置各项参数，选择"五角星"图案，在文字上绘制，如下图所示。

STEP 12 选择"形状 1"和文本图层，按【Ctrl+E】组合键合并图层，如下图所示。

STEP 13 单击"添加图层样式"按钮，在弹出的对话框中选中"投影"选项，设置各项参数，单击"确定"按钮，如下图所示。

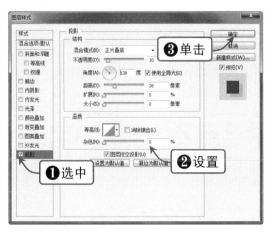

STEP 14 按【Ctrl+T】组合键调出变换框并右击，在弹出的快捷菜单中选择"透视"命令，将文字进行变形操作，如下图所示。

STEP 15 选择横排文字工具 **T**，输入文字后在"字符"面板中设置各项参数，如下图所示。

STEP 16 选择自定形状工具 **■**，选择"五角星"图案，绘制一些图案起点缀作用。按【Ctrl+J】组合键复制图层，得到"形状 2 副本"图层，如下图所示。

STEP 17 单击"添加图层样式"按钮 **fx**，在弹出的对话框中选中"颜色叠加"选项，设置各项参数，单击"确定"按钮，如下图所示。

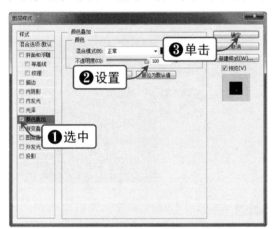

STEP 18 将"形状 2 副本"图层拖到"形状 2"图层下方，然后设置"不透明度"为 10%，即可得到最终效果，如下图所示。

点文字与段落文字之间如何相互转换?

在"图层"面板中选择要转换的文字图层,并确保文字没有处于编辑状态,然后选择"文字"|"转换为点文本"或"文字"|"转换为段落文本"命令,即可完成点文字和段落文字之间的相互转换。

2 **如何创建文字选区?**

如果需要创建文字选区,可以使用横排文字蒙版工具█和直排文字蒙版工具█。创建文字选区前,要先在属性栏中设置字体和字号(因为形成选区后就不能重新设置字体),然后在图像中单击确定光标位置,接着输入文字,确认操作后即可得到选区。

3 **Photoshop 中路径的主要功能有哪些?**

在 Photoshop 中,可以使用路径作为矢量蒙版来隐藏图层区域;将路径转换为选区;使用颜色填充或描边路径;将图像导出到矢量编辑程序时,将已存储的路径指定为剪切路径,以使图像的一部分变得透明。

Chapter 23

打造网页图像
特殊效果

滤镜主要用于制作图像的各种特殊效果，它在 Photoshop 中具有非常神奇的作用。本章将详细介绍 Photoshop CS6 中滤镜的使用方法，其中包括"液化"、"模糊"、"扭曲"及"锐化"滤镜等。正确和熟练地利用滤镜可以化平凡为神奇，使网页图像的效果更加美观和富有创意。

学习要点：

- 认识滤镜
- 常用滤镜效果
- 综合实战——使用滤镜打造下雪效果

23.1 认识滤镜

Photoshop 中的滤镜全部放在"滤镜"菜单中，如下图所示。该菜单由 6 部分组成，最上面显示的是上次使用的滤镜命令；第 2 部分为将智能滤镜应用于智能对象图层的命令；第 3 部分列出了 6 个较为特殊的滤镜命令；第 4 部分是具体的 9 个滤镜组；第 5 部分是 Digimarc 命令；最后一部分是"浏览联机滤镜"命令。

滤镜(T)	
上次滤镜操作(F)	Ctrl+F
转换为智能滤镜	
滤镜库(G)...	
自适应广角(A)...	Shift+Ctrl+A
镜头校正(R)...	Shift+Ctrl+R
液化(L)...	Shift+Ctrl+X
油画(O)...	
消失点(V)...	Alt+Ctrl+V
风格化	▶
模糊	▶
扭曲	▶
锐化	▶
视频	▶
像素化	▶
渲染	▶
杂色	▶
其它	▶
Digimarc	▶
浏览联机滤镜...	

"滤镜"菜单　　　　　　　　　原图像　　　　　　　　使用"凸出"滤镜后效果

Photoshop 中滤镜的种类繁多、功能不一，应用不同的滤镜可以产生不同的图像效果。但滤镜也存在以下局限性：

◎滤镜不能应用于位图模式、索引颜色模式及 16 位/通道的图像。某些滤镜只能用于 RGB 颜色模式，而不能用于 CMYK 颜色模式，所以可先将其他模式的图像转换为 RGB 颜色模式，然后再应用滤镜。

◎滤镜是以"像素"为单位对图像进行处理的，因此在对不同分辨率的图像应用相同参数的滤镜时，所产生的图像效果也会不同。

◎在对分辨率较高的图像应用某些滤镜时会占用较大的存储空间，并导致计算机的运行速度减慢。

◎在对图像的某一部分应用滤镜时，可以先羽化选区的边缘，使其过渡平滑。

读者在学习滤镜时，不能只单独地看某一个滤镜的效果，应针对滤镜的功能特征进行分析，以达到真正认识并能熟练使用滤镜的目的。

23.2　常用滤镜效果

在 Photoshop 中，滤镜主要分为两部分，一部分是 Photoshop 的内置滤镜，另一部分是第三方开发的外挂滤镜。用户可以选择使用不同的滤镜，轻松地创作各种艺术效果。

23.2.1　滤镜库中的滤镜

滤镜库中共有 6 组滤镜，分别为"风格化"、"画笔描边"、"扭曲"、"素描"、"纹理"和"艺术效果"滤镜。在对图像应用这些滤镜时，可以直接在"滤镜库"对话框中预览设置的滤镜效果，并通过右侧相应的滤镜选项进行调整。

1．"画笔描边"滤镜组

"画笔描边"滤镜组主要通过模拟不同的画笔或油墨笔来勾绘图像，从而产生绘画效果。在 Photoshop CS6 中有 8 个"画笔描边"滤镜，如下图所示。

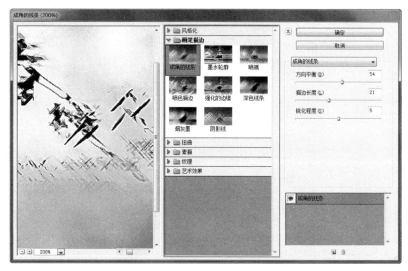

◎ "成角的线条"滤镜：该滤镜可以利用一定方向的笔画表现油墨效果，制作出如同用油墨笔在对角线上绘制的感觉。

◎ "墨水轮廓"滤镜：使用该滤镜可以在图像的轮廓上绘制出钢笔勾画的效果。

◎ "喷溅"滤镜：使用该滤镜可以制作出画面颗粒飞溅的沸水效果。

◎ "喷色描边"滤镜：该滤镜比"喷溅"滤镜产生的效果更均匀一些，而且可以选择喷射的角度，从而产生倾斜的飞溅效果。

◎ "强化的边缘"滤镜：使用该滤镜可以强调图像边线，可以在图像的边线部分上绘制，从而形成颜色对比较强的图像。

◎ "深色线条"滤镜：使用该滤镜可以使图像产生一种很强烈的黑色阴影效果。

◎ "烟灰墨"滤镜：使用该滤镜可以制作出木炭或墨水被宣纸吸收后洇开的效果。

◎ "阴影线"滤镜：使用该滤镜可以使图像产生用交叉网线描绘或雕刻的效果，从而产生一种网状的阴影。

2. "纹理"滤镜组

"纹理"滤镜组可以在图像上添加特殊的纹理材质，如"龟裂缝"、"颗粒"、"马赛克拼贴"和"染色玻璃"等纹理，如下图所示。

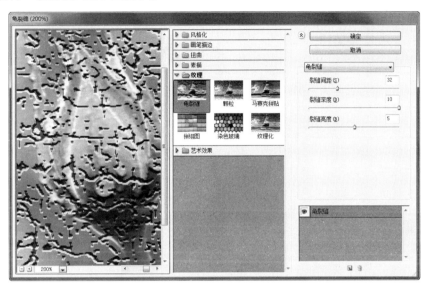

◎ "龟裂缝"滤镜：使用该滤镜可以在图像中顺着图像和轮廓产生浮雕和石制品特有的裂变效果。

◎ "颗粒"滤镜：使用该滤镜可以在图像上设置杂点效果，可以用不同状态的颗粒改变图像的表面纹理。

◎ "马赛克拼贴"滤镜：使用该滤镜可以在图像中制作出好像是由马赛克瓷砖和着水泥铺出来一样的马赛克贴壁效果。

◎ "拼缀图"滤镜：使用该滤镜可以表现出矩形的瓷砖效果，而且通过设置还可以产生浓重的阴影。

◎ "染色玻璃"滤镜：使用该滤镜可以用前景色把图像分成像植物细胞般的小块，制作出蜂巢一样的拼贴纹理效果。

◎ "纹理化"滤镜：使用该滤镜可以选择多种纹理替代图像的表面纹理，从而产生不同的纹理效果。

23.2.2 "液化"滤镜

"液化"滤镜可以通过交互方式对图像进行拼凑、推、拉、旋转、反射、折叠和膨胀等变形。使用该滤镜创建的扭曲可以是细微的扭曲效果或强烈的扭曲效果，这就使得"液化"滤镜成为修饰图像和创建艺术效果的强大工具。

打开图像，选择"滤镜"|"液化"命令，弹出"液化"对话框，其中提供了多种工具和选项，可以根据不同的图像选用不同的参数以满足修改需要，如下图所示。

下面列出了各液化工具的使用方法：

◎ 向前变形工具：使用该工具可以移动图像中的像素，得到变形的效果。

◎ 重建工具：使用重建工具拖动变形部分，可以将图像恢复为原始状态。

◎ 顺时针旋转扭曲工具：按照顺时针或逆时针方向旋转图像。

◎ 褶皱工具：使用该工具可以像使用凹透镜一样缩小图像进行变形。

◎ 膨胀工具：使用该工具可以像使用凸透镜一样放大图像进行变形。

◎ 左推工具：向左移动图像的像素，扭曲图像。

◎ 冻结蒙版工具：用于设置蒙版，被蒙版区域不会变形。

◎ 解冻蒙版工具：用于解除蒙版区域。

23.2.3 "模糊"滤镜组

"模糊"滤镜组是一组常用的滤镜，它们可以柔化图像、降低相邻像素之间的对比度，使图像产生柔和、平滑的过渡效果。

1. "表面模糊"滤镜

"表面模糊"滤镜可以在模糊图像的同时保留图像边缘的清晰度，经常被用来消除人物照片上的杂色和颗粒，也可以对皮肤进行光滑处理。在"半径"数值框中可以指定模糊取样区域的大小；"阈值"则可以控制相邻像素色调值与中心像素值相差多大时才能成为模糊的一部分，色调值差小于阈值的像素将不被模糊。

2. "径向模糊"滤镜

"径向模糊"滤镜可以模拟缩放或旋转的相机所产生的模糊效果。选择"滤镜"|"模糊"|"径向模糊"命令，弹出"径向模糊"对话框。在"模糊方法"中包括两种选项：如果选中"旋转"单选按钮，将沿同心圆环线模糊图像，然后指定旋转的角度，如下图（左）所示；如果选中"缩放"单选按钮，则沿径向线模糊，产生放射状的图像效果，如下图（右）所示。

23.2.4 "扭曲"滤镜组

"扭曲"滤镜组中包含 12 个滤镜，它们可以对其图像进行几何变形，从而创建 3D 或其他扭曲效果。

1. "极坐标"滤镜

"极坐标"滤镜以坐标轴为基准，将图像从平面坐标转换为极坐标，或将极坐标转换为平面坐标。选择"滤镜"|"扭曲"|"极坐标"命令，即可打开"极坐标"对话框。下图所示为使用"极坐标"滤镜将平面坐标转换为极坐标的图像前后对比效果。

2. "切变"滤镜

"切变"滤镜通过调整曲线使图像产生扭曲效果，选择"滤镜"|"扭曲"|"切变"命令，将打开"切变"对话框。下图所示为使用"切变"滤镜前后图像的对比效果。

23.2.5 "渲染"滤镜组

"渲染"滤镜组中包括 5 个滤镜，可以使图像产生三维、云彩或光照效果，以及添加模拟的镜头折射和反射效果。

1. "云彩"和"分层云彩"滤镜

"云彩"和"分层云彩"这两个滤镜的主要作用是生成云彩，但两者产生云彩的方法不同。"云彩"滤镜是利用前景色和背景色之间的随机像素值将图像转换为柔和的云彩，"分层云彩"滤镜则是将图像进行"云彩"滤镜处理后再反白显示图像，如下图所示。

原图像　　　　　应用"云彩"滤镜　　　　　应用"分层云彩"滤镜

2. "镜头光晕"滤镜

"镜头光晕"滤镜模拟亮光照射到相机镜头所产生的折射效果。选择"滤镜"|"渲染"|"镜头光晕"命令，将打开"镜头光晕"对话框。在该对话框中，通过单击图像缩览图或直接拖动十字线，可以指定光晕中心的位置；拖动"亮度"滑块，可以控制光晕的强度；在"镜头类型"选项区中，可以选择不同的镜头类型。

下图所示为使用"镜头光晕"滤镜的图像前后对比效果。

23.2.6　"锐化"滤镜组

"锐化"滤镜组主要通过增强相邻像素间的对比来减弱或消除图像的模糊，从而达到清晰图像的效果。

1. "USM 锐化"滤镜

该滤镜在处理过程中使用了模糊蒙版，从而使图像产生使图像边缘轮廓锐化的效果。该滤镜是所有"锐化"滤镜中锐化效果最强的，它兼有"进一步锐化"、"锐化"和"锐化边缘"3 种滤镜的所有功能，下图所示为锐化后的图像效果。

2."锐化"和"进一步锐化"滤镜

这两个滤镜的主要功能都是提高相邻像素点之间的对比度，从而使图像更清晰。两者的不同之处在于"进一步锐化"滤镜比"锐化"滤镜的锐化效果更为强烈。

3."锐化边缘"滤镜

该滤镜仅锐化图像的轮廓，使不同颜色之间分界明显。也就是说，在颜色变化较大的色块边缘锐化，从而达到较清晰的图像效果，同时又不会影响图像的细节。

23.3 综合实战——使用滤镜打造下雪效果

滤镜的功能十分强大，设计者通过发挥自己的想象力，可以制作出非常奇妙的图像效果。下面将通过使用几个简单的滤镜制作下雪效果，具体操作方法如下：

素材文件 光盘：素材文件\第23章\下雪.jpg

STEP 01 打开素材图像"下雪.jpg"，按【Ctrl+J】组合键复制"背景"图层，得到"图层1"，如下图所示。

STEP 02 选择"滤镜"|"杂色"|"添加杂色"命令，在弹出的对话框中设置各项参数，单击"确定"按钮，如下图所示。

STEP 03 此时，即可得到为图像添加杂色后的效果，如下图所示。

STEP 04 选择"滤镜"|"模糊"|"高斯模糊"命令，在弹出的对话框中设置各项参数，单击"确定"按钮，如下图所示。

STEP 05 此时，即可得到进行高斯模糊后的图像效果，如下图所示。

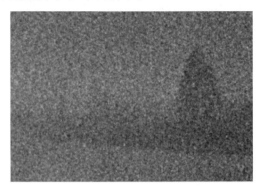

STEP 06 选择"图像"|"调整"|"阈值"命令，在弹出的对话框中设置参数，单击"确定"按钮，如下图所示。

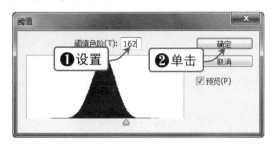

STEP 07 此时，即可得到调整阈值后的图像效果，如下图所示。

STEP 08 设置"图层 1"的图层混合模式为"滤色"，效果如下图所示。

STEP 09 选择"滤镜"|"模糊"|"动感模糊"命令，在弹出的对话框中设置各项参数，单击"确定"按钮，如下图所示。

STEP 10 此时，即可得到动感模糊后的图像效果，如下图所示。

咨询台 新手答疑

1 "消失点"滤镜有什么作用?

使用"消失点"滤镜可以在编辑包含透视屏幕(如建筑物的侧面或任何矩形对象)的图像时保留正确的透视。

2 什么是智能滤镜?

在 Photoshop CS6 中除了可以直接为图像添加滤镜效果外,还可以先将图像转换为智能对象,然后为智能对象添加滤镜效果。应用于智能对象的滤镜称为"智能滤镜",使用智能滤镜可以方便用户随时对添加的滤镜进行调整、移除或隐藏等操作。

3 "杂色"滤镜组的用途有哪些?

"杂色"滤镜组中的滤镜可以将图像按一定的方式混合入杂点或删除图像中的杂点,从而创建出特殊效果的纹理,或移去图像上有问题的区域,不扫描照片上的灰尘和划痕。该滤镜组对图像有优化的作用,因此在输出图像时经常使用。

Chapter **24**

网站 Banner 与首页设计实战

网页广告包括多种设计要素，如图像、动画、文字和超链接等，这些要素可以单独使用，也可以配合使用。它们能将信息传达得更具体、真实、直接、易于理解，从而高效率、高质量地传达信息。本章将综合运用前面所学的各种知识制作一个科技公司 Banner 和一个完整的企业网站首页，读者可以边学边练，举一反三。

学习要点：

- 制作科技公司网站 Banner

- 制作企业宣传网站首页

24.1 制作科技公司网站 Banner

Banner 即横幅广告，一个表现商家广告内容的图片，放置在广告商的页面上，是互联网广告中最基本的广告形式，一般是使用 GIF 格式的图像文件，可以使用静态图形，也可用多帧图像拼接为动画图像。网站 Banner 主要体现中心意旨，形象、鲜明地表达最主要的情感思想或宣传中心。

下面将以制作科技公司网站静态 Banner 为例，具体操作方法如下：

素材文件 光盘：素材文件\第 24 章\Banner

STEP 01 选择"文件"|"新建"命令，在弹出的对话框中设置各项参数，单击"确定"按钮，如下图所示。

STEP 02 单击"创建新图层"按钮，新建"图层 1"。按【Alt+Delete】组合键填充前景色，如下图所示。

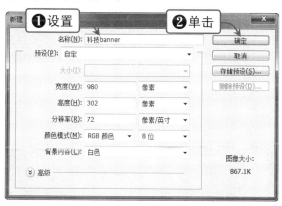

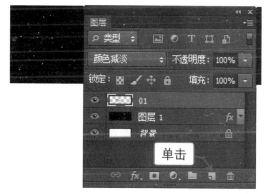

STEP 03 单击"添加图层样式"按钮，选择"渐变叠加"选项，在弹出的窗口中设置渐变色为 RGB（9，96，175）、RGB（129，219，228）、RGB（9，96，175），单击"确定"按钮，如下图所示。

STEP 04 在"渐变叠加"图层样式对话框中设置各项参数，然后单击"确定"按钮，如下图所示。

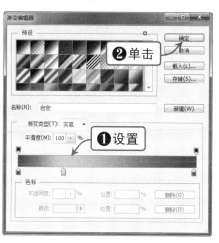

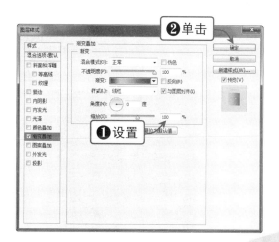

STEP 05 此时，查看为图像添加"渐变叠加"图层样式后的效果，如下图所示。

STEP 06 按【Ctrl+O】组合键，打开素材图像"光束.psd"，如下图所示。

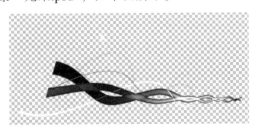

STEP 07 将光束拖到 Banner 文档窗口中，按【Ctrl+T】组合键调出变换框，调整素材图像的大小，如下图所示。

STEP 08 按【Enter】键确定操作，设置 01 图层的混合模式为"颜色减淡"，如下图所示。

STEP 09 单击"创建新图层"按钮，新建"图层 2"。选择钢笔工具，在图像上绘制两个三角形路径，如下图所示。

STEP 10 按【Ctrl+Enter】组合键，将路径转换为选区。设置前景色为白色，按【Alt+Delete】组合键填充选区，如下图所示。

STEP 11 按【Ctrl+D】组合键取消选区，设置"图层 2"的不透明度为 50%，如下图所示。

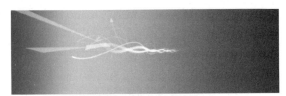

STEP 12 按【Ctrl+O】组合键，打开素材图像 01.jpg，如下图所示。

STEP 13 将素材图像拖到 Banner 文档窗口中，按【Ctrl+T】组合键调出变换框，调整素材的大小，如下图所示。

STEP 14 按【Enter】键确定操作，选择矩形选框工具，绘制一个矩形选区，如下图所示。

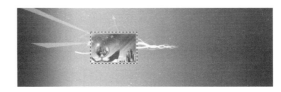

STEP 15 单击"创建新图层"按钮，新建"图层 4"。设置前景色为白色，按【Alt+Delete】组合键填充选区，如下图所示。

STEP 16 按【Ctrl+D】组合键取消选区，将"图层 4"拖到"图层 3"下方，如下图所示。

STEP 17 选择"图层 3"，按【Ctrl+E】组合键合并图层。按【Cul+T】组合键调出变换框并右击，在弹出的快捷方式菜单中选择"透视"命令调整图像，如下图所示。

知识插播

按【Ctrl+Shift+N】组合键也可以新建图层。按住【Ctrl】键的同时单击"创建新图层"按钮，即可在当前图层的下方新建一个图层。

STEP 18 按【Enter】键确定操作，按【Ctrl+J】组合键复制图层，得到"图层 4 副本"。按【Ctrl】键单击其图层缩览图调出选区，如下图所示。

STEP 19 设置前景色为黑色，按【Alt+Delete】组合键填充选区，按【Ctrl+D】组合键取消选区，如下图所示。

STEP 21 采用同样的方法，对其他图像素材进行编辑，效果如下图所示。

STEP 23 按【Enter】键确定操作，单击"创建新图层"按钮，新建一个图层。选择椭圆选框工具，绘制椭圆选区，如下图所示。

STEP 25 按【Ctrl+D】组合键取消选区，设置图层混合模式为"颜色减淡"，如下图所示。

STEP 27 选择所有光斑，按【Ctrl+E】组合键合并图层，设置混合模式为"颜色减淡"。单击"创建新图层"按钮，新建图层并将其填充为黑色，如下图所示。

STEP 20 将"图层 4 副本"拖到"图层 4"下方，设置其"不透明度"为 50%。选择移动工具，移动投影位置，如下图所示。

STEP 22 选择所有的图片素材，按【Ctrl+T】组合键调出变换框并右击，在弹出的快捷菜单中选择"斜切"命令调整图像，如下图所示。

STEP 24 选择渐变工具，设置渐变色为黑白渐变。单击径向渐变按钮，绘制渐变色，如下图所示。

STEP 26 按【Ctrl+J】组合键复制多个光斑，按【Ctrl+T】组合键调出变换框，调整它们的大小和位置，如下图所示。

STEP 28 选择"滤镜"|"渲染"|"镜头光晕"命令，在弹出的对话框中设置参数，单击"确定"按钮，如下图所示。

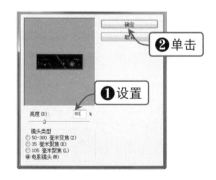

STEP 29 设置光晕图层的混合模式为"滤色",并移动其位置,如下图所示。

STEP 30 选择横排文字工具 T,打开"字符"面板,设置文字的各项参数,在文档中输入文字,如下图所示。

STEP 31 单击"添加图层样式"按钮 fx,选择"投影"选项,在弹出的对话框中设置各项参数,单击"确定"按钮。

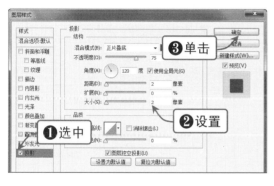

STEP 32 此时,即可得到网站 Banner 的最终效果,如下图所示。

24.2 制作企业宣传网站首页

在制作企业网站的过程中,要注意保持网站内容在风格上的一致性。因为统一的网页形式能体现统一的企业风格,这样更能加强广告传播的统一性和广告效应。下面将以一个企业宣传网站的首页为例,介绍利用 Photoshop 制作网页元素及效果图,并对其进行切片,然后利用 Dreamweaver 进行网页制作的操作方法。

24.2.1 TOP 部分效果制作

下面先制作网站首页的 TOP 部分,具体操作方法如下:

素材文件　光盘:素材文件\第 24 章\网页设计\素材.psd、大图.png、天空.jpg

STEP 01 选择"文件"|"新建"命令，在弹出的"新建"对话框中进行所需的设置，然后单击"确定"按钮，如下图所示。

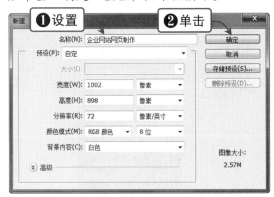

STEP 02 打开"光盘：素材文件\第 24 章\网页设计\天空.jpg"文件，如下图所示。

STEP 03 将"天空"图像拖到网页文档中，按【Ctrl+T】组合键调出变换框，调整图像大小，按【Enter】键确定操作，如下图所示。

STEP 04 单击"添加图层蒙版"按钮，为"图层 1"添加图层蒙版。选择渐变工具，设置渐变色为黑白渐变，单击"确定"按钮，如下图所示。

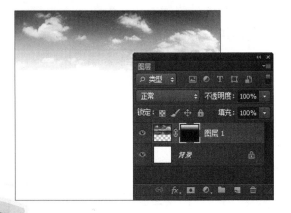

STEP 05 单击线性渐变按钮，从上到下绘制渐变色，效果如下图所示。

STEP 06 打开"光盘：素材文件\第 24 章\网页设计\大图.png"文件，如下图所示。

STEP 07 将大图拖到网页窗口中,选择移动工具 ,将其移到合适的位置,如下图所示。

STEP 08 打开"光盘:素材文件\第 24 章\网页设计\素材.psd"文件,如下图所示。

STEP 09 选中 logo 图层,将其拖到网页窗口的左上角,如下图所示。

STEP 10 选择横排文字工具 **T**,输入文字,然后设置文字属性,如下图所示。

STEP 11 选择横排文字工具 **T**,继续输入文字,然后设置文字属性,如下图所示。

STEP 12 选择圆角矩形工具 ,在属性栏中设置"半径"为 8 像素,绘制一个圆角矩形,如下图所示。

STEP 13 双击"圆角矩形 1"图层，在弹出的对话框中选中"描边"选项，设置颜色为 RGB（0，150，255），单击"确定"按钮，如下图所示。

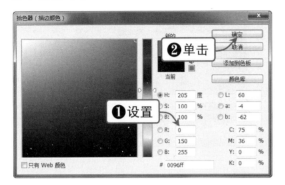

STEP 14 设置描边"大小"为 1 像素，"位置"为"外部"，如下图所示。

STEP 15 选中"渐变叠加"图层样式，设置各项参数，单击"确定"按钮，如下图所示。

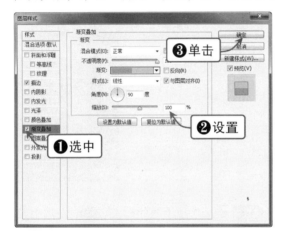

STEP 16 选中"内发光"图层样式，设置各项参数，单击"确定"按钮，如下图所示。

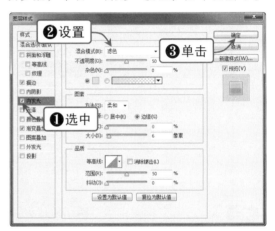

STEP 17 查看为导航栏添加图层样式后的效果，如下图所示。

STEP 18 选择横排文字工具，输入文字，然后设置文字属性，如下图所示。

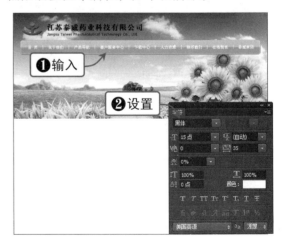

STEP 19 单击"添加图层样式"按钮 **fx**，选择"描边"选项，在弹出的对话框中设置各项参数，其中颜色为 RGB（0，100，164），单击"确定"按钮，如下图所示。

STEP 20 查看添加"描边"图层样式后的文字效果，如下图所示。

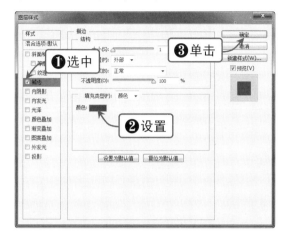

STEP 21 在"素材.psd"文档窗口中选择"图层 1"，将其拖到网页文档中，如下图所示。

STEP 22 选择横排文字工具 **T**，输入文字，然后设置文字属性，如下图所示。

知识插播

　　如果文字工具栏的字体列表中没有显示中文字体的名称，可以选择"编辑"|"首选项" |"文字"命令，在弹出的对话框中取消选择"以英文显示字体名称"复选框即可。段落文字一般用来处理字数较多的正文，因为可以使用避头尾法则和特殊的对齐方式。

24.2.2 主体左侧部分效果制作

　　下面制作网站首页主体的左侧部分，具体操作方法如下：

素材文件　光盘：素材文件\第 24 章\网页设计\素材.psd

STEP 01 新建一个图层，选择矩形选框工具，在图像上绘制一个矩形选区，如下图所示。

STEP 02 选择渐变工具，设置渐变色为前景色到透明渐变，单击"确定"按钮，如下图所示。

STEP 03 单击线性渐变按钮，在选区中从下到上绘制渐变色，按【Ctrl+D】组合键取消选区，如下图所示。

STEP 04 设置"图层 3"的"不透明度"为20%，查看图像效果，如下图所示。

STEP 05 在"素材.psd"窗口中选择"幻灯片"图层，将其拖到网页窗口中，如下图所示。

STEP 06 选择圆角矩形工具，在属性栏中设置"半径"为8像素，绘制一个圆角矩形，如下图所示。

STEP 07 按【Ctrl+J】组合键复制两次图像，选择移动工具，将它们移到合适的位置，如下图所示。

STEP 08 在"素材.psd"窗口中选择"留言"图层，将其拖到网页文档窗口中，如下图所示。

STEP 09 选择横排文字工具，输入文字，然后设置文字属性，如下图所示。

STEP 10 继续输入文字，然后设置文字属性，如下图所示。

STEP 11 采用同样的方法继续添加 QQ 和"客服"素材图像，并输入相应的文字，如下图所示。

STEP 12 双击电话号码图层，在弹出的"图层样式"对话框中选中"渐变叠加"选项，如下图所示。

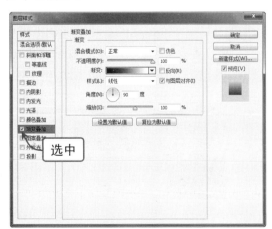

STEP 13 设置"渐变叠加"图层样式的相关参数，单击"确定"按钮，如下图所示。

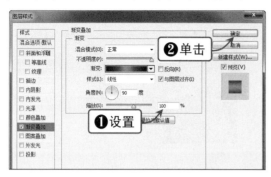

STEP 14 此时网页主体左侧部分制作完成，效果如下图所示。

24.2.3 主体右侧部分效果制作

下面制作网站首页主体的右侧部分，具体操作方法如下：

素材文件　光盘：素材文件\第24章\网页设计\素材.psd

STEP 01 单击"创建新图层"按钮，新建"图层 4"。选择矩形选框工具，在图像上绘制一个矩形选区，如下图所示。

STEP 02 设置前景色为 RGB（4, 123, 200），按【Alt+Delete】组合键填充选区，按【Ctrl+D】组合键取消选区，如下图所示。

STEP 03 在"素材.psd"文档窗口中选择"叶子"和"更多"图层，将它们拖到网页文档窗口中，如下图所示。

STEP 04 选择横排文字工具，输入文字，然后设置文字属性，如下图所示。

STEP 05 按住【Shift】键选中"图层 4"到"公司介绍"4 个图层，按【Ctrl+J】组合键复制图层并移动，如下图所示。

STEP 06 重新输入"公司简介 副本"图层的文字为"新闻中心"，如下图所示。

STEP 07 单击"创建新图层"按钮，新建"图层 5"。选择矩形选框工具，在图像上绘制一个矩形选区，如下图所示。

STEP 08 选择"编辑"|"描边"命令，在弹出的对话框中设置各项参数，单击"确定"按钮，如下图所示。

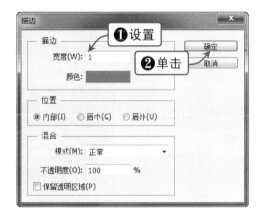

STEP 09 按【Ctrl+D】组合键取消选区，查看描边后的图像效果，如下图所示。

STEP 10 在"素材.psd"文档窗口中选择"图层 2"，将其拖到网页文档窗口中，如下图所示。

STEP 11 按【Ctrl+T】组合键调出变换框，调整图像至合适大小，如下图所示。

STEP 12 选择横排文字工具，输入两段文字，然后设置文字属性，如下图所示。

STEP 13 在"新闻中心"版块下面继续输入一段文字，然后设置文字属性，如下图所示。

STEP 14 单击"创建新图层"按钮，新建"图层 7"。选择矩形选框工具，在文字前面创建一个矩形选区，如下图所示。

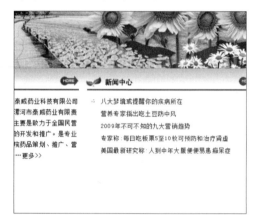

STEP 15 设置前景色为RGB（5, 124, 103），按【Alt+Delete】组合键填充选区，按【Ctrl+D】组合键取消选区，如下图所示。

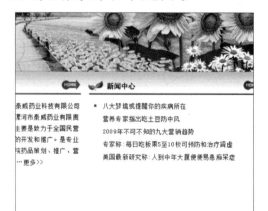

STEP 16 按【Ctrl+J】组合键四次复制小矩形，然后将它们分别移到合适的位置，如下图所示。

STEP 17 在"素材.psd"文档窗口中选择"圆"图层,将其拖到网页文档窗口中,如下图所示。

STEP 18 选择钢笔工具 ,在图像上绘制一个闭合路径,如下图所示。

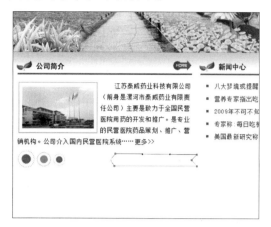

STEP 19 按【Ctrl+Enter】组合键,将路径转换为选区。单击"创建新图层"按钮 ,新建"图层8",如下图所示。

STEP 20 设置前景色为RGB(33,120,190),按【Alt+Delete】组合键填充选区,按【Ctrl+D】组合键取消选区,如下图所示。

STEP 21 按【Ctrl+J】组合键复制两次图像,然后将它们分别移到合适的位置,如下图所示。

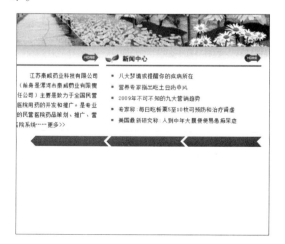

STEP 22 为复制的两个图像分别填充颜色,色值为RGB(160,21,179)、RGB(151,151,151),如下图所示。

STEP 23 选中"图层 8"～"图层 8 副本 2"三个图层，按【Ctrl+J】组合键复制图层，然后按【Ctrl+E】组合键合并图层并向下移动，如下图所示。

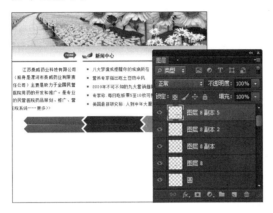

STEP 24 单击"添加图层蒙版"按钮，为"图层 8 副本 5"添加图层蒙版。选择渐变工具，设置渐变色为黑白渐变，单击线性渐变按钮，绘制渐变色，如下图所示。

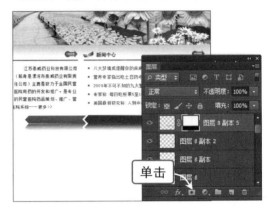

STEP 25 设置"图层 8 副本 5"的"不透明度"为 35%，即可得到倒影效果，如下图所示。

STEP 26 选择横排文字工具，输入文字"产品导航"，然后设置文字属性，如下图所示。

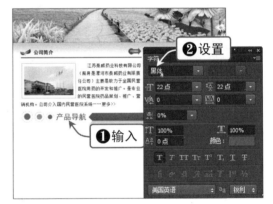

STEP 27 选择矩形选框工具，在图像上绘制一个矩形选区。单击"创建新图层"按钮，新建"图层 9"，如下图所示。

STEP 28 选择"编辑"|"描边"命令，在弹出的对话框中设置各项参数，单击"确定"按钮，如下图所示。

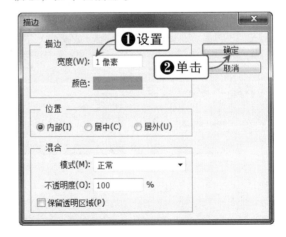

STEP 29 按【Ctrl+D】组合键取消选区，查看图像效果，如下图所示。

STEP 30 选择矩形选框工具▦，在图像上创建一个矩形选区。单击"创建新图层"按钮▦，新建"图层 10"，如下图所示。

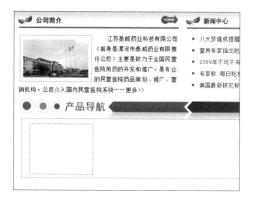

STEP 31 设置前景色为白色，按【Alt+Delete】组合键填充选区，按【Ctrl+D】组合键取消选区，如下图所示。

STEP 32 单击"添加图层样式"按钮▦，选中"描边"选项，在弹出的对话框中设置各项参数，如下图所示。

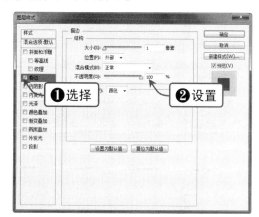

STEP 33 继续选中"投影"样式，设置各项相关参数，单击"确定"按钮，如下图所示。

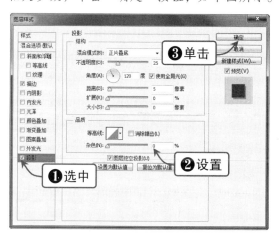

STEP 34 查看为图像添加"描边"和"投影"图层样式后的效果，如下图所示。

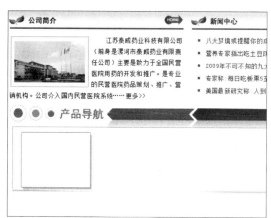

STEP 35 按【Ctrl+J】组合键复制三次图像，并将它们分别移到合适的位置，如下图所示。

STEP 36 在"素材.psd"窗口中选择"图层6"，将它们拖到网页文档窗口中，如下图所示。

STEP 37 采用同样的方法继续拖入其他产品素材，并移到合适的位置，效果如下图所示。

知识插播

　　"投影"图层样式是在图层内容背后添加阴影，"内阴影"图层样式是添加正好位于图层内容边缘内的阴影，使图层呈现出凹陷的外观效果。"描边"图层样式是将原始图像的边界向外扩展，形成边的包围效果。当选择不同的"填充类型"时，图像描边的内容也随之改变。

24.2.4　主体底部效果制作

　　下面制作网站首页主体的底部，具体操作方法如下：

STEP 01 单击"创建新图层"按钮 🔲，新建"图层15"。选择矩形选框工具 🔲，在图像上绘制一个矩形选区，如下图所示。

STEP 02 按【Ctrl+Delete】组合键填充背景色，按【Ctrl+D】组合键取消选区，如下图所示。

STEP 03 单击"添加图层样式"按钮 **fx**，选择"渐变叠加"选项，在弹出的对话框中设置各项参数，单击"确定"按钮，如下图所示。

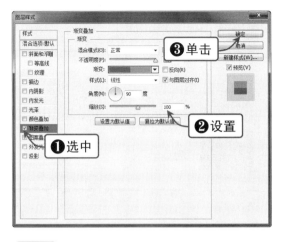

STEP 04 查看为图像添加"渐变叠加"图层样式后的效果，如下图所示。

STEP 05 选择横排文字工具 **T**，输入文字，然后设置文字属性，如下图所示。

STEP 06 继续在页面底部输入文字，设置文字的属性，即可得到网页首页的最终效果，如下图所示。

知识插播

　　文字输入后，按小键盘上的【Enter】键，或选取工具箱中的其他工具，都可以确定文字的输入操作。在文字工具属性栏中提供了文字的一些常用参数，而在"字符"面板中则提供了更丰富的参数。

24.2.5 将网页效果图进行切片

　　下面在 Photoshop CS6 中对制作的首页效果图进行切片，具体操作方法如下：

STEP 01 新建一个文件夹，并重命名为"企业网站网页"，如下图所示。

STEP 02 选择切片工具，在图像上按住鼠标左键并拖动，拖至合适的切片大小后松开鼠标，如下图所示。

STEP 03 选择"文件"|"存储为 Web 和设备所用格式"命令，在弹出的对话框中进行设置，单击"存储"按钮，如下图所示。

❶设置
❷单击

STEP 04 在弹出的"将优化结果存储为"对话框中将文件命名为 index，单击"保存"按钮，如下图所示。

❶输入
❷单击

知识插播

　　网站效果图设计主要是在 Photoshop 中进行，如从规划、布局到效果设计。首页效果图设计完成后进行切割，并把效果图输出为网页格式。对图像进行切片后，绿色的半透明区域称为切片对象，由切片对象产生的红色分割线称为切片辅助线。

24.2.6　首页顶部 TOP 部分制作

　　下面将介绍如何在 Dreamweaver CS6 中制作页面顶部 TOP 部分，具体操作方法如下：

STEP 01 选择"文件"|"新建"命令,弹出"新建文档"对话框,选择页面类型,单击"创建"按钮,如下图所示。

STEP 02 选择"文件"|"保存"命令,弹出"另存为"对话框,设置文件名和保存位置,单击"保存"按钮,如下图所示。

STEP 03 打开文件夹,右击空白处,在弹出的快捷菜单中选择"文件夹"命令,重命名为CSS,如下图所示。

STEP 04 在 Dreamweaver 的 index.html 窗口中选择"窗口"|"CSS 样式"命令,如下图所示。

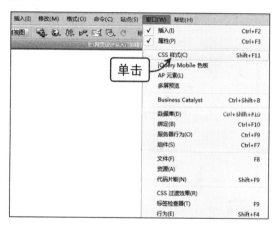

STEP 05 在"CSS 样式"面板中右击"所有规则",在弹出的快捷菜单中选择"新建"命令,如下图所示。

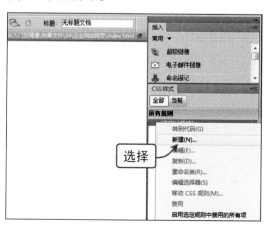

STEP 06 弹出"新建 CSS 规则"对话框,设置选择器类型为"标签",选择器名称为 body,规则定义为"新建样式表文件",单击"确定"按钮,如下图所示。

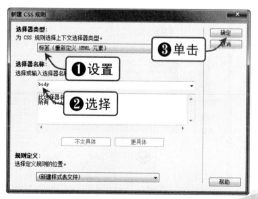

STEP 07 弹出"将样式表文件另存为"对话框，选择保存路径，设置文件名和保存类型，单击"保存"按钮，如下图所示。

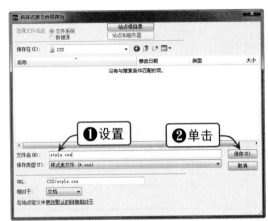

STEP 08 弹出"CSS 规则定义"对话框，在左侧选择"背景"选项，在右侧设置背景颜色，如下图所示。

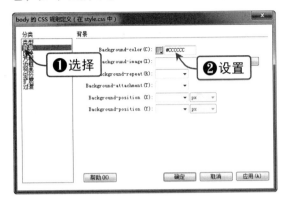

STEP 09 选择"方框"选项，设置相关属性，单击"确定"按钮，如下图所示。

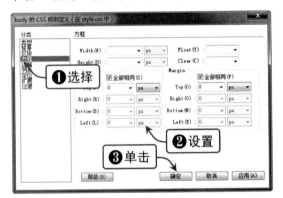

STEP 10 单击"插入"面板"常用"类别中的"表格"按钮田，如下图所示。

STEP 11 弹出"表格"对话框，设置相关参数，单击"确定"按钮，如下图所示。

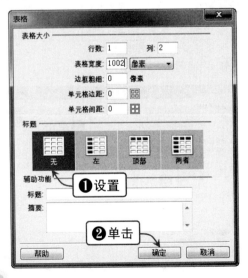

STEP 12 选中表格，在"属性"面板中设置表格的对齐方式为"居中对齐"，如下图所示。

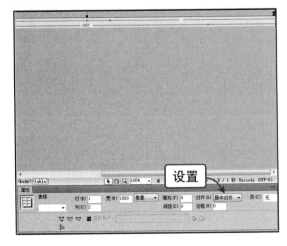

STEP 13 选中表格的全部单元格, 在"属性"面板中设置水平方式为"左对齐", 垂直方式为"顶端", 如下图所示。

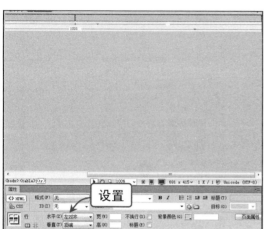

STEP 14 选择第 1 列单元格, 在"属性"面板中设置宽度为 515px, 如下图所示。

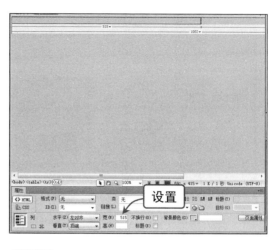

STEP 15 选择第 2 列单元格, 在"属性"面板中设置宽度为 487px, 如下图所示。

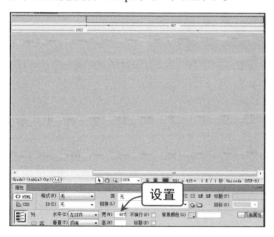

STEP 16 将光标置于第 1 列单元格中, 选择"插入"|"图像"命令, 如下图所示。

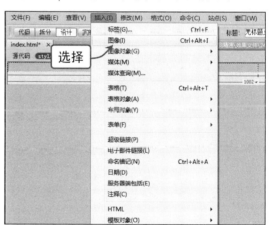

STEP 17 弹出"选择图像源文件"对话框, 选择要插入的图像, 单击"确定"按钮, 如下图所示。

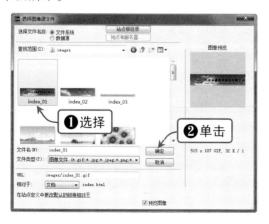

STEP 18 将光标定位于第 2 列单元格, 在"插入"面板的"常用"类别中单击"图像"按钮, 如下图所示。

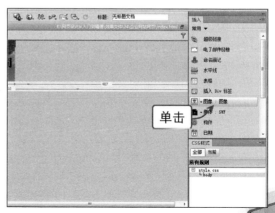

STEP 19 弹出"选择图像源文件"对话框，选择要插入的图像，单击"确定"按钮，如下图所示。

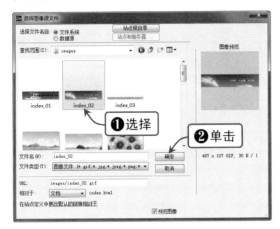

STEP 20 选择"插入"|"表格"命令，弹出"表格"对话框，设置相关属性，单击"确定"按钮，如下图所示。

STEP 21 在"属性"面板中设置表格的对齐方式为"居中对齐"，如下图所示。

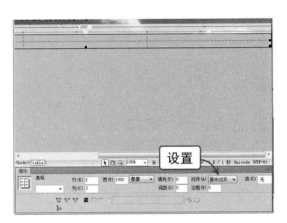

STEP 22 选中单元格，在"属性"面板中设置水平对齐方式为"左对齐"，垂直对齐方式为"顶端"，如下图所示。

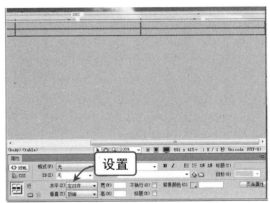

STEP 23 选中第1行单元格，在"属性"面板中单击"合并所选单元格"按钮，如下图所示。

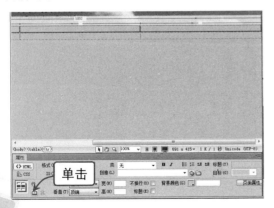

STEP 24 参照步骤16~17插入图像，效果如下图所示。

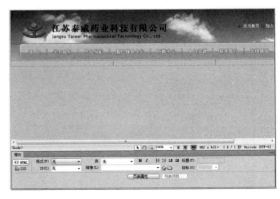

STEP 25 从左到右分别将第 2 行单元格的宽度调整为 322px、355px、325px，如下图所示。

STEP 26 采用同样的方法在第 2 行单元格的各列中分别插入图像，效果如下图所示。

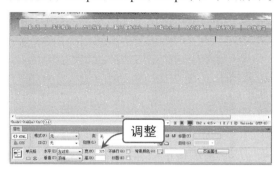

24.2.7 首页左侧部分制作

下面将介绍如何在 Dreamweaver CS6 中制作页面左侧部分，具体操作方法如下：

STEP 01 选择"插入"|"表格"命令，弹出"表格"对话框，设置相关属性，单击"确定"按钮，如下图所示。

STEP 02 在"属性"面板中设置表格的对齐方式为"居中对齐"，如下图所示。

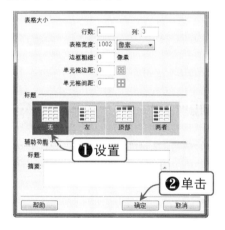

STEP 03 选择第 1 列单元格，在"属性"面板中设置宽度为 253px，水平对齐方式为"左对齐"，垂直对齐方式为"顶端"，如下图所示。

STEP 04 选择第 2 列单元格，在"属性"面板中设置宽度为 368px，水平对齐方式为"居中对齐"，垂直对齐方式为"顶端"，如下图所示。

STEP 05 选择第 3 列单元格，在"属性"面板中设置宽度为 381px，水平对齐方式为"左对齐"，垂直对齐方式为"顶端"，如下图所示。

STEP 06 将光标移到第一列单元格中，选择"插入"|"表格"命令，弹出"表格"对话框，设置相关属性，单击"确定"按钮，如下图所示。

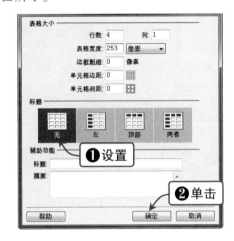

STEP 07 将光标置于第 1 列单元格中，选择"插入"|"图像"命令，如下图所示。

STEP 08 弹出"选择图像源文件"对话框，选择要插入的图像，单击"确定"按钮，如下图所示。

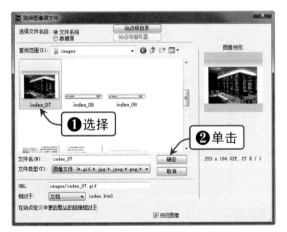

STEP 09 采用同样的方法在下面的单元格中插入图像，效果如下图所示。

知识插播

　　在 Dreamweaver CS6 的"属性"面板中设置单元格的宽度和高度分别为"1"却没效果，是因为在生成表格时会自动为每个单元格填充一个空格代码。

24.2.8 首页主体部分制作

下面将介绍如何在 Dreamweaver CS6 中制作页面主体部分，具体操作方法如下：

STEP 01 选中第2列和第3列单元格,在"属性"面板中单击"合并所选单元格"按钮□，如下图所示。

STEP 02 将光标置于合并的单元格中，选择"插入"|"表格"命令，如下图所示。

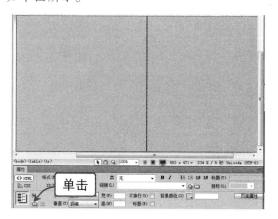

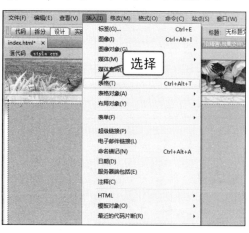

STEP 03 弹出"表格"对话框，设置相关参数，单击"确定"按钮，如下图所示。

STEP 04 在"属性"面板中设置表格的对齐方式为"居中对齐"，如下图所示。

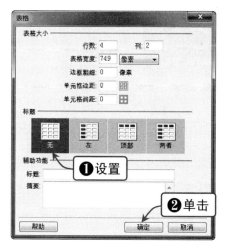

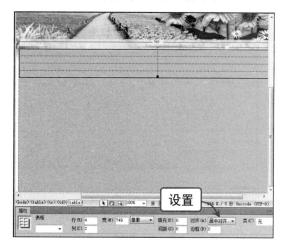

知识插播

表格<table>的 border 属性用于设置表格的边框及边框的粗细，单位是像素。值为0代表不显示边框；值为1或者以上代表显示边框，且值越大，边框越粗。表格<table>的 bordercolor 属性用于指定表格或某一单元格边框的颜色。值为#加上6为十六进制代码。

STEP 05 将光标置于第 1 行第 1 列单元格中，选择"插入"|"图像"命令，如下图所示。

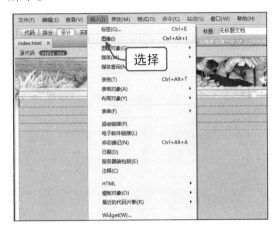

STEP 06 弹出"选择图像源文件"对话框，选择要插入的图像，单击"确定"按钮，如下图所示。

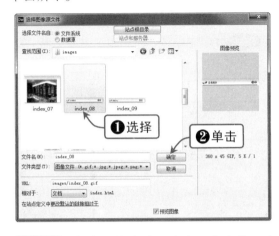

STEP 07 将光标定位于第 2 行第 1 列单元格中，采用同样的方法插入图像，单击"确定"按钮，如下图所示。

STEP 08 在单元格中输入文字，在此输入公司简介，如下图所示。

STEP 09 单击"新建 CSS 规则"按钮，弹出"新建 CSS 规则"对话框，设置相关属性，单击"确定"按钮，如下图所示。

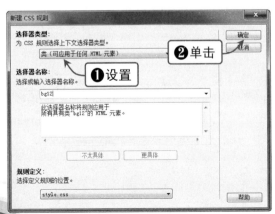

STEP 10 弹出"CSS 规则定义"对话框，在左侧选择"类型"选项，在右侧设置相关属性，如下图所示。

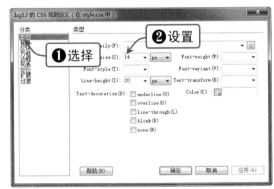

STEP 11 选择"区块"选项，设置第一行文本缩进的程度，如下图所示。

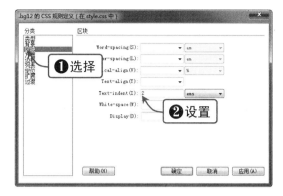

STEP 12 选择"方框"选项，设置方框相关属性，单击"确定"按钮，如下图所示。

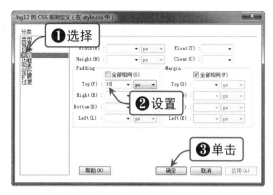

STEP 13 采用同样的方法新建.bg CSS 规则样式，设置背景颜色为#FFFFFF，单击"确定"按钮，如下图所示。

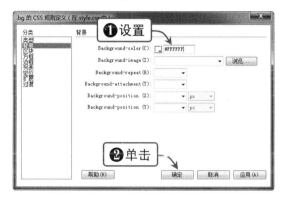

STEP 14 选中第 2 行第 1 列单元格，右击.bg CSS 规则，在弹出的快捷菜单中选择"应用"命令，如下图所示。

STEP 15 选中输入的文本，在"属性"面板的"类"下拉列表中选择 br12 选项，如下图所示。

STEP 16 右击图片 index_22.jpg，在弹出的快捷菜单中选择"编辑标签"命令，如下图所示。

STEP 17 弹出"标签编辑器"对话框，设置对齐方式和垂直边距，单击"确定"按钮，如下图所示。

STEP 19 在弹出对话框的左侧选择"链接"选项，在右侧"下划线样式"下拉列表中选择"始终无下划线"选项，单击"确定"按钮，如下图所示。

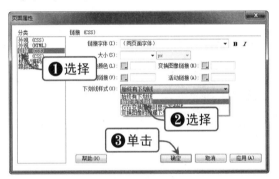

STEP 21 将光标置于第 1 行第 2 列单元格中，参照前面介绍的方法插入图像，效果如下图所示。

STEP 18 在"属性"面板中单击"页面属性"按钮，如下图所示。

STEP 20 选中文字，在"属性"面板的"链接"文本框中输入#，如下图所示。

STEP 22 选中第 2 行第 2 列单元格并右击，在弹出的快捷菜单中选择"CSS 样式"| .bg 命令，如下图所示。

STEP 23 选择"插入"|"表格"命令，弹出"表格"对话框，设置相关属性，单击"确定"按钮，如下图所示。

STEP 24 在"属性"面板中设置表格对齐方式为"居中对齐"，如下图所示。

STEP 25 选中第 1 列单元格，设置水平对齐方式为"左对齐"，垂直对齐方式为"居中"，设置宽为 19px，如下图所示。

STEP 26 将光标定位于第 1 行第 1 列单元格中，选择"插入"|"图像"命令，如下图所示。

STEP 27 弹出"选择图像源文件"对话框，选择要插入的图像，单击"确定"按钮，如下图所示。

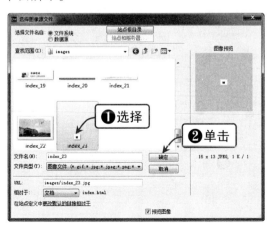

STEP 28 选中插入的图像，按【Ctrl+C】组合键复制图像。将光标移到第 1 列的其他单元格中，按【Ctrl+V】组合键粘贴图像，效果如下图所示。

STEP 29 选中第 2 列单元格，在"属性"面板中设置水平对齐方式为"左对齐"，垂直对齐方式为"顶端"，如下图所示。

STEP 30 在第二列单元格中依次输入文本，如下图所示。

STEP 31 单击"新建 CSS 规则"按钮，弹出"新建 CSS 规则"对话框，设置相关属性，单击"确定"按钮，如下图所示。

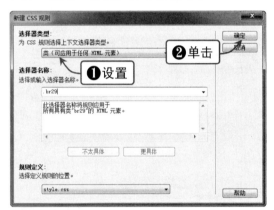

STEP 32 弹出"CSS 规则定义"对话框，在左侧选择"类型"选项，在右侧设置相关属性，单击"确定"按钮，如下图所示。

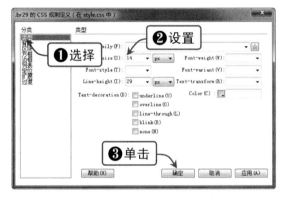

STEP 33 选中文本，右击.br29 CSS 规则，在弹出的快捷菜单中选择"应用"命令，如下图所示。

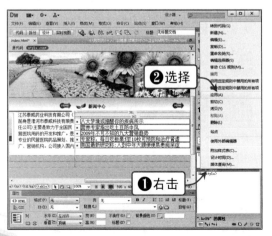

STEP 34 选中文本，在"属性"面板中的"链接"文本框中输入#。采用同样的方法给其他行文本设置空链接，效果如下图所示。

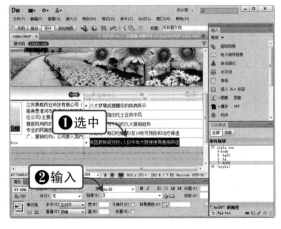

STEP 35 选中表格的第 3 行和第 4 行单元格，在"属性"面板中单击"合并所选单元格"按钮 □，如下图所示。

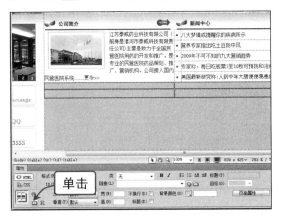

STEP 36 选择"插入"|"图像"命令，弹出"选择图像源文件"对话框。选择要插入的图像，单击"确定"按钮，如下图所示。

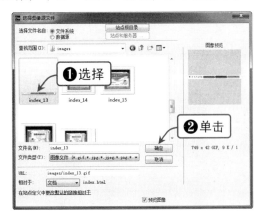

STEP 37 将光标置于单元格右侧，选择"插入"|"表格"命令，如下图所示。

STEP 38 弹出"表格"对话框，设置相关属性，单击"确定"按钮，如下图所示。

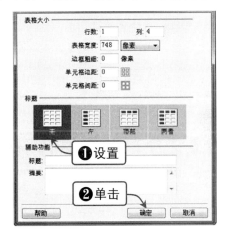

STEP 39 在"属性"面板中设置各列的宽度分别为 194px、174px、170px、211px，如下图所示。

STEP 40 选中表格，右击.bg CSS 规则，在弹出的快捷菜单中选择"应用"命令，如下图所示。

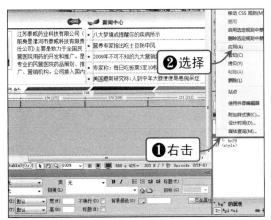

STEP 41 在 4 列单元格中分别插入图像，效果如下图所示。

STEP 42 选中右侧的整个列，在"属性"面板的"类"下拉列表中选择.bg 选项，如下图所示。

知识插播

用像素来指定表格宽度，则与浏览器窗口的宽度无关，无论浏览器窗口的宽度有多大，表格总会显示为一定的宽度。

将表格的宽度用百分比来指定时，随着浏览器窗口宽度的变化，表格的宽度也会发生变化。

24.2.9 首页底部部分制作

下面将介绍如何在 Dreamweaver CS6 中制作页面底部部分，具体操作方法如下：

STEP 01 选择"插入"|"表格"命令，弹出"表格"对话框，设置相关属性，单击"确定"按钮，如下图所示。

STEP 02 在"属性"面板中设置对齐方式为"居中对齐"，如下图所示。

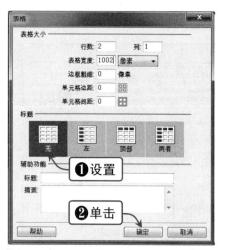

STEP 03 将光标置于第1行单元格中,在"插入"面板的"常用"类别中单击"图像"按钮,如下图所示。

STEP 04 弹出"选择图像源文件"对话框,选择要插入的图像,单击"确定"按钮,如下图所示。

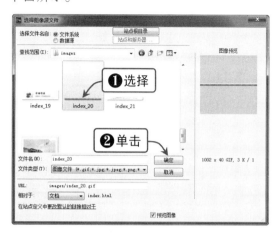

STEP 05 选中第2行单元格,在"属性"面板的"类"下拉列表中选择.bg CSS 规则样式,如下图所示。

STEP 06 在"属性"面板中设置单元格的水平对齐方式为"居中对齐",垂直对齐方式为"居中",如下图所示。

STEP 07 在"插入"面板的"文本"类别中单击"字符"下拉按钮,在弹出的下拉列表中选择"版权"选项,如下图所示。

STEP 08 在版权符号后面输入版权信息文本,如下图所示。

STEP 09 单击"新建 CSS 规则"按钮，弹出"新建 CSS 规则"对话框，设置相关属性，单击"确定"按钮，如下图所示。

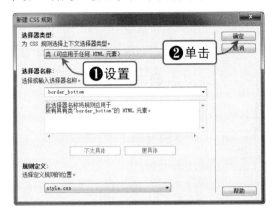

STEP 10 弹出"CSS 规则定义"对话框，在左侧选择"类型"选项，在右侧设置相关属性，如下图所示。

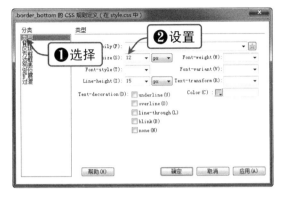

STEP 11 在左侧选择"方框"选项，在右侧设置方框相关属性，单击"确定"按钮，如下图所示。

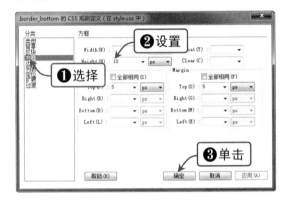

STEP 12 选中文本，在 CSS 样式面板中右击.border_bottom CSS 规则样式，在弹出的快捷菜单中选择"应用"命令，如下图所示。

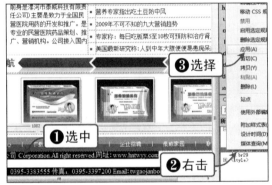

STEP 13 将页面的文档标题修改为"江苏泰威药业科技"，如下图所示。至此，页面制作完毕。

STEP 14 按【Ctrl+S】组合键保存网页文档，按【F12】键进行预览，效果如下图所示。

咨询台 **新手答疑**

1 要在图层上增加一个蒙版，当要单独移动蒙版时该如何操作？

首先要解除图层与蒙版之间的连接，再选择蒙版，然后选择移动工具即可移动。

2 网页设计的造型元素包括哪些元素？

在网页的视觉构成中，点、线和面既是最基本的造型元素，又是最重要的表现手段，在布局网页时，点、线、面也是需要最先考虑的因素。

3 怎么理解设置表格宽度的单位？

表格宽度的单位有"百分比"和"像素"两种。将表格的宽度用百分比来指定时，随着浏览器窗口宽度的变化，表格的宽度也发生变化。如果用像素来指定表格宽度，则与浏览器窗口的宽度无关。

读 者 意 见 反 馈 表

亲爱的读者：

感谢您对中国铁道出版社的支持，您的建议是我们不断改进工作的信息来源，您的需求是我们不断开拓创新的基础。为了更好地服务读者，出版更多的精品图书，希望您能在百忙之中抽出时间填写这份意见反馈表发给我们。随书纸制表格请在填好后剪下寄到：北京市西城区右安门西街8号中国铁道出版社综合编辑部 苏茜 收（邮编：100054）。或者采用传真（010-63549458）方式发送。此外，读者也可以直接通过电子邮件把意见反馈给我们，E-mail地址是：4278268@qq.com。我们将选出意见中肯的热心读者，赠送本社的其他图书作为奖励。同时，我们将充分考虑您的意见和建议，并尽可能地给您满意的答复。谢谢！

- -

所购书名：_____

个人资料：

姓名：_____ 性别：_____ 年龄：_____ 文化程度：_____

职业：_____ 电话：_____ E-mail：_____

通信地址：_____ 邮编：_____

- -

您是如何得知本书的：

□书店宣传 □网络宣传 □展会促销 □出版社图书目录 □老师指定 □杂志、报纸等的介绍 □别人推荐
□其他（请指明）_____

您从何处得到本书的：

□书店 □邮购 □商场、超市等卖场 □图书销售的网站 □培训学校 □其他

影响您购买本书的因素（可多选）：

□内容实用 □价格合理 □装帧设计精美 □带多媒体教学光盘 □优惠促销 □书评广告 □出版社知名度
□作者名气 □工作、生活和学习的需要 □其他

您对本书封面设计的满意程度：

□很满意 □比较满意 □一般 □不满意 □改进建议

您对本书的总体满意程度：

从文字的角度 □很满意 □比较满意 □一般 □不满意
从技术的角度 □很满意 □比较满意 □一般 □不满意

您希望书中图的比例是多少：

□少量的图片辅以大量的文字 □图文比例相当 □大量的图片辅以少量的文字

您希望本书的定价是多少：

本书最令您满意的是：

1.
2.

您在使用本书时遇到哪些困难：

1.
2.

您希望本书在哪些方面进行改进：

1.
2.

您需要购买哪些方面的图书？对我社现有图书有什么好的建议？

您更喜欢阅读哪些类型和层次的计算机书籍（可多选）？

□入门类 □精通类 □综合类 □问答类 □图解类 □查询手册类 □实例教程类

您在学习计算机的过程中有什么困难？

您的其他要求：